Katrin Baer

Die stereoselektive Aldolreaktion

Katrin Baer

Die stereoselektive Aldolreaktion

in Biotransformationen und chemoenzymatischen Eintopfsynthesen

Südwestdeutscher Verlag für Hochschulschriften

Impressum/Imprint (nur für Deutschland/only for Germany)
Bibliografische Information der Deutschen Nationalbibliothek: Die Deutsche Nationalbibliothek verzeichnet diese Publikation in der Deutschen Nationalbibliografie; detaillierte bibliografische Daten sind im Internet über http://dnb.d-nb.de abrufbar.

Alle in diesem Buch genannten Marken und Produktnamen unterliegen warenzeichen-, marken- oder patentrechtlichem Schutz bzw. sind Warenzeichen oder eingetragene Warenzeichen der jeweiligen Inhaber. Die Wiedergabe von Marken, Produktnamen, Gebrauchsnamen, Handelsnamen, Warenbezeichnungen u.s.w. in diesem Werk berechtigt auch ohne besondere Kennzeichnung nicht zu der Annahme, dass solche Namen im Sinne der Warenzeichen- und Markenschutzgesetzgebung als frei zu betrachten wären und daher von jedermann benutzt werden dürften.

Coverbild: www.ingimage.com

Verlag: Südwestdeutscher Verlag für Hochschulschriften GmbH & Co. KG
Heinrich-Böcking-Str. 6-8, 66121 Saarbrücken, Deutschland
Telefon +49 681 37 20 271-1, Telefax +49 681 37 20 271-0
Email: info@svh-verlag.de

Zugl.: Erlangen, FAU, Diss., 2011

Herstellung in Deutschland:
Schaltungsdienst Lange o.H.G., Berlin
Books on Demand GmbH, Norderstedt
Reha GmbH, Saarbrücken
Amazon Distribution GmbH, Leipzig
ISBN: 978-3-8381-2280-9

Imprint (only for USA, GB)
Bibliographic information published by the Deutsche Nationalbibliothek: The Deutsche Nationalbibliothek lists this publication in the Deutsche Nationalbibliografie; detailed bibliographic data are available in the Internet at http://dnb.d-nb.de.

Any brand names and product names mentioned in this book are subject to trademark, brand or patent protection and are trademarks or registered trademarks of their respective holders. The use of brand names, product names, common names, trade names, product descriptions etc. even without a particular marking in this works is in no way to be construed to mean that such names may be regarded as unrestricted in respect of trademark and brand protection legislation and could thus be used by anyone.

Cover image: www.ingimage.com

Publisher: Südwestdeutscher Verlag für Hochschulschriften GmbH & Co. KG
Heinrich-Böcking-Str. 6-8, 66121 Saarbrücken, Germany
Phone +49 681 37 20 271-1, Fax +49 681 37 20 271-0
Email: info@svh-verlag.de

Printed in the U.S.A.
Printed in the U.K. by (see last page)
ISBN: 978-3-8381-2280-9

Copyright © 2011 by the author and Südwestdeutscher Verlag für Hochschulschriften GmbH & Co. KG and licensors
All rights reserved. Saarbrücken 2011

Teile der Arbeit sind bereits veröffentlicht worden:

K. Baer, M. Krauß er, E. Burda, W. Hummel, A. Berkessel, H. Gröger, „Sequentielle und modulare Synthese von chiralen 1,3-Diolen mit zwei Stereozentren: Zugang zu allen vier Stereoisomeren durch Kombination von Organo- und Biokatalyse" *Angew. Chem.* **2009**, *121*, 9519-9522; *Angew. Chem. Int. Ed.* **2009**, *48*, 9355-9358.

K. Baer, N. Dückers, W. Hummel, H. Gröger, „Expanding the Application Range of Aldolases: Novel Asymmetric Syntheses of α-Methylated β-Hydroxy α-Amino Acids and β-Amino Alcohols" *ChemCatChem* **2010**, *2*, 939-942.

N. Dückers, K. Baer, S. Simon, H. Gröger, W. Hummel, „Threonine aldolases - screening, properties and applications in the synthesis of non-proteinogenic β-hydroxy-α-amino acids" *Appl. Microbiol. Biotechnol.* **2010**, *88*, 409-424.

G. Rulli, N. Duangdee, K. Baer, W. Hummel, A. Berkessel, H. Gröger, „Steuerung von kinetisch *versus* thermodynamisch kontrollierter Organokatalyse und Anwendung in der chemoenzymatischen Synthese" *Angew. Chem.* **2011**, *123*, 8092-8095; *Angew. Chem. Int. Ed.* **2011**, *50*, 7944-7947.

K. Baer, N. Dückers, T. Rosenbaum, C. Leggewie, S. Simon, M. Krauß er, S. Oß wald, W. Hummel, H. Gröger, „Towards Efficient L-Threonine Aldolase-Catalyzed Enantio- and Diastereoselective Aldol Reactions of Glycine with Substituted Benzaldehydes: Biocatalyst Production and Process Development" *Tetrahedron: Asymmetry* **2011**, *22*, 925-928.

Vortrag:
K. Baer, M. Krauß er, E. Burda, W. Hummel, H. Gröger, „Synthesis of chiral 1,3-diols with two stereogenic centres by using organo- and biocatalysis" International Symposium on Relations between Homogeneous and Heterogeneous Catalysis (ISHHC XIV), 13.-18. September 2009, Stockholm, Schweden.

Poster:
K. Baer, S. Simon N. Dückers, C. Leggewie, T. Rosenbaum, W. Hummel, S. Oß wald, H. Gröger, „Efficient L-Threonine Aldolase-Catalyzed Enantio- and Diastereoselective Aldol Reactions with Benzaldehyde Derivatives" 3rd EuCheMS Chemistry Congress, 29. August-02. September 2010, Nürnberg, Deutschland.

I. Inhaltsverzeichnis

I.	Inhaltsverzeichnis	I
II.	Abbildungsverzeichnis	IX
III.	Tabellenverzeichnis	XIV
IV.	Abkürzungsverzeichnis	XVI
1.	Einleitung	1
2.	Motivation und Zielsetzung	5
2.1	Synthese von 1,3-Diolen	6
2.2	Synthese von β-Hydroxy-α-aminosäuren	7
2.3	Synthese von Epoxiden aus β-Hydroxy-α-aminosäuren	8
3.	Kombination einer organokatalytischen Aldolreaktion und einer enzymatischen Reduktion	9
3.1	Einleitung	9
3.2	Stand der Wissenschaft	10
3.2.1	Synthesestrategien zur Herstellung von 1,3-Diolen	10
3.2.2	Organokatalytische Aldolreaktion	12
3.2.3	Enzymatische Reduktion	15
3.2.4	Eintopfreaktionen	18
3.3	Ziel der Arbeit	20
3.4	Eigene Ergebnisse und Diskussion	22
3.4.1	Organokatalyse unter lösungsmittelfreien Bedingungen	22
3.4.2	Isolierung der 1,3-Diole	22
3.4.2.1	Optimierung der (R)-selektiven enzymatischen Synthese	23
3.4.2.2	(S)-Selektive enzymatische Umsetzung	24
3.4.3	Kombination der beiden Reaktionen in wässrigem Medium	25
3.4.3.1	Optimierung der Organokatalyse in wässrigem Medium	25

Inhaltsverzeichnis

3.4.3.2	Eintopfverfahren in wässrigem Medium	26
3.5	Zusammenfassung	28
4.	**Enzymatische Aldolreaktion**	**31**
4.1	Einleitung	31
4.2	Stand der Wissenschaft	33
4.2.1	Synthesestrategien für β-Hydroxy-α-aminosäuren	33
4.2.2	Threoninaldolasen	37
4.3	Ziel der Arbeit	43
4.4	Eigene Ergebnisse und Diskussion	44
4.4.1	Vorversuche	44
4.4.1.1	Racematsynthese	44
4.4.1.2	Hintergrundreaktion	47
4.4.1.3	Epimerisierung	48
4.4.2	Photometertest zur Bestimmung der Aktivität der L-Threoninaldolase	48
4.4.2.1	Direkter Photometertest	49
4.4.2.2	Inhibierungsversuche	51
4.4.3	Methoden zur Umsatzbestimmung	53
4.4.3.1	Umsatzbestimmung mittels NMR-Standard	54
4.4.3.2	Umsatzbestimmung mittels Derivatisierung	55
4.4.4	Etablierung der Standardreaktion	57
4.4.5	Bestimmung der Enantioselektivität	57
4.4.6	Untersuchung der enzymatischen Synthese	59
4.4.6.1	Einfluss der Reaktionszeit auf die enzymatische Aldolreaktion	59
4.4.6.2	Einfluss der Temperatur auf die enzymatische Aldolreaktion	60
4.4.6.3	Einfluss der Enzymmenge auf die enzymatische Aldolreaktion	61
4.4.6.4	Einfluss des Glycinüberschusses auf die enzymatische Aldolreaktion	62

4.4.6.5	Einfluss der Substratkonzentration auf die enzymatische Aldolreaktion	63
4.4.6.6	Einfluss von Additiven auf die enzymatische Aldolreaktion	64
4.4.7	Erweiterung des Substratspektrums	65
4.4.7.1	Thiamphenicolrelevante substituierte Benzaldehyde	65
4.4.7.2	*m*-Substituierte Benzaldehyde	66
4.4.7.3	*p*-Substituierte Benzaldehyde	68
4.4.7.4	*o*-Substituierte Benzaldehyde	68
4.4.8	Optimierung der enzymatischen Synthese von (2*S*)-**12i**	70
4.4.8.1	Untersuchung des Reaktionsverlaufs	71
4.4.8.2	Vergleichsversuch mit Benzaldehyd als Substrat	72
4.4.8.3	Cofaktor-Abhängigkeit	73
4.4.8.4	Scale-up und Isolierung des Produkts (2*S*)-**12i**	74
4.4.8.4.1	Trennung der racemischen Diastereomere von *rac*-**12i**	75
4.4.8.4.2	Trennung der enantiomerenreinen Diastereomere von (2*S*)-**12i**	76
4.4.9	Racematspaltung	77
4.4.9.1	Spaltung von *rac-syn*-**12e**	78
4.4.9.2	Spaltung von *rac-syn*-**12i**	79
4.5	Zusammenfassung	80
5.	**Epoxidsynthese ausgehend von β-Hydroxy-α-aminosäuren**	**83**
5.1	Einleitung	83
5.2	Stand der Wissenschaft	84
5.2.1	Katalytische asymmetrische Epoxidierung	84
5.2.2	Synthese und Anwendung von Glycidestern	85
5.3	Ziel der Arbeit	87
5.4	Eigene Ergebnisse und Diskussion	87
5.4.1	Halohydrinsynthese	87

Inhaltsverzeichnis

5.4.1.1 Synthese von *rac-syn*-3-Hydroxy-3-phenylpropansäure *rac-syn*-**20e** 87

5.4.1.2 Synthese der chlorsubstituierten Halohydrinverbindung (2*S*)-**20i** 88

5.4.2 Synthese des Epoxids **21i** durch Ringschluss 88

5.4.2.1 Synthese des racemischen Epoxids *rac-syn*-**21i** 89

5.4.2.2 Reaktion des enantiomerenreinen Halohydrins (2*S*)-**20i** zum Epoxid **21i** 91

5.4.3 Zusammenfassung 92

6. **Zusammenfassung** **94**

7. **Summary** **99**

8. **Experimenteller Teil** **104**

8.1 Verwendete Chemikalien und Geräte 104

8.2 Synthesen und spektroskopische Daten 107

8.2.1 Kombination von organokatalytischer Aldolreaktion und enzymatischer Reduktion 107

8.2.1.1 Synthese von (*S*)-1-(4-Chlorphenyl)-1-hydroxybutan-3-on (*S*)-**5f** mittels organokatalytischer Aldolreaktion 107

8.2.1.2 Allgemeine Arbeitsvorschrift 1 (AAV 1): Isolierung der vier Isomere aus der enzymatischen Reduktion 107

8.2.1.2.1 Synthese von (1*S*,3*R*)-1-(4-Chlorphenyl)-1,3-butandiol (1*S*,3*R*)-**17f** 108

8.2.1.2.2 Synthese von (1*R*,3*R*)-1-(4-Chlorphenyl)-1,3-butandiol (1*R*,3*R*)-**17f** 108

8.2.1.2.3 Synthese von (1*S*,3*S*)-1-(4-Chlorphenyl)-1,3-butandiol (1*S*,3*S*)-**17f** 109

8.2.1.2.4 Synthese von (1*R*,3*S*)-1-(4-Chlorphenyl)-1,3-butandiol (1*R*,3*S*)-**17f** 110

8.2.1.3 Organokatalytische Aldolreaktion in wässrigem Medium 110

8.2.1.4 Allgemeine Arbeitsvorschrift 2 (AAV 2): Eintopfreaktion 111

8.2.1.4.1 Synthese von (1*R*,3*R*)-1-(4-Chlorphenyl)-1,3-butandiol (1*R*,3*R*)-**17f** 112

8.2.1.4.2 Synthese von (1*R*,3*S*)-1-(4-Chlorphenyl)-1,3-butandiol (1*R*,3*S*)-**17f** 112

8.2.2 Enzymatische Aldolreaktion 113

8.2.2.1 Allgemeine Arbeitsvorschrift 3 (AAV 3): Synthese der racemischen β-Hydroxy-α-aminosäuren[116] 113

8.2.2.1.1 Synthese von rac-p-Methylthiophenylserin *rac*-**12d**...................................... 113

8.2.2.1.2 Synthese von *rac*-Phenylserin *rac*-**12e** 114

8.2.2.1.3 Synthese von *rac*-p-Chlorphenylserin *rac*-**12f** 114

8.2.2.1.4 Synthese von *rac*-o-Chlorphenylserin *rac*-**12i** 115

8.2.2.1.5 Synthese von *rac*-m-Bromphenylserin *rac*-**12j** 115

8.2.2.1.6 Synthese von *rac*-m-Chlorphenylserin *rac*-**12l** 116

8.2.2.1.7 Synthese von *rac*-m-Hydroxyphenylserin *rac*-**12m** 116

8.2.2.1.8 Synthese von *rac*-o-Methoxyphenylserin *rac*-**12n** 117

8.2.2.2 Allgemeine Arbeitsvorschrift 4 (AAV 4): Derivatisierung der racemischen β-Hydroxy-α-aminosäuren mit Benzoylchlorid[116] 117

8.2.2.2.1 Synthese von *rac*-N-Benzoylamino-3-(4-methylthiophenyl)-3-hydroxypropionsäure *rac*-**80d** 118

8.2.2.2.2 Synthese von *rac*-N-Benzoylamino-3-hydroxy-3-phenylpropionsäure *rac*-**80e**... 118

8.2.2.2.3 Synthese von *rac*-N-Benzoylamino-3-(4-chlorphenyl)-3-hydroxy-propionsäure *rac*-**80f**... 119

8.2.2.2.4 Synthese von *rac-syn*-N-Benzoylamino-3-(2-chlorphenyl)-3-hydroxy-propionsäure *rac-syn*-**80i**... 119

8.2.2.2.5 Synthese von *rac-anti*-N-Benzoylamino-3-(2-chlorphenyl)-3-hydroxy-propionsäure *rac-anti*-**80i**... 120

8.2.2.2.6 Synthese von *rac*-N-Benzoylamino-3-(3-bromphenyl)-3-hydroxy-propionsäure *rac*-**80j**... 120

8.2.2.2.7 Synthese von *rac*-N-Benzoylamino-3-(3-chlorphenyl)-3-hydroxy-propionsäure *rac*-**80l**.. 121

8.2.2.2.8 Synthese von *rac*-N-Benzoylamino-3-(2-methoxyphenyl)-3-hydroxy-propionsäure *rac*-**80n** 122

INHALTSVERZEICHNIS

8.2.2.3 Untersuchung der Hintergrundreaktion 122

8.2.2.4 Untersuchung auf Epimerisierung 123

8.2.2.5 Allgemeine Arbeitsvorschrift 5 (AAV 5) Photometertest zur Untersuchung der Enzymaktivität[117,118] 124

8.2.2.5.1 Bestimmung des Extinktionskoeffizienten 125

8.2.2.5.2 Aktivitätsbestimmung für L-TA aus *E. coli* 129

8.2.2.5.3 Inhibierungsversuche 130

8.2.2.6 Umsatzbestimmung der L-TA-katalysierten Aldolreaktion 131

8.2.2.6.1 Überprüfung der Umsatzbestimmung mittels NMR-Standard 131

8.2.2.6.2 Überprüfung der Umsatzbestimmung mittels Derivatisierung 132

8.2.2.6.3 Umsatzbestimmung der L-TA-katalysierten Aldolreaktion 133

8.2.2.6.3.1 Allgemeine Arbeitsvorschrift 6.1 (AAV 6.1) Umsatzbestimmung der L-TA-katalysierten Aldolreaktion mittels NMR-Standard 134

8.2.2.6.3.2 Allgemeine Arbeitsvorschrift 6.2 (AAV 6.2): Umsatzbestimmung der L-TA-katalysierten Aldolreaktion mittels Derivatisierung 134

8.2.2.6.3.3 Ergebnisse der Umsatzbestimmung 134

8.2.2.7 Untersuchung der L-TA-katalysierten Aldolreaktion 135

8.2.2.7.1 Zeitabhängigkeit 135

8.2.2.7.2 Temperaturabhängigkeit 136

8.2.2.7.3 Einfluss der Enzymmenge 137

8.2.2.7.4 Einfluss des Verhältnisses von Benzaldehyd zu Glycin 138

8.2.2.7.4.1 Einfluss der Glycinkonzentration 139

8.2.2.7.4.2 Einfluss der Benzaldehydkonzentration 139

8.2.2.7.5 Erhöhung der Substratkonzentration 140

8.2.2.7.5.1 Allgemeine Arbeitsvorschrift 7.1 (AAV 7.1): Umsatzbestimmung durch NMR-Standard bei einer Substratkonzentration von 0.25 M 140

8.2.2.7.5.2	Allgemeine Arbeitsvorschrift 7.2 (AAV 7.2): Umsatzbestimmung durch Derivatisierung bei einer Substratkonzentration von 0.25 M	141
8.2.2.7.5.3	Ergebnisse der Umsatzbestimmung (0.25 M)	141
8.2.2.7.6	Einfluss verschiedener Additive	142
8.2.2.7.7	Substratspektrum	143
8.2.2.7.7.1	Enzymatische Synthese von p-Nitrophenylserin (2S)-**12b**	143
8.2.2.7.7.2	Enzymatische Synthese von p-Methylthiophenylserin (2S)-**12d**	144
8.2.2.7.7.3	Enzymatische Synthese von p-Chlorphenylserin (2S)-**12f**	144
8.2.2.7.7.4	Enzymatische Synthese von o-Chlorphenylserin (2S)-**12i**	145
8.2.2.7.7.5	Enzymatische Synthese von m-Bromphenylserin (2S)-**12j**	145
8.2.2.7.7.6	Enzymatische Synthese von p-Methylsulphonylphenylserin (2S)-**12k**	146
8.2.2.7.7.7	Enzymatische Synthese von m-Chlorphenylserin (2S)-**12l**	146
8.2.2.7.7.8	Enzymatische Synthese von m-Hydroxyphenylserin (2S)-**12m**	147
8.2.2.7.7.9	Enzymatische Synthese von o-Methoxyphenylserin (2S)-**12n**	148
8.2.2.7.7.10	Enzymatische Synthese von o-Bromphenylserin (2S)-**12o**	148
8.2.2.7.7.11	Enzymatische Synthese von o-Fluorphenylserin (2S)-**12p**	149
8.2.2.7.7.12	Enzymatische Synthese von o-Nitrophenylserin (2S)-**12q**	149
8.2.2.7.7.13	Enzymatische Synthese von o-Methylphenylserin (2S)-**12r**	150
8.2.2.7.7.14	Enzymatische Synthese von o-Hydroxyphenylserin (2S)-**12s**	151
8.2.2.7.7.15	Enzymatische Synthese von 3,4-Dihydroxyphenylserin (2S)-**12t**	151
8.2.2.8	Allgemeine Arbeitsvorschrift 8 (AAV 8): Optimierte Reaktion mit o-Chlorbenzaldehyd (**1i**) als Substrat	152
8.2.2.8.1	Reaktionsverfolgung	152
8.2.2.8.2	Vergleich mit Reaktion im kleineren Maßstab	153
8.2.2.8.3	Synthese von (2S)-**12i** ohne Zugabe von Cofaktor	154
8.2.2.8.4	Vergleich mit Benzaldehyd als Substrat	154

INHALTSVERZEICHNIS

8.2.2.8.5 Isolierung von (2S)-**12i** aus Enzymumsetzung 155

8.2.2.8.6 Abtrennung von Glycerin mittels Ionenaustauscher 156

8.2.2.8.7 Trennung der Diastereomere 156

8.2.2.8.7.1 Trennung von *rac*-**12i** mittels Ionenaustauscher 157

8.2.2.8.7.2 Trennung von *rac*-**12i** mittels Umkristallisation 157

8.2.2.8.7.3 Trennung von (2S)-**12i** mittels Fällung aus Wasser mit Aceton 158

8.2.2.1 Allgemeine Arbeitsvorschrift 9 (AAV 9): Racematspaltung 158

8.2.2.1.1 Spaltung von *rac-syn*-Phenylserin (*rac-syn*-**12e**) 159

8.2.2.1.2 Spaltung von *rac-syn-o*-Chlorphenylserin (*rac-syn*-**12i**) 159

8.2.2.1.3 Spaltung von *rac-syn*-Phenylserin (*rac-syn*-**12e**) im 25 mL-Maßstab 160

8.2.2.1.4 Spaltung von *rac-syn-o*-Chlorphenylserin (*rac-syn*-**12i**) im 50 mL-Maßstab .. 161

8.2.3 Epoxidsynthese ausgehend von β-Hydroxy-α-aminosäuren **12** 161

8.2.3.1 Allgemeine Arbeitsvorschrift 11 (AAV 11): Halohydrinsynthese[125] 161

8.2.3.1.1 Synthese von *rac-syn*-3-Hydroxy-3-phenylpropansäure (*rac-syn*-**20e**) 162

8.2.3.1.2 Synthese von (2S)-2-Chlor-3-(2-chlorphenyl)-3-hydroxypropansäure ((2S)-**20i**). 162

8.2.3.2 Allgemeine Arbeitsvorschrift 12 (AAV 12): Epoxidsynthese 163

8.2.3.2.1 Synthese von *rac-syn*-3-(2-Chlorphenyl)oxiran-2-carbonsäure (*rac-syn*-**21i**) 164

8.2.3.2.2 Synthese von (2R)-3-(2-Chlorphenyl)oxiran-2-carbonsäure ((2R)-**21i**) 164

9. Literaturverzeichnis 166

II. Abbildungsverzeichnis

Abbildung 1.1. Allgemeines Reaktionsschema der Aldolreaktion 1
Abbildung 1.2. Beispiel für eine selektive Mukaiyama-Aldoladdition[6] 2
Abbildung 1.3. Prolinkatalysierte Aldolreaktion[11] 2
Abbildung 1.4. Enamin-Intermediate der bio- und organokatalytischen Aldolreaktion[13] 3
Abbildung 1.5. Einteilung der Aldolasen nach Donorspezifität[17] 3
Abbildung 1.6. Industrielle Anwendung der Pyruvat-abhängigen Aldolase[22] 4
Abbildung 2.1. Aldolreaktion und Biokatalysatoren zur Synthese von Pharmabausteinen 5
Abbildung 2.2. Konzept der Synthese von 1,3-Diolen **17** 6
Abbildung 2.3. Synthese von 1,3-Diolen **17** als Eintopfreaktion 6
Abbildung 2.4. Zambon-Prozess 7
Abbildung 2.5. Synthese von β-Hydroxy-α-aminosäuren **12** mit Threoninaldolasen 7
Abbildung 2.6. Ziel der Prozessoptimierung der enzymatischen Aldolreaktion 8
Abbildung 2.7. Synthese von Epoxiden **21** ausgehend von β-Hydroxy-α-aminosäuren (2S)-**12** 8
Abbildung 3.1. Amphotericin B-Derivat mit verbesserter Wirksamkeit[35] 9
Abbildung 3.2. Reduktion mit Borhydrid[37] 10
Abbildung 3.3. Metallkatalysierte Reduktion von Diketonen[38] 11
Abbildung 3.4. Chemoenzymatische Reduktion von Diketon **24**[40] 11
Abbildung 3.5. Sequentieller Aufbau der beiden Stereozentren von **17f** 12
Abbildung 3.6. Einfluss von Wasser bei der organokatalytischen Aldolreaktion[44] 13
Abbildung 3.7. Organokatalysatoren für die Aldolreaktion in wässrigem Medium[45,46,47,48] ... 14
Abbildung 3.8. Organkotalytische Aldolreaktion nach Singh[51] 14
Abbildung 3.9. Enzymatische Reduktion bei der Synthese von Statinen[60] 15
Abbildung 3.10. Beispielsysteme zur Cofaktorregenerierung[61] 16
Abbildung 3.11. Sterisch anspruchsvolle Substrate für die enzymatische Reduktion[64,65,66] ... 17
Abbildung 3.12. Vergleich Mehrstufensynthese und Eintopfverfahren 18
Abbildung 3.13. Synthese von 1,3-Diolen mittels DKR 19
Abbildung 3.14. Eintopfsynthese von Biphenylalkoholen[77] 19
Abbildung 3.15. Kombination einer enzymatische Aldolreaktion und einer Metallkatalyse in einem Eintopfverfahren[78] 20
Abbildung 3.16. Synthese der 1,3-Diole **17f** 21

ABBILDUNGSVERZEICHNIS

Abbildung 3.17. Eintopfsynthese in wässrigem Medium 21

Abbildung 3.18. Organokatalytische Aldolreaktion zur Synthese von (S)-**5f** 22

Abbildung 3.19. Reduktion von (R)-**5f** mit LK-ADH 23

Abbildung 3.20. Reduktion von (S)-**5f** mit LK-ADH 24

Abbildung 3.21. Reduktion von (R)-**5f** mit Rsp-ADH 24

Abbildung 3.22. Reduktion von (S)-**5f** mit Rsp-ADH 25

Abbildung 3.23. Eintopfverfahren in wässrigem Medium 27

Abbildung 3.24. Vergleich der verschiedenen Synthesemethoden 28

Abbildung 3.25. Synthese aller vier Stereoisomere von **17f** 29

Abbildung 3.26. Eintopfsynthese von (1R,3S)-**17f** 30

Abbildung 4.1. Enzymatische Spaltung von Threonin (**12c**) im Körper 31

Abbildung 4.2. Vancomycin 32

Abbildung 4.3. Synthese von Digitoxin (**49**)[87] 32

Abbildung 4.4. Synthese eines Fucosyltransferase-Inhibitors **51**[88] 33

Abbildung 4.5. Aldolreaktion von Glycin (**11**) und Aldehyden **1** 33

Abbildung 4.6. DKR zur Synthese von anti-β-Hydroxy-α-aminosäureestern **53**[90d] 34

Abbildung 4.7. β-Hydroxy-α-aminosäuresynthese nach Crich[93] 34

Abbildung 4.8. Synthese über Oxazolidone als Glycinsynthone[94b] 35

Abbildung 4.9. Metallkatalysierte Aldolreaktion zur Synthese von β-Hydroxy-α-aminosäuren[95] 36

Abbildung 4.10. Organokatalytische Synthese von β-Hydroxy-α-aminosäurederivaten 36

Abbildung 4.11. Synthese von β-Hydroxy-α-aminosäuren **72** mittels Phasentransferkatalyse[102b] 37

Abbildung 4.12. Aktivierung von Glycin (**11**) durch PLP 38

Abbildung 4.13. Einteilung der L-TA katalysierten Reaktion[103] 38

Abbildung 4.14. Enzymatische Racematspaltung[103] 39

Abbildung 4.15. Produktspektrum der L-TA aus E. coli und der D-TA aus X. oryzae[105] 40

Abbildung 4.16. Ergebnisse der Synthese verschieden substituierter aromatischer β-Hydroxy-α-aminosäuren **12**[109] 41

Abbildung 4.17. Synthese von β-Hydroxy-α,ω-diaminosäuren **74**[113] 42

Abbildung 4.18. Synthese von α-alkylierten β-Hydroxy-α-aminosäuren **76, 77, 78**[19] 42

Abbildung 4.19. Literaturbekannte Ergebnisse der TA-katalysierten Aldolreaktion[106] 43

ABBILDUNGSVERZEICHNIS

Abbildung 4.20. Prozessoptimierung der enzymatischen Aldolreaktion 44

Abbildung 4.21. Synthese von racemischem Phenylserin 45

Abbildung 4.22. Racemische Phenylserinderivate 45

Abbildung 4.23. Derivatisierung mit Benzoylchlorid (**79**) 46

Abbildung 4.24. Racemische Produkte aus Derivatisierung mit Benzoylchlorid (**79**) 47

Abbildung 4.25. Untersuchung einer möglichen Hintergrundreaktion 47

Abbildung 4.26. Untersuchung einer möglichen Epimerisierung 48

Abbildung 4.27. Indirekter Photometertest zur Bestimmung der Aldolaseaktivität[105] 48

Abbildung 4.28. Direkte Aktivitätsbestimmung durch Verfolgung der Benzaldehydkonzentration 49

Abbildung 4.29. Bestimmung des Extiktionskoeffizienten 50

Abbildung 4.30. Inhibierung durch Glycin (**11**) 52

Abbildung 4.31. Inhibierung durch *rac-syn*-Phenylserin (*rac-syn*-**12e**) 52

Abbildung 4.32. Rohproduktspektrum der enzymatischen Umsetzung 53

Abbildung 4.33. ^{1}H-NMR-Spektrum zur Umsatzbestimmung mittels NMR-Standard **83** 54

Abbildung 4.34. Derivatisierung mittels Benzoylchlorid (**79**) 56

Abbildung 4.35. Standardreaktion und Umsatzbestimmung 57

Abbildung 4.36. Bestimmung der Enantioselektivität der enzymatischen Umsetzung 58

Abbildung 4.37. HPLC-Analytik für **80e** 58

Abbildung 4.38. Abhängigkeit der Biotransformation von der Temperatur 60

Abbildung 4.39. Abhängigkeit der Biotransformation von der Enzymmenge 61

Abbildung 4.40. Abhängigkeit der Biotransformation vom Glycinüberschuss 62

Abbildung 4.41. Abhängigkeit des Umsatzes von der Substratkonzentration 63

Abbildung 4.42. Umsatz bei Anwesenheit verschiedener Additive 64

Abbildung 4.43. Thiamphenicol (**19**) 65

Abbildung 4.44. Enzymatische Synthese von (2S)-**12d** 66

Abbildung 4.45. Enzymatische Synthese von (2S)-**12k** 66

Abbildung 4.46. Enzymatische Synthese *m*-substituierter β-Hydroxy-α-aminosäuren (2S)-**12** 67

Abbildung 4.47. Enzymatische Synthese *p*-substituierter β-Hydroxy-α-aminosäuren (2S)-**12** 68

Abbildung 4.48. Enzymatische Synthese von (2S)-**12i** 69

Abbildung 4.49. Enzymatische Synthese *o*-substituierter β-Hydroxy-α-aminosäuren (2S)-**12** 70

ABBILDUNGSVERZEICHNIS

Abbildung 4.50. Optimierte enzymatische Synthese von (2S)-**12i** 71

Abbildung 4.51. Reaktionsverfolgung der enzymatischen Synthese von (2S)-**12i** 71

Abbildung 4.52. Synthese von (2S)-**12e** unter optimierten Bedingungen 72

Abbildung 4.53. Vergleichsversuch unter optimierten Bedingungen mit **1e** als Substrat 73

Abbildung 4.54. Vergleich der enzymatischen Reaktion mit und ohne Cofaktor PLP 73

Abbildung 4.55. Scale-up der enzymatischen Reaktion und Isolierung von (2S)-**12i** 75

Abbildung 4.56. Trennung der Diastereomere von rac-**12i** 76

Abbildung 4.57. Trennung der Diastereomere durch Ausfällen aus Wasser mit Aceton 77

Abbildung 4.58. Racematspaltung von rac-syn-**12i** in 50 mL-Maßstab 80

Abbildung 4.59. Optimierte Standardreaktion 81

Abbildung 4.60. Optimierte enzymatische Reaktion mit **1j** als Substrat 81

Abbildung 4.61. Optimierte Reaktion in 100 mL-Maßstab 81

Abbildung 5.1. Synthese eines Leukotrien-Antagonisten **87**[124] 83

Abbildung 5.2. Synthese von Epoxiden **21** ausgehend von Halohydrinen **20** 83

Abbildung 5.3. Jacobsen-Katsuki-Epoxidierung[128] 84

Abbildung 5.4. Glycidester **91** als Synthesebaustein für Diltiazem (**92**)[132] 85

Abbildung 5.5. Synthese des Glycidester **91**[132] 86

Abbildung 5.6. Synthese des Zwischenprodukts **96** über Mukaiyama-Aldolreaktion[130] 86

Abbildung 5.7. Synthese von Epoxiden **21i** ausgehend von β-Hydroxy-α-aminosäuren (2S)-**12i** 87

Abbildung 5.8. Synthese von rac-syn-**20h** 88

Abbildung 5.9. Synthese von (2S)-**20j** 88

Abbildung 5.10. Synthese des racemischen Epoxids **21i** 89

Abbildung 5.11. NOESY-Spektren von rac-syn-**21i** 90

Abbildung 5.12. Synthese von (2R)-**21i** 91

Abbildung 5.13. HPLC-Analytik zur ee-Wertbestimmung von **21i** 92

Abbildung 5.14. Synthese von (2R)-**21i** 93

Abbildung 6.1. Synthese aller vier Stereoisomere von **17f** 94

Abbildung 6.2. Eintopfsynthese von (1R,3S)-**17f** 95

Abbildung 6.3. Optimierte Standardreaktion 96

Abbildung 6.4. Optimierte enzymatische Reaktion mit **1i** als Substrat 96

Abbildung 6.5. Optimierte Reaktion in 100 mL-Maßstab 97

ABBILDUNGSVERZEICHNIS

Abbildung 6.6. Synthese von (2R)-**21i** 98
Abbildung 8.1. Enzymatische Reduktion der β-Hydroxyketone **5f** 107
Abbildung 8.2. Eintopfreaktion 111
Abbildung 8.3. Racematsynthese der β-Hydroxy-α-aminosäuren **12** 113
Abbildung 8.4. Derivatisierung von *rac*-**12** 117
Abbildung 8.5. Aktivierung von Glycin 122
Abbildung 8.6. Untersuchung auf Epimerisierung 123
Abbildung 8.7. Direkte Aktivitätsbestimmung durch Verfolgung der Benzaldehyd-konzentration 124
Abbildung 8.8. Extinktion bei pH 7, ohne PLP 126
Abbildung 8.9. Extinktion bei pH 7, mit PLP 127
Abbildung 8.10. Extinktion bei pH 8, ohne PLP 128
Abbildung 8.11. Extinktion bei pH 8, mit PLP 129
Abbildung 8.12. Umsatzbestimmung mittels Derivatisierung 132
Abbildung 8.13. Umsatzbestimmung mittels Derivatisierung oder Zugabe eines NMR-Standards 133
Abbildung 8.14. L-TA-katalysierten Aldolreaktion 135
Abbildung 8.15. Untersuchung der Zeitabhängigkeit 135
Abbildung 8.16. Untersuchung der Temperaturabhängigkeit 136
Abbildung 8.17. Einfluss der Enzymmenge 137
Abbildung 8.18. Einfluss des Verhältnisses von Glycin (**11**) zu Benzaldehyd (**1e**) 138
Abbildung 8.19. Erhöhung der Substratkonzentration auf 0.25 M 140
Abbildung 8.20. Einfluss verschiedener Additive 142
Abbildung 8.21. Erweiterung des Substratspektrums 143
Abbildung 8.22. Optimierte Reaktion mit *o*-Chlorbenzaldehyd (**1i**) als Substrat 152
Abbildung 8.23. Racematspaltung 158
Abbildung 8.24. Halohydrinsynthese 161
Abbildung 8.25. Epoxidsynthese über zwei Stufen 163

III. Tabellenverzeichnis

Tabelle 3.1. Optimierung der Synthese von (R)-**5f** in wässrigem Medium 26

Tabelle 4.1. Ergebnisse des Photometertests 51

Tabelle 4.2. Überprüfung der Umsatzbestimmung mittels NMR-Standard 55

Tabelle 4.3. Überprüfung der Umsatzbestimmung mittels Derivatisierung 56

Tabelle 4.4. Abhängigkeit der Biotransformation von der Reaktionszeit 59

Tabelle 4.5. Racematspaltung von rac-syn-**12e** 78

Tabelle 4.6. Racematspaltung von rac-syn-**12i** 79

Tabelle 8.1. Optimierung der organokatalytischen Aldolreaktion 111

Tabelle 8.2. Untersuchung der Hintergrundreaktion 123

Tabelle 8.3. Untersuchung auf Epimerisierung 124

Tabelle 8.4. Extinktion bei pH 7 und ohne Zugabe von PLP 125

Tabelle 8.5. Extinktion bei pH 7 und Zugabe von PLP 126

Tabelle 8.6. Extinktion bei pH 8 und ohne Zugabe von PLP 127

Tabelle 8.7. Extinktion bei pH 8 und Zugabe von PLP 128

Tabelle 8.8. Durchführung des Photometertests ohne Zugabe von PLP 129

Tabelle 8.9. Durchführung des Photometertest mit Zugabe von PLP 130

Tabelle 8.10. Ergebnisse des Photometertests 130

Tabelle 8.11. Einfluss von **11** auf die Enzymaktivität 131

Tabelle 8.12. Einfluss von **12e** auf die Enzymaktivität 131

Tabelle 8.13. Überprüfung der Umsatzbestimmung mittels NMR-Standard 132

Tabelle 8.14. Überprüfung der Umsatzbestimmung mittels Derivatisierung 133

Tabelle 8.15. Umsatzbestimmung L-TA-katalysierten Aldolreaktion 135

Tabelle 8.16. Zeitabhängigkeit der Enzymreaktion 136

Tabelle 8.17. Enzymreaktion bei 40°C 137

Tabelle 8.18. Einfluss der Enzymmenge 138

Tabelle 8.19. Einfluss des Glycinüberschusses 139

Tabelle 8.20. Einfluss der Benzaldehydkonzentration 140

Tabelle 8.21. Umsatz bei Substratkonzentration von 0.25 M 141

Tabelle 8.22. Einfluss verschiedener Additive 142

Tabelle 8.23. Enzymatische Synthese von (2S)-**12b** 143

TABELLENVERZEICHNIS

Tabelle 8.24. Enzymatische Synthese von (2S)-**12f** 144

Tabelle 8.25. Enzymatische Synthese von (2S)-**12i** 145

Tabelle 8.26. Enzymatische Synthese von (2S)-**12j** 146

Tabelle 8.27. Enzymatische Synthese von (2S)-**12k** 146

Tabelle 8.28. Enzymatische Synthese von (2S)-**12l** 147

Tabelle 8.29. Enzymatische Synthese von (2S)-**12m** 147

Tabelle 8.30. Enzymatische Synthese von (2S)-**12n** 148

Tabelle 8.31. Enzymatische Synthese von (2S)-**12o** 149

Tabelle 8.32. Enzymatische Synthese von (2S)-**12p** 149

Tabelle 8.33. Enzymatische Synthese von (2S)-**12q** 150

Tabelle 8.34. Enzymatische Synthese von (2S)-**12r** 151

Tabelle 8.35. Enzymatische Synthese von (2S)-**12s** 151

Tabelle 8.36. Reaktionsverfolgung... 153

Tabelle 8.37. Enzymatische Umsetzung mit und ohne Zugabe von PLP 154

Tabelle 8.38. Vergleichsversuchsreihe mit Benzaldehyd (**1e**) als Substrat 155

Tabelle 8.39. Racematspaltung von *rac-syn*-**12e** 159

Tabelle 8.40. Racematspaltung von *rac-syn*-**12i** 160

IV. Abkürzungsverzeichnis

ADH	Alkoholdehydrogenase
AD-H-Säule	CHIRALPAK® Amolyse tris-(3,5-dimethylphenylcarbamat)
aq.	wässrig
Äq.	Äquivalent(e)
atm	Atmosphären
BINOL	Binaphthol
BINAP	2,2'-Bis-(diphenylphosphino)-1,1'-binaphtyl
BzCl	Benzoylchlorid
$CDCl_3$	deuteriertes Chloroform
cm	Zentimeter
d [cm]	Küvettendicke
d	Dublett
δ [ppm]	chemische Verschiebung
DBU	1,8-Diazabicyclo[5.4.0]undec-7-en
DC	Dünnschichtchromatographie
dd	Dublett vom Dublett
DET	Diethyltartrat
DHAP	Dihydroxyacetonphosphat
dhb	2,5-Dihydroxybenzoesäure
DIPT	Diisopropyltartrat
DKR	dynamisch kinetische Racematspaltung
d.r.	Diastereomerenverhältnis (diastereomeric ratio)
EA	Elementaranalyse
ee	Enantiomerenüberschuss (enantiomeric excess)
EI	Elektronenstoßionisation
EtOAc	Ethylacetat
f	Probenverdünnungsfaktor
FA	Ameisensäure (formic acid)
FAB	fast atom bombardement
h	Stunde

ABKÜRZUNGSVERZEICHNIS

HPLC	High Performance Liquid Chromatography
Hz	Hertz
i-PrOH	*iso*-Propanol
IR	Infrarot
J	skalare Kopplungskonstante
L	Liter
LB-ADH	Alkoholdehydrogenase aus *Lactobacillus brevis*
LK-ADH	Alkoholdehydrogenase aus *Lactobacillus kefir*
Kat.	Katalysator
Konz.	Konzentration
m	Multiplett
MeOH	Methanol
mg	Milligramm
m/z	Verhältnis Masse zu Ladung
MHz	Megahertz
min	Minute(n)
mL	Milliliter
mmol	Millimol
mol	Mol
MS	Massenspektrometrie
MTBE	Methyl-*tert*-butylether
NADH, NAD$^+$	Nikotinsäureamid-Adenin-Dinukleotid
NADPH, NADP$^+$	Nikotinsäureamid-Adenin-Dinukleotid-Phosphat
NBA	*m*-Nitrobenzylalkohol
NBS	*N*-Bromsuccinimid
n.b.	nicht bestimmt
n.d.	nicht detektierbar
nm	Nanometer
NMR	Kernmagnetische Resonanz
Ø	Durchmesser
OD-Säule	CHIRALCEL®-Säule OD, Cellulose tris-(3,5-dimethylphenyl-carbamat)
OJ-H-Säule	CHIRALCEL®-Säule OJ-H, Cellulose tris-(4-methylbenzoat)

ABKÜRZUNGSVERZEICHNIS

PLP	Pyridoxal-5-phosphat
ppm	parts per million
q	Quartett
R	Substituent
R_F	Retentionsfaktor
rac	racemisch
rpm	Umdrehung pro Minute (rounds per minute)
Rsp-ADH	Alkoholdehydrogenase aus *Rhodococcus* sp.
RT	Raumtemperatur
s	Singulett
sin	Sinapinsäure
SiO_2	Kieselgel
t	Triplett
t	Zeit
t_r	Retentionszeit
t-BuOH	*tert*-Butanol
t-BuOK	Kalium-*tert*-butanolat
t-BuOOH	*tert*-Butylhydroperoxid
TA	Threoninaldolase
TEA	Trifluoressigsäure
THF	Tetrahydrofuran
Ti(O-*i*Pr)	Titan(IV)isopropylat
TMS	Tetramethylsilyl-
U	Units
U/mL	volumetrische Enzymaktivität
U/mmol	Units/Stoffmenge n(Substrat)
UV/Vis	Ultraviolett/Visible
V	Volumen
µl	Mikroliter
$\tilde{v}$ [cm^{-1}]	Wellenzahl
V_g [ml]	Gesamtprobenvolumen
V_p [ml]	Probenvolumen

1. Einleitung

Die organische Chemie basiert auf der Untersuchung und Herstellung von Kohlenstoffverbindungen, wie zum Beispiel Aminosäuren und Proteine. Zu den Herausforderungen eines organischen Chemikers zählen die Herstellung von komplexen Kohlenstoffverbindungen sowie die Entwicklung möglichst effizienter Syntheserouten. Eine der wichtigsten Reaktionsklassen ist hierbei die C-C-Bindungsknüpfung, die den Aufbau langer und komplexer Kohlenstoffketten ermöglicht. Ein mit am häufigsten angewendeter Vertreter dieser Klasse ist die Aldolreaktion, bei der zwei Aldehyde oder Ketone miteinander zu einer β-Hydroxycarbonylverbindung reagieren (Abbildung 1.1).[1] Eine Weiterreaktion zum Alken unter Abspaltung von Wasser ist als Aldolkondensation bekannt.

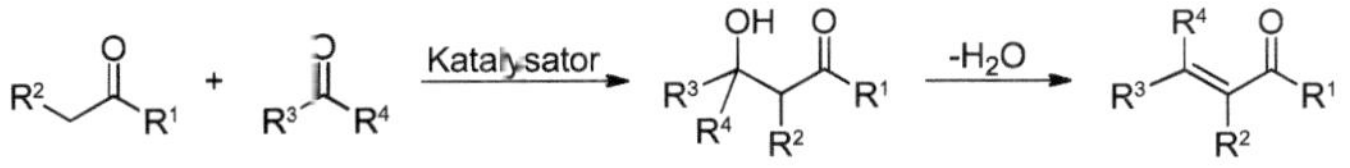

Abbildung 1 1. Allgemeines Reaktionsschema der Aldolreaktion

Durch geeignete Wahl der Ausgangsverbindungen, beispielsweise die Verwendung von lediglich einer Verbindung mit einem α-ständigen Proton, kann die Bildung unerwünschter Kreuzprodukte vermieden werden. Auch durch den Einsatz von Enoläquivalenten, wie etwa Silylenolether oder Lithiumenolate kann die Synthese des gewünschten Produkts beeinflusst werden. Hierbei wird der Donor zuerst in ein Enolat überführt und anschließend der Akzeptor zugegeben.[1,2] Ein weiterer interessanter Aspekt der Aldolreaktion ist, dass hier je nach Wahl der Ausgangsverbindungen chirale Produkte entstehen können. Bei der klassischen achiralen säure- bzw. basenkatalysierten Reaktion entstehen Racemate, allerdings haben sich im Laufe der Zeit auch eine Vielzahl enantioselektiver Methoden zur Synthese von β-Hydroxycarbonylverbindungen etabliert.[3,4] Ein Beispiel ist die Mukaiyama-Aldoladdition.[5] Der Donor wird zuerst in einen Silylenolether überführt und anschließend wird die Reaktion mit dem Akzeptor durch eine chirale Lewis-Säure katalysiert. Die asymmetrische Induktion erfolgt hier über den chiralen Liganden der Säure.[1] Dabei handelt es sich meist um Chelatliganden, wie beispielsweise BINOL-Derivate. Es können dabei verschiedenste Lewis-Säuren verwendet werden, wie Titan-, Kupfer- oder

EINLEITUNG

Siliciumverbindungen.[3] Ein Beispiel mit Siliciumchlorid als Lewis-Säure und einem BINOL-Derivat **4** als chiralen Ligand ist in Abbildung 1.2 dargestellt.[6]

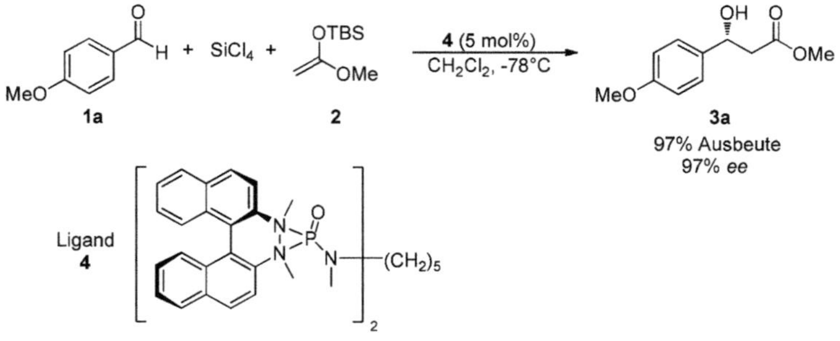

Abbildung 1.2. Beispiel für eine selektive Mukaiyama-Aldoladdition[6]

Alternative metallkatalysierte Routen lieferten Shibasaki[7] und Trost.[8] Des Weiteren steht eine Vielzahl von Organokatalysatoren für die enantioselektive Aldolreaktion zur Verfügung.[9] Erstmals wurde die enantioselektive katalytische Wirkung von chiralen Aminosäuren, wie etwa Prolin, in den frühen siebziger Jahren am Beispiel einer intramolekularen Aldolreaktion gezeigt.[10] Nachdem die katalytische Wirkung von Prolin 2000 von List *et al.* auch auf intermolekulare Bindungsknüpfungen ausgeweitet worden war (Abbildung 1.3),[11] folgte die Entwicklung weitere Katalysatoren, deren Strukturen vor allem auf Prolin basierten.[12]

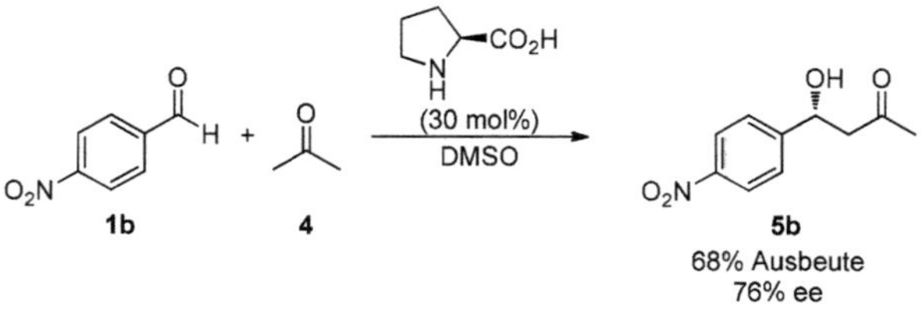

Abbildung 1.3. Prolinkatalysierte Aldolreaktion[11]

Prolin reagiert mechanistisch gesehen als Enzymmimetikum.[13] Im Katalysezyklus der nicht metallhaltigen Aldolasen erfolgt die Aktivierung über ein Enamin-Intermediat, wie auch beim Einsatz von Prolin (Abbildung 1.4).[14,15]

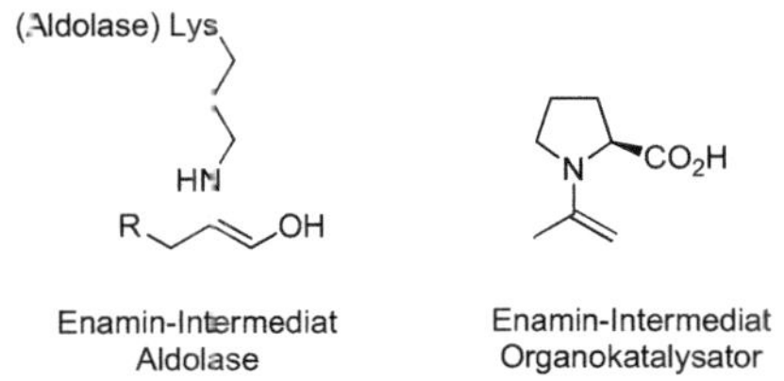

EINLEITUNG

Abbildung 1.4. Enamin-Intermediate der bio- und organokatalytischen Aldolreaktion[13]

Aldolasen katalysieren ebenfalls selektiv die Aldoladdition, allerdings sind diese Biokatalysatoren stark donorspezifisch.[16] Sie können in vier verschiedene Klassen eingeteilt werden, die jeweils einen speziellen Donor akzeptieren und somit auch nur zur Synthese bestimmter Produktklassen verwendet werden können (Abbildung 1.5)[17,18] Bis jetzt sind nur wenige Ausnahmen von dieser Donorspezifität bekannt.[16,19,20,21]

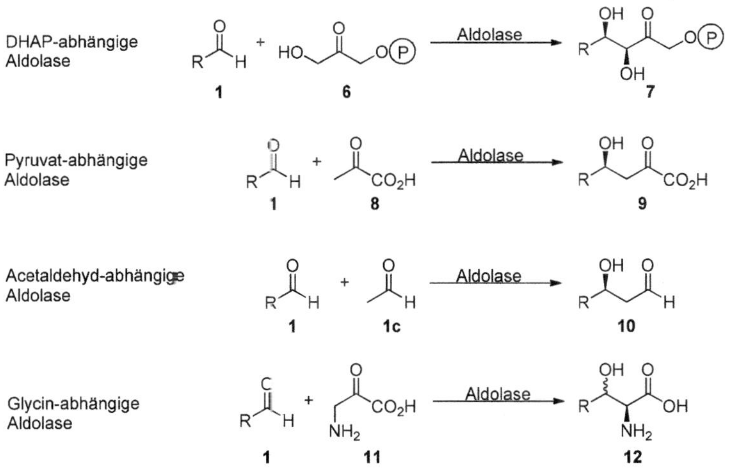

Abbildung 1.5. Einteilung der Aldolasen nach Donorspezifität[17]

Bei der Pyruvat- und der Acetaldehyd-abhängigen Aldolase entsteht eine Ketosäure **9** bzw. die Aldolstruktur **10** mit jeweils einem Stereozentrum, wohingegen bei der Dihydroxyacetonphosphat- (**6**, DHAP) und Glycin-abhängigen Aldolase unter Verwendung prochiraler Aldehyde ein Ketose-1-phosphat **7** bzw. eine β-Hydroxy-α-aminosäure **12** mit jeweils zwei Stereozentren entsteht. Die Gruppe der DHAP-abhängigen Enzyme wurde am

3

intensivsten untersucht.[17] Hier gibt es verschiedene Biokatalysatoren, die zur Bildung aller vier möglichen Stereoisomere fähig sind. Bei der Wahl des Akzeptors ist das Enzym deutlich flexibler und es werden verschiedene Carbonylverbindungen umgesetzt.[16,17]

Die Pyruvat-abhängige Aldolase wird industriell im großen Maßstab zur Synthese von Neuraminsäure **15**, die eine wichtige Vorstufe für das Grippemittel Zanamivir **16** darstellt, genutzt (Abbildung 1.6).[22]

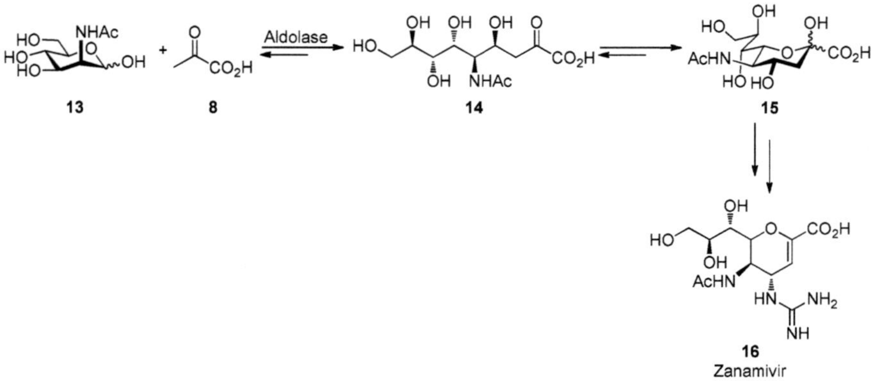

Abbildung 1.6. Industrielle Anwendung der Pyruvat-abhängigen Aldolase[22]

Die Verwendung von Enzymen in der chemischen Industrie hat in den letzten Jahren stark an Bedeutung gewonnen.[23] So bietet die Biotechnologie die Möglichkeit Prozesse nachhaltiger und „grüner" zu gestalten und beispielsweise den CO_2-Ausstoß zu senken.[24,25] Im Bereich der Arzneimittelproduktion werden immer noch typischerweise 25 bis 100 Kilogramm Abfall pro Kilogramm erhaltener Zielverbindung bei den klassischen Syntheserouten produziert.[26] Das Ziel der grünen Chemie ist es chemische Prozesse sicherer, umweltverträglicher und energieeffizienter zu gestalten.[27] Hier bietet sich der Einsatz von Enzymen an, da diese meist in wässrigem Medium und bei milden Temperaturen sehr effizient und selektiv Reaktionen katalysieren.[23,24]

2. Motivation und Zielsetzung

Zur Verbesserung von Syntheserouten für die Gewinnung pharmazeutisch relevanter Bausteine, im Hinblick auf einen nachhaltigen Prozess, waren die Nutzung der Aldolreaktion, sowie der Einsatz verschiedener Biokatalysatoren geplant. Die Synthese von 1,3-Diolen sollte durch die Kombination von organokatalytischer Aldolreaktion und anschließender enzymatischer Reduktion erzielt werden. Außerdem sollte unter Einsatz von Glycin-abhängigen Aldolasen, den sogenannten Threoninaldolasen (TA), eine verbesserte Syntheseroute für β-Hydroxy-α-aminosäuren etabliert werden (Abbildung 2.1). Das Motiv der 1,3-Diole kommt in verschiedenen Naturstoffen, wie etwa makroliden Antibiotika, zu denen auch Amphotericin B zählt, vor.[28] Einige β-Hydroxy-α-aminosäuren können als Vorstufe für die Synthese von Antibiotika, wie beispielsweise Thiamphenicol oder Chloramphenicol genutzt werden.[29]

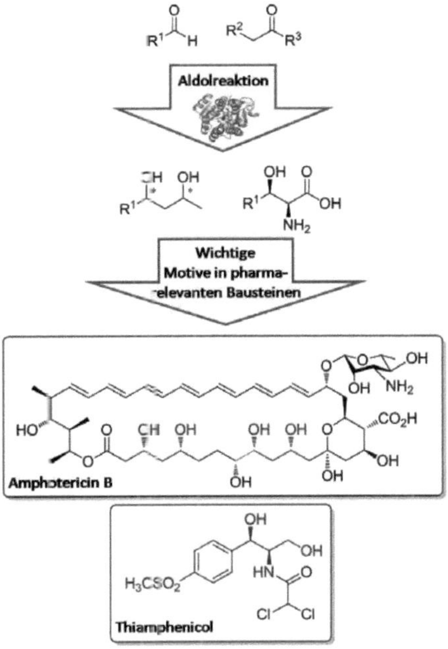

Abbildung 2.1. Aldolreaktion und Biokatalysatoren zur Synthese von Pharmabausteinen

MOTIVATION UND ZIELSETZUNG

2.1 Synthese von 1,3-Diolen

Von einer Vielzahl von Verfahren zur Herstellung von 1,3-Diolen wurde bereits berichtet, allerdings gibt es hier keinen generellen Zugang zu dieser Produktklasse.[30] Ein bestehendes, vielversprechendes Konzept zur Synthese von 1,3-Diolen,[31] bei dem die beiden Stereozentren sequenziell aufgebaut werden, sollte weiterentwickelt werden. Ziel war es mit Hilfe der organokatalytischen Aldolreaktion und Wahl eines biomimetischen Katalysators β-Hydroxyketone **5** mit möglichst hoher Enantioselektivität und hohem Umsatz herzustellen und anschließend das zweite Stereozentrum durch enzymatische Reduktion hoch enantioselektiv aufzubauen (Abbildung 2.2). Durch geeignete Wahl des Organo- bzw. Biokatalysators ist es möglich, die einzelnen Stereozentren in der gewünschten Konfiguration zu erhalten und jedes der vier möglichen Stereoisomere zu bilden.

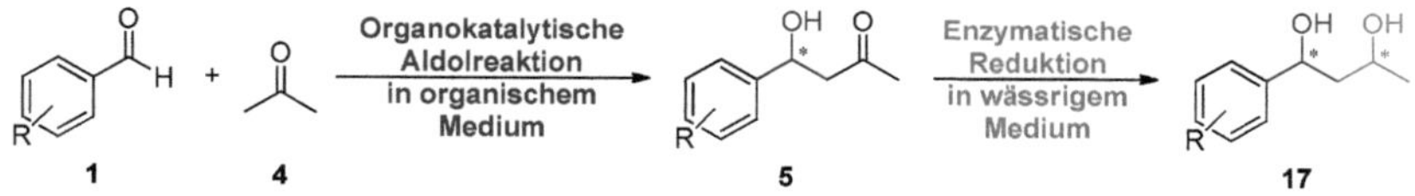

Abbildung 2.2. Konzept der Synthese von 1,3-Diolen **17**

Durch die Weiterentwicklung der Syntheseroute zu einer Eintopfreaktion wird der Prozess im Hinblick auf seine Nachhaltigkeit verbessert, da ein Isolierungsschritt eingespart und somit der Verbrauch an Chemikalien reduziert wird. Die Machbarkeit eines solchen Verfahrens unter den eben dargestellten Bedingungen konnte bereits gezeigt werden.[31] Allerdings ist eine weitere Optimierung der Ausbeute und Diastereoselektivität nötig. Die Kompatibilität der beiden Reaktionen sollte durch eine Durchführung des organokatalytischen Schrittes in wässrigem Medium verbessert werden (Abbildung 2.3).

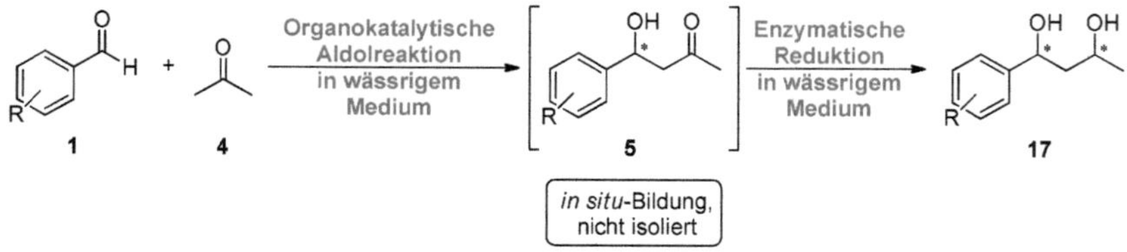

Abbildung 2.3. Synthese von 1,3-Diolen **17** als Eintopfreaktion

2.2 Synthese von β-Hydroxy-α-aminosäuren

Rein chemische Syntheserouten zur Herstellung von β-Hydroxy-α-aminosäuren ausgehend von Glycin sind bereits bekannt.[32] Allerdings sind diese Methoden meist dadurch limitiert, dass geschützte Ausgangsverbindungen eingesetzt werden müssen und die Synthese über mehrere Stufen verläuft. Bei der industriellen Produktion von Thiamphenicol **19** (Zambon-Prozess) wird beispielsweise zuerst die racemische β-Hydroxy-α-aminosäure **12d** hergestellt, die dann über eine Racematspaltung getrennt werden muss, bevor eine Weiterreaktion zum gewünschten Produkt **19** möglich ist (Abbildung 2.4).[33]

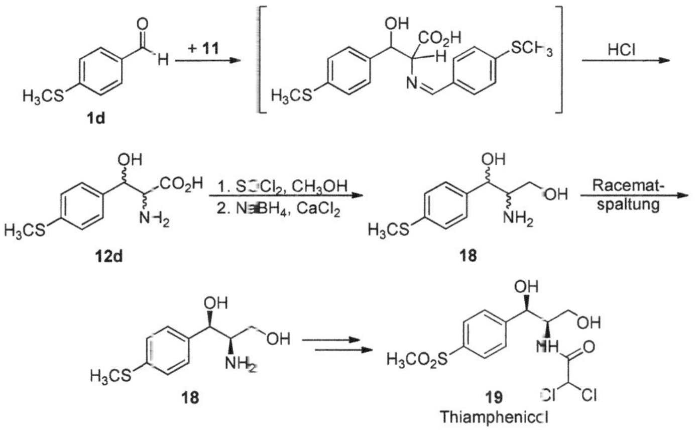

Abbildung 2.4. Zambon-Prozess[33]

Im Vergleich zu diesen Syntherorouten ermöglicht der Einsatz von Threoninaldolasen die Synthese der gewünschten Verbindung **12** ausgehend von Glycin (**11**) und einem Aldehyd **1** in nur einem enantioselektiven Schritt unter milden Bedingungen. Auch muss beispielsweise Glycin (**11**) nicht entsprechend geschützt bzw. aktiviert werden (Abbildung 2.5).

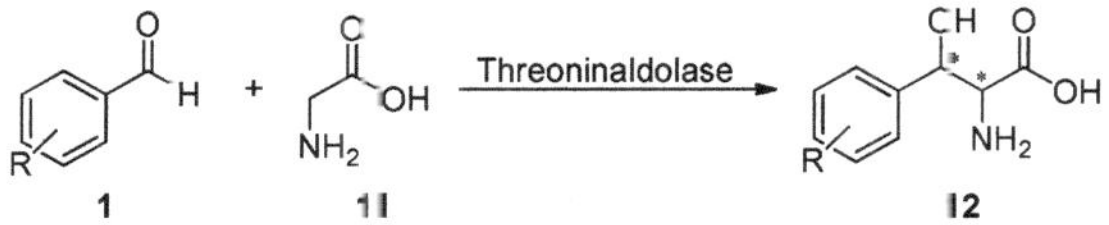

Abbildung 2.5. Synthese von β-Hydroxy-α-aminosäuren **12** mit Threoninaldolasen

MOTIVATION UND ZIELSETZUNG

Der bei dieser Reaktion verwendete Biokatalysator steht in zwei Varianten zur Verfügung, der L-selektiven und der D-selektiven Threoninaldolase (L-TA, D-TA). Diese Enzyme katalysieren die Bildung des Stereozentrums in α-Position hochselektiv, wohingegen die Enantioselektivität für das Stereozentrum in β-Position meist geringer ist. Beide Aldolasetypen wurden bereits bei der Synthese von β-Hydroxy-α-aminosäuren eingesetzt, allerdings mit zum Teil mäßigen Diastereoselektivitäten und nur in kleinem Maßstab.[29]

Im Rahmen dieser Arbeit sollte nun mit der L-Threoninaldolase aus *E. coli* eine Prozessoptimierung durchgeführt werden. Ziel war es β-Hydroxy-α-aminosäuren **12** in möglichst großem Maßstab, bei hoher Substratkonzentration, mit gutem Umsatz und möglichst hoher Enantio- und Diastereoselektivität herzustellen (Abbildung 2.6).

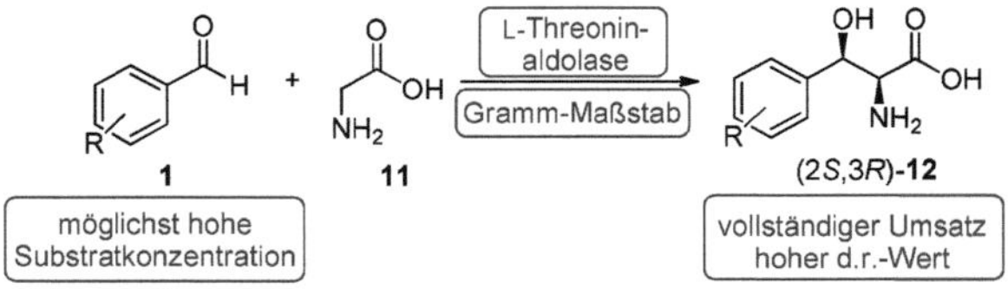

Abbildung 2.6. Ziel der Prozessoptimierung der enzymatischen Aldolreaktion

2.3 Synthese von Epoxiden aus β-Hydroxy-α-aminosäuren

Nach Etablierung einer enzymatischen Synthese von β-Hydroxy-α-aminosäuren (2S)-**12** im 50-100 mL-Maßstab sollte, ausgehend von dieser Verbindung, die Umsetzung zu enantiomerenreinen Epoxiden **21** über zwei Stufen untersucht werden (Abbildung 5.7).

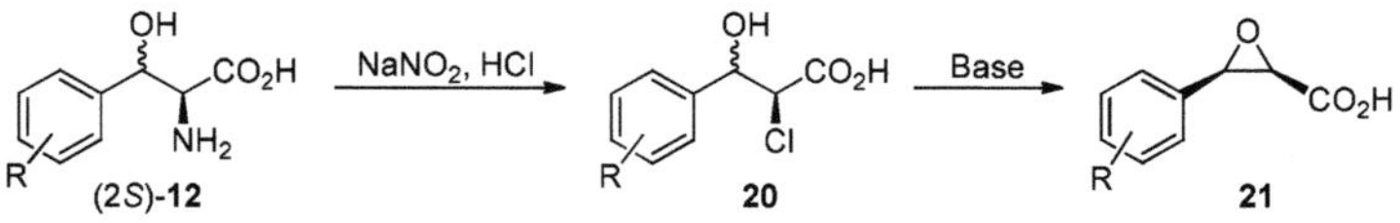

Abbildung 2.7. Synthese von Epoxiden **21** ausgehend von β-Hydroxy-α-aminosäuren (2S)-**12**

In Anlehnung an den Schritt des Ringschlusses ausgehend von Halohydrinen bei der Darzens-Glycidester-Synthese[1] sollte zuerst die Aminogruppe durch ein Chloridion substituiert werden und anschließend das erhaltene Halohydrin **20** zum Epoxid **21** umgesetzt werden. Auf diesem Weg sollte ein einfacher Zugang zu enantio- und diastereomerenreinen Epoxiden etabliert werden.

3. Kombination einer organokatalytischen Aldolreaktion und einer enzymatischen Reduktion

3.1 Einleitung

Die Untersuchung und Verbesserung von Medikamenten ist ein wichtiger Bestandteil der Forschung. So wurde auch das bereits erwähnte Amphotericin B (Abschnitt 2) in einer aktuellen Veröffentlichung genauer untersucht.[34] Die Wirksamkeit gegen chronische und systemische Pilzinfektionen, von denen vor allem Patienten mit schwachem Immunsystem betroffen sind, wie beispielsweise nach einer Chemotherapie oder bei einer Aids-Erkrankung, ist unbestritten. Allerdings treten auch unerwünschte Nebenwirkungen wie Leber- oder Nierenschäden auf. Aus diesem Grund wurden neue Derivate entwickelt, die eine verbesserte Wirkung bei geringerer Toxizität aufweisen sollten. Die in Abbildung 3.1 dargestellte Verbindung zeigte bei den durchgeführten Testreihen die höchste Wirksamkeit.[35]

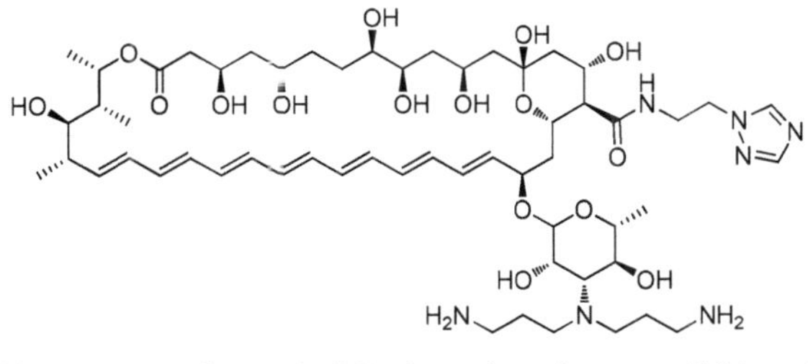

Abbildung 3.1. Amphotericin B-Derivat mit verbesserter Wirksamkeit[35]

Zur Verbesserung verschiedenster Arzneistoffe ist die Erforschung und Weiterentwicklung von Syntheserouten der Grundbausteine dieser Verbindungen ebenfalls unerlässlich. 1,3-Diole **17** gehören zu solch wichtigen Teilstrukturen pharmazeutisch relevanter Verbindungen.[36] Dies belegt auch die Vielzahl an Veröffentlichungen auf diesem Gebiet.[28,30] Die Methoden zur Herstellung dieser Stoffe verlaufen meist über die Synthese von β-Hydroxyketonen oder 1,3-Diketonen mit anschließender selektiver metallkatalysierter oder biokatalytischer Reduktion. Die bekannten Methoden sind allerdings noch

KOMBINATION EINER ORGANOKATALYTISCHEN ALDOLREAKTION UND EINER ENZYMATISCHEN REDUKTION

optimierungsbedürftig im Hinblick auf Substratbreite und Enantio- bzw. Diastereoselektivität.[30] Deshalb ist eine Weiterentwicklung der 1,3-Diolsynthese von besonderer Bedeutung.

3.2 Stand der Wissenschaft

3.2.1 Synthesestrategien zur Herstellung von 1,3-Diolen

Eine Übersicht über die vielen verschiedenen Synthesemethoden von 1,3-Diolen **17** wurde von Bode et al. erstellt.[30] Im Folgenden sollen ausgewählte Beispiele diskutiert werden. Meist werden die Reduktionen von 1,3-Diketonen oder β-Hydroxyketonen mit Borhydriden, Metall- oder Biokatalysatoren zur Herstellung von 1,3-Diolen **17** verwendet.[30] Mit Hilfe von Borhydriden können beispielsweise selektiv *anti*-Diole **23** hergestellt werden (Abbildung 3.2).[37]

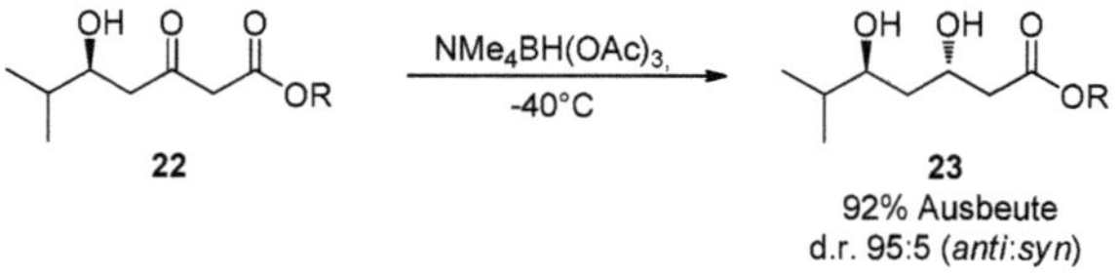

Abbildung 3.2. Reduktion mit Borhydrid[37]

Um enantiomerenreine Verbindungen zu erhalten, müssen oftmals enantiomerenreine β-Hydroxyketone eingesetzt werden und je nach Hydrierungsreagenz werden *syn-* oder *anti-*Produkte erhalten. Ein Nachteil bei der Verwendung von Borhydriden ist vor allem, dass diese Verbindungen meist stöchiometrisch zugegeben werden müssen, teilweise sogar im Überschuss.[30] Eine Alternative dazu bietet die enantioselektive metallkatalysierte Reduktion, die von Noyori et al. bereits 1988 vorgestellt wurde[38] und sich im Laufe der Zeit zu einer allgemeinen Methode zur Reduktion von Ketonen entwickelt hat.[39] Die enantioselektive katalytische Wirkung wird hier durch den Einsatz eines chiralen Liganden, wie beispielsweise BINAP oder entsprechenden Derivaten erzielt. In Abbildung 3.3 ist die Reduktion von Diketon **22** mit einem Ruthenium-BINAP-Katalysator gezeigt. Die Enantioselektivitäten sind teilweise nur mäßig und stark von Substrat und Katalysator abhängig.

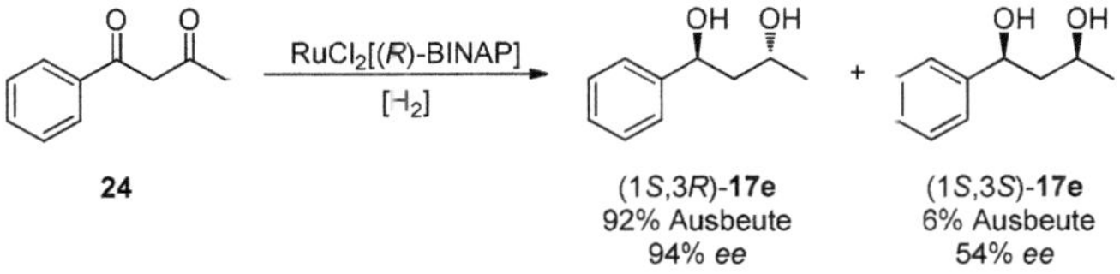

KOMBINATION EINER ORGANOKATALYTISCHEN ALDOLREAKTION UND EINER ENZYMATISCHEN REDUKTION

Abbildung 3.3. Metallkatalysierte Reduktion von Diketonen[38]

Ein Beispiel für die biokatalytische Reduktion von 1,3-Diketonen **24** zeigten Quazi *et al.*[40] Mit Hilfe von zwei unterschiedlich selektiven Oxidoreduktasen konnte die Ketofunktion an Position 3 mit einer Enantioselektivität von >99% *ee* zum Alkohol reduziert werden. (Abbildung 3.4). Eine enzymatische Reduktion der zweiten Ketofunktion gelang allerdings nur in mäßigen Ausbeuten. Es wurde dann auf eine klassische chemische Natriumborhydridreduktion zurückgegriffen und das erhaltene Diastereomerengemisch säulenchromatographisch getrennt.

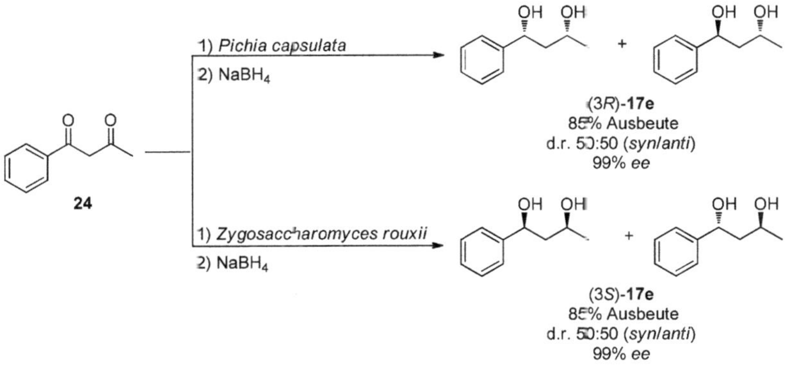

Abbildung 3.4. Chemoenzymatische Reduktion von Diketon **24**[40]

Eine deutliche Verbesserung der Enantio- und Diastereoselektivität bei der Synthese von 1,3-Diolen **17** durch den sequentiellen, selektiven Aufbau der beiden Stereozentren konnte bereits während meiner Diplomarbeit gezeigt werden.[31] Im ersten Schritt wurde das Stereozentrum des β-Hydroxyketons **5f** mit Hilfe einer organokatalytischen Aldolreaktion selektiv aufgebaut. Durch anschließende enzymatische Reduktion konnten alle vier

KOMBINATION EINER ORGANOKATALYTISCHEN ALDOLREAKTION UND EINER ENZYMATISCHEN REDUKTION

möglichen Isomere hergestellt werden (Abbildung 3.5). Eine weitere Optimierung dieses Systems, bezüglich der Enantioselektivität des ersten Schrittes sowie die Isolierung der verschiedenen Stereoisomere **17f**, ist allerdings weiter erforderlich.

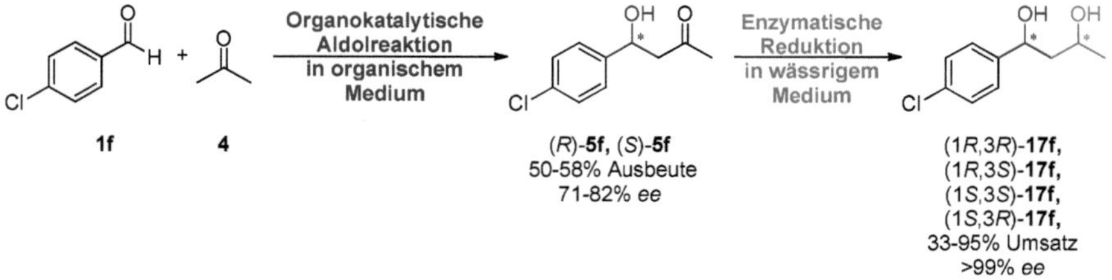

Abbildung 3.5. Sequentieller Aufbau der beiden Stereozentren von **17f**

3.2.2 Organokatalytische Aldolreaktion

Seit der Etablierung der intermolekularen organokatalytischen Aldolreaktion mit Prolin im Jahr 2000 von List et al.,[11] fand eine rasante Entwicklung auf diesem Gebiet statt und viele neue Katalysatoren wurden synthetisiert und getestet.[12,41,42] Ein wichtiger Fortschritt war die Nutzung von Wasser als Lösungsmittel. Zum einen ist Wasser ein umweltverträgliches Lösungsmittel und zum anderen besitzt es auch besondere physikalischen Eigenschaften, die einen speziellen Einfluss auf organische Reaktionen besitzen, wie beispielsweise Oberflächenspannung, Polarität und die Fähigkeit Wasserstoffbrückenbindungen zu bilden.[43] Die Nutzung von Aminosäurederivaten als Katalysatoren stellt in wässrigem Medium kein Problem dar, da die Verbindungen unter diesen Bedingungen stabil sind.

Als erstes konnte die Gruppe um Janda eine organokatalytische Aldolreaktion in Wasser durchführen und lieferte zugleich auch eine Erklärung zur Rolle des Lösungsmittels während der Reaktion (Abbildung 3.6).[44] Der postulierte Mechanismus beinhaltet eine duale Rolle des Lösungsmittels. Zum einen aktiviert es den Aldehyd für den nukleophilen Angriff durch Übertragen eines Protons und zum anderen beschleunigt es die Hydrolyse des Imins im letzten Schritt der Reaktion. Diese beiden Faktoren erhöhen die Geschwindigkeit der Reaktion, was auch durch quantenchemische Berechnungen unterstützt wurde.[44c] Das

KOMBINATION EINER ORGANOKATALYTISCHEN ALDOLREAKTION UND EINER ENZYMATISCHEN REDUKTION

Produkt konnte zwar nur mit einer Enantioselektivität von 20% erhalten werden, aber dies war der erste Schritt zur Etablierung der organokatalytischen Aldolreaktion in Wasser.

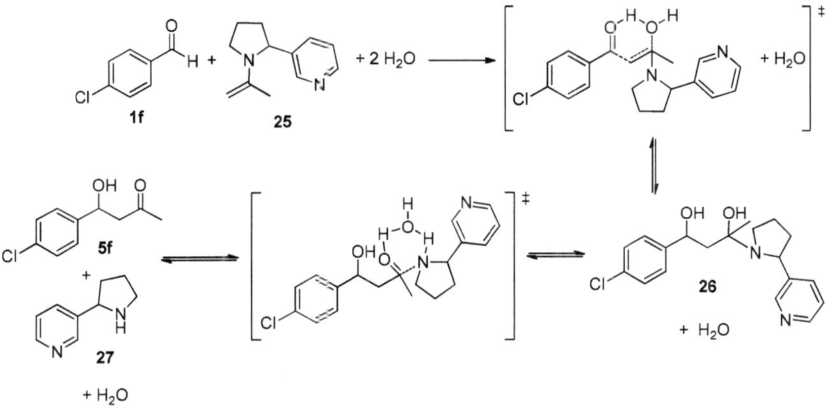

Abbildung 3.6. Einfluss von Wasser bei der organokatalytischen Aldolreaktion[44]

Mittlerweile wurde eine ganze Bandbreite an Katalysatoren entwickelt, die in solch einem 2-Phasen-System gute Ergebnisse erzielen.[43] Es kommt zur Mehrphasenbildung, da die meisten Aldehyde und Ketone nicht oder nur sehr schlecht wasserlöslich sind. Eine Vielzahl der Katalysatoren basieren auf Aminosäurestrukturen, vor allem auf Prolin.[43] Einige Beispiele für Katalysatoren, die nicht auf Prolin basieren sind in Abbildung 3.7 gezeigt. Unter Verwendung des Threoninderivats **28** konnten bei der Reaktion von *m*-Chlorbenzaldehyd und Aceton bei Raumtemperatur gute Ausbeuten und Enantioselektivitäten von 97% *ee* erzielt werden.[45] Mit Hilfe des Binaphthyl-Katalysators **29** wurden mit Cyclohexanon als Donor sehr gute Enantioselektivitäten von bis zu 98% *ee* gefunden, wohingegen Aceton nur mäßige Ergebnisse (bis zu 87% *ee*) lieferte.[46] Der Katalysator **30** konnte zum ersten Mal auch nicht-aromatische Aldehyde als Akzeptoren mit guten Ausbeuten (70%) und exzellenten Enantioselektivitäten (>99% *ee*) umsetzen.[47] Sogar die ungünstige Reaktion zweier Ketone (Cyclohexanon und Phenylglyoxylat) konnte mittels Katalysator **31** mit sehr guten Enantioselektivitäten (>99% *ee*) durchgeführt werden.[48]

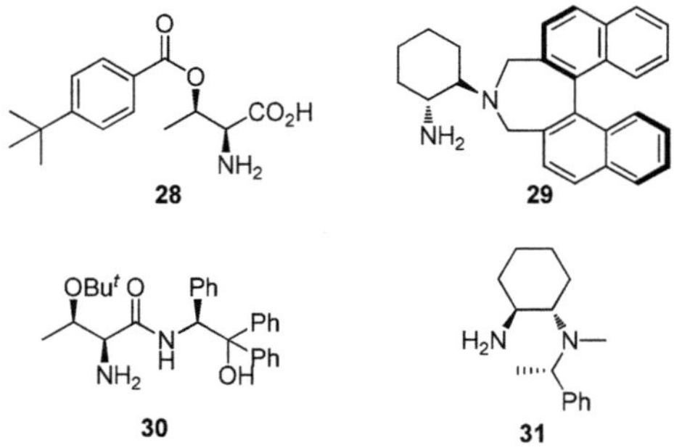

KOMBINATION EINER ORGANOKATALYTISCHEN ALDOLREAKTION UND EINER ENZYMATISCHEN REDUKTION

Abbildung 3.7. Organokatalysatoren für die Aldolreaktion in wässrigem Medium[45,46,47,48]

Als erstes entwickelte die Gruppe um Singh einen Katalysator **32** mit mehreren aktiven Substituenten (OH, NH) und sterisch anspruchsvollen geminalen Phenylgruppen.[49] Diese Struktur wurde später wiederholt aufgegriffen (vgl. Katalysator **30**).[47,50] Mit dieser Verbindung konnten verschiedene aromatische Aldehyde mit Aceton bei -5°C in gesättigter Natriumchloridlösung umgesetzt und sehr gute Enantioselektivitäten von >99% ee und Ausbeuten von bis zu 80% erzielt werden (Abbildung 3.8).[51]

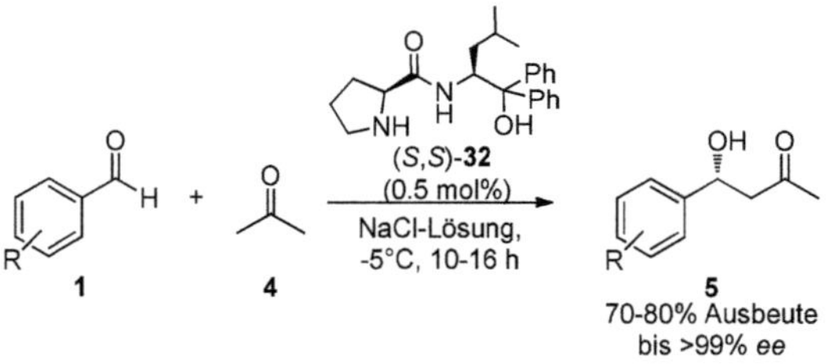

Abbildung 3.8. Organokatalytische Aldolreaktion nach Singh[51]

Die hohe Enantioselektivität wurde durch Aktivierung des Aldehyds mittels Wasserstoffbrückenbindung mit der Hydroxy- und der Amidgruppe erklärt. Die sterisch anspruchsvollen geminalen Phenylgruppen beeinflussen die Enantioselektivität ebenfalls positiv.[51]

KOMBINATION EINER ORGANOKATALYTISCHEN ALDOLREAKTION UND EINER
ENZYMATISCHEN REDUKTION

3.2.3 Enzymatische Reduktion

Die Biotechnologie hält immer weiter Einzug in die industrielle Synthese. Die Gründe dafür liegen dabei nicht nur in der hohen Stereoselektivität der Enzyme, sondern auch im verfahrenstechnischen Bereich. So kann ein Prozess durch Einsatz von Biokatalysatoren vereinfacht und somit Rohstoff-, Energieverbrauch und Abfallmenge verringert werden.[24,52,53] Viele Aminosäuren werden bereits durch biotechnologische Prozesse hergestellt.[23] Hierbei werden allerdings hauptsächlich fermentative Verfahren genutzt. Auch zur Synthese chiraler Pharmaintermediate eignen sich Enzyme.[54] Hier ist speziell die Reduktion prochiraler Ketone mittels Alkoholdehydrogenasen (ADHs) zu nennen, da chirale Alkohole oftmals in Arzneistoffen enthalten sind.[55] Es wurden bereits einige Anwendungen im Industriemaßstab entwickelt.[55] Dazu zählt beispielsweise die Synthese von Cholesterinsenkern. Shimizu *et al.* optimierten in Zusammenarbeit mit Kaneka die enzymatische Reduktion von 4-Chloracetessigestern als Bausteine für Statin-Seitenketten.[57,58] In Abbildung 3.9 ist die biokatalytische Reduktion des Diketoesters **33** mit einer Alkoholdehydrogenase aus *Lactobacillus brevis* (LB-ADH) als Baustein zur Herstellung von Rosuvastatin **35** gezeigt.[59,60]

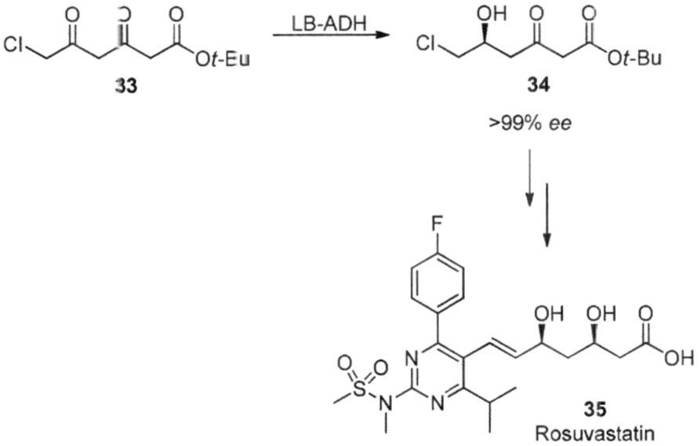

Abbildung 3.9. Enzymatische Reduktion bei der Synthese von Statinen[60]

KOMBINATION EINER ORGANOKATALYTISCHEN ALDOLREAKTION UND EINER ENZYMATISCHEN REDUKTION

Die hier gezeigte Alkoholdehydrogenase aus *Lactobacillus brevis* gehört zu den (R)-selektiven ADHs, wie auch die aus *Lactobacillus kefir*. Dagegen sind die ADHs aus *Rhodococcus* species, Pferdeleber und Hefen meist (S)-selektive Enzyme.[17,61]

Alkoholdehydrogenasen sind cofaktorabhängig, d.h. zur Reaktion muss NADH oder NADPH stöchiometrisch zugegeben werden, damit die Reaktion abläuft. Da diese Cofaktoren sehr teuer sind, wurden unterschiedliche Systeme entwickelt, um den Cofaktor *in situ* zu regenerieren, wodurch dieser nur noch in katalytischen Mengen zugegeben werden muss.[17,56,61,62] Die zwei gängigsten Konzepte sind in Abbildung 3.10 dargestellt. Die substratgekoppelte Cofaktorregenerierung basiert auf der Zugabe eines Alkohols, meist *iso*-Propanol, der in der Rückreaktion von der gleichen Alkoholdehydrogenase zum Keton oxidiert wird und somit den Cofaktor regeneriert. Der Alkohol muss in diesem Fall im Überschuss zugegeben werden, um das Gleichgewicht der Reaktion auf die Produktseite zu verschieben. Es besteht auch die Möglichkeit das bei der Cofaktorregenerierung entstehende Keton (Aceton) destillativ aus dem Gleichgewicht zu entfernen. In beiden Fällen muss die ADH mit dem Cosubstrat kompatibel sein.

a) Substratgekoppelte Cofaktorregenerierung

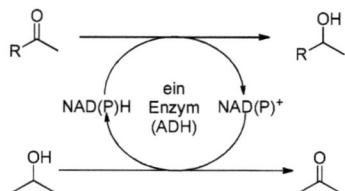

b) Enzymgekoppelte Cofaktorregenerierung

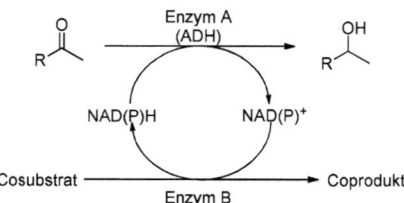

Abbildung 3.10. Beispielsysteme zur Cofaktorregenerierung[61]

Das enzymgekoppelte System erfordert die Zugabe eines zweiten Enzyms, welches ein Cosubstrat unter Rückbildung des Cofaktors umsetzt. Diese Reaktion ist irreversibel, wodurch das Gleichgewicht ebenfalls auf die Produktseite geschoben wird. Beispiele für solche Enzyme sind die Formiatdehydrogenase (FDH), die Formiat zu CO_2 umsetzt, das dem System entweicht und die Glucosedehydrogenase (GDH), die D-Glucose zum Gluconolacton umsetzt, das anschließend irreversibel zum Salz der Gluconsäure reagiert. Wichtig ist hierbei

KOMBINATION EINER ORGANOKATALYTISCHEN ALDOLREAKTION UND EINER ENZYMATISCHEN REDUKTION

die Kompatibilität der beiden Enzymreaktionen, da Inhibierungseffekte durch die verschiedenen Reaktanden auftreten können.[17,61,63]

Eine Limitierung der Alkoholdehydrogenasen stellt oftmals das Substratspektrum dar. Die Ketofunktion darf meist nur einen sterisch anspruchsvollen Substituenten besitzen, wie beispielsweise bei Acetophenon.[64] Zahlreiche Forschungsarbeiten beschäftigten sich in jüngster Zeit mit der Erweiterung des Substratspektrums. In Abbildung 3.11 sind drei Beispiele für solch sterisch anspruchsvolle Ketone gezeigt, die mit bestimmten Alkoholdehydrogenasen umgesetzt werden können.[64,65,66] Die ADHs aus *Nocardia globerula*[64] und *Ralstonia* species[65] sind in der Lage das Keton **36** mit sehr guten (>96% *ee* (S))[64] bis moderaten Enantioselektivitäten (64% *ee* (S))[65] umzusetzen. Dagegen konnte ausgehend von **37** aus der Reaktion mit der ADH aus *Ralstonia* sp. der entsprechende Alkohol mit einem sehr guten *ee*-Wert von >99% (S) erhalten werden.[65] Das Benzophenonderivat **38** wird von einer ADH aus *Sporobolomyces salmonicolor* akzeptiert und mit guten Enantioselektivitäten von 88% *ee* (R) zum entsprechenden Alkohol reduziert.[66]

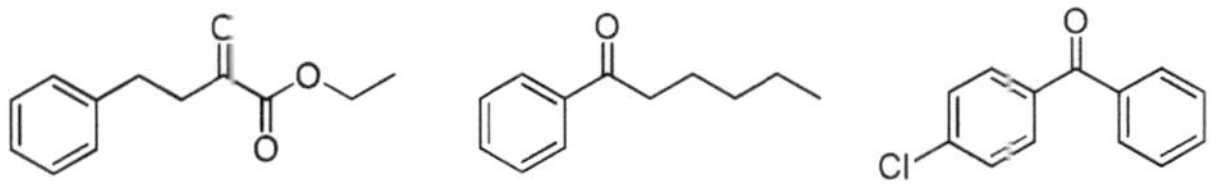

Abbildung 3.11. Sterisch anspruchsvolle Substrate für die enzymatische Reduktion[64,65,66]

Durch Mutation des bekannten Wildtyp-Enzyms aus *Sporobolomyces salmonicolor* konnte ein Biokatalysator entwickelt werden, der in der Lage ist, das Produkt mit entgegengesetzter Konfiguration zu bilden. Mit Hilfe einer Röntgenstruktur wurden spezielle Aminosäuren im aktiven Zentrum des Proteins ausgewählt, die Einfluss auf die Enantioselektivität haben könnten. Diese wurden dann durch Mutationen durch andere Aminosäuren ausgetauscht. Die erhaltenen Mutanten zeigten anschließend eine (S)-Enantioselektivität von 76% *ee* bei der Reduktion von **38**.[66]

Ein wichtiger Teil bei der weiteren Entwicklung der Biotechnologie stellt die Optimierung von bereits bekannten Biokatalysatoren dar. Die Limitierung durch begrenzte Substratakzeptanz, geringe Stereoselektivität, unzureichende Stabilität oder auch Produktinhibierung können in

KOMBINATION EINER ORGANOKATALYTISCHEN ALDOLREAKTION UND EINER ENZYMATISCHEN REDUKTION

der Regel überwunden werden.[67] Dadurch werden Enzyme attraktiver für eine industrielle Anwendung.

3.2.4 Eintopfreaktionen

Durch Prozessoptimierung können chemische Synthesen im Sinne der grünen Chemie[27] verbessert werden. Eine Möglichkeit ist hierbei das Konzept der Eintopfreaktionen oder Kaskadenreaktionen. Dieses beruht auf der Kombination mehrerer Reaktionen ohne Isolierung der einzelnen Zwischenstufen (Abbildung 3.12). Während bei der klassischen Mehrstufensynthese jede Zwischenstufe (B, C) isoliert werden muss, wird bei dem entsprechenden Eintopfverfahren lediglich das am Ende gewünschte Produkt nach Aufarbeitung erhalten. Dadurch kann idealerweise die Reaktionszeit und die Abfallproduktion drastisch gesenkt werden.[68] Dies geschieht bereits durch den Wegfall der aufwändigen Isolierungsschritte, wie beispielsweise der Säulenchromatographie, bei der meist große Mengen an Lösungsmitteln benötigt werden.

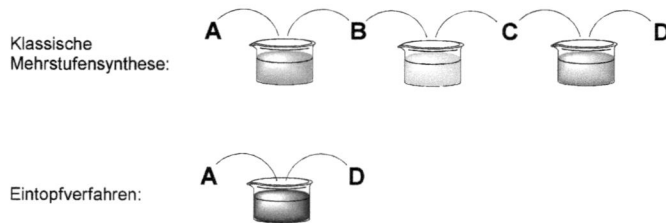

Abbildung 3.12. Vergleich Mehrstufensynthese und Eintopfverfahren

Eine besondere Herausforderung besteht darin, die Vorteile der Biotechnologie zu nutzen und diese mit etablierten chemischen Reaktionen in solchen Eintopfsystemen zu kombinieren, da diese meist in unterschiedlichen Reaktionsmedien ablaufen. Eine Ausnahme sind hierbei Lipasen, die in der Lage sind, in organischem Medium zu arbeiten. Deshalb hat sich vor allem die Kombination solcher Enzyme mit Metallkatalysatoren in dynamisch kinetischen Racematspaltungen (DKR) etabliert.[69,70] Ein Beispiel für die Synthese enantiomerenreiner 1,3-Diole mittels chemoenzymatischer DKR lieferten Bäckvall et al. Ein

KOMBINATION EINER ORGANOKATALYTISCHEN ALDOLREAKTION UND EINER ENZYMATISCHEN REDUKTION

racemisches Diol **17** wird mit Hilfe einer Lipase zweimal selektiv verestert und die einfach veresterte Verbindung **39** mit Hilfe eines Rutheniumkatalysators *in situ* racemisiert (Abbildung 3.13).[71] Die Reaktion findet in Toluol statt und das *syn*-Produkt wird enantiomerenrein erhalten, da die Wanderung der Acetylgruppe bei *syn*-Stellung bevorzugt abläuft und die Lipase selektiv den (*R*)-Alkohol umsetzt. Durch diese Methode ist es allerdings nicht möglich, alle vier Stereoisomere zu synthetisieren.

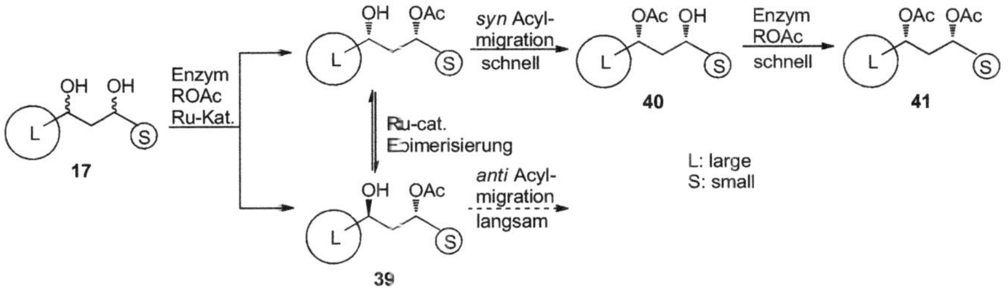

Abbildung 3.13. Synthese von 1,3-Diolen mittels DKR

Schwieriger ist die Kombination von enzymatischen Reaktionen, die in wässrigem Medium ablaufen, mit klassisch chemischer Reaktionen, da die Prozessparameter so optimiert werden müssen, dass eine möglichst gute Kompatibilität erzielt wird. Dies gelang bereits in verschiedenen Arbeitsgruppen.[72,73,74,75] Beispielsweise konnten Kraußer *et al.* allylische Alkohole durch Kombination einer Wittigreaktion und einer enzymatischen Reduktion in einem Eintopfverfahren mit sehr guten Umsätzen (bis zu 90%) und exzellenten Enantioselektivitäten (>99% *ee*) erhalten.[76] Ebenfalls gelang die Kombination einer metallkatalysierten Reaktion (Suzuki-Kupplung) mit einer enzymatischen Reduktion (Abbildung 3.14).[77]

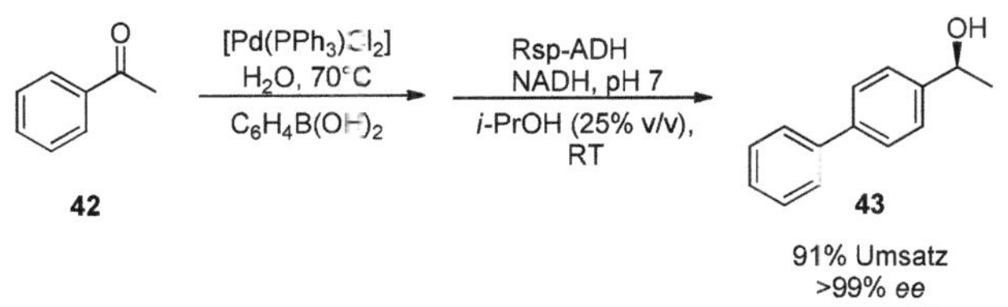

Abbildung 3.14. Eintopfsynthese von Biphenylalkoholen[77]

KOMBINATION EINER ORGANOKATALYTISCHEN ALDOLREAKTION UND EINER ENZYMATISCHEN REDUKTION

Nicht nur Alkoholdehydrogenasen wurden in Eintopfreaktionen genutzt. Auch eine biokatalytische Aldolreaktion wurde mit einer metallkatylischen Reaktion zur Synthese von Iminocyclitolverbindungen **46** von Wong *et al.* eingesetzt (Abbildung 3.15).[78] Auch hier konnte die Zweistufensynthese ohne Isolierung des Zwischenprodukts durchgeführt werden.

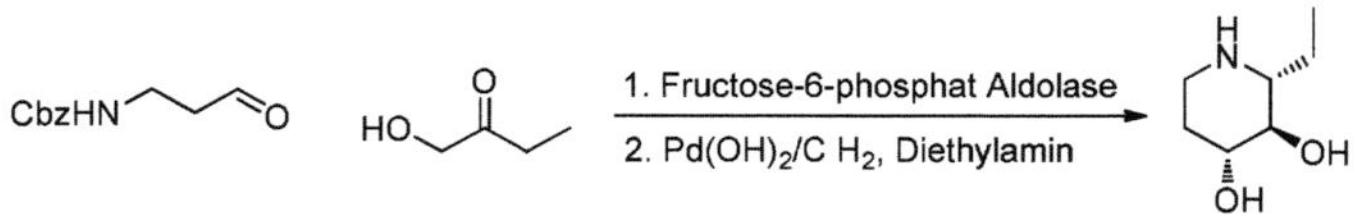

Abbildung 3.15. Kombination einer enzymatische Aldolreaktion und einer Metallkatalyse in einem Eintopfverfahren[78]

3.3 Ziel der Arbeit

In diesem Teil der Arbeit sollte durch sequenzielle Kombination von organokatalytischer Aldolreaktion und enzymatischer Reduktion die Synthese aller möglichen Stereoisomere von 1,3-Diolen **17** durchgeführt werden. Darauf aufbauend sollte anschließend ein Eintopfverfahren in wässrigem Medium entwickelt werden.

Basierend auf bereits veröffentlichten Vorarbeiten[31] sollten die verschiedenen Isomere von 1-(4-Chlorphenyl)-1-butandiol (**17f**) aus der sequenziellen Synthese mit möglichst hohen Ausbeuten isoliert werden (Abbildung 3.16). Das β-Hydroxyketon (*R*)-**5f** wurde bereits über eine lösungsmittelfreie organokatalytische Route mit einem *ee*-Wert von 82% synthetisiert[31] und sollte mit den ADHs aus *Lactobacillus kefir* (LK-ADH) und *Rhodococcus* species (Rsp-ADH) diastereoselektiv mit hohem Umsatz reduziert werden.[79] Das (*S*)-Enantiomer wurde bisher lediglich mit einem *ee*-Wert von 71% eingesetzt.[31] Deshalb sollte (*S*)-**5f** mit höherem Enantiomerenüberschuss synthetisiert und das erhaltene Produkt mit den beiden ADHs reduziert werden. Die einzelnen Diastereomere des Diols **17f** sollten dann säulenchromatographisch getrennt werden.

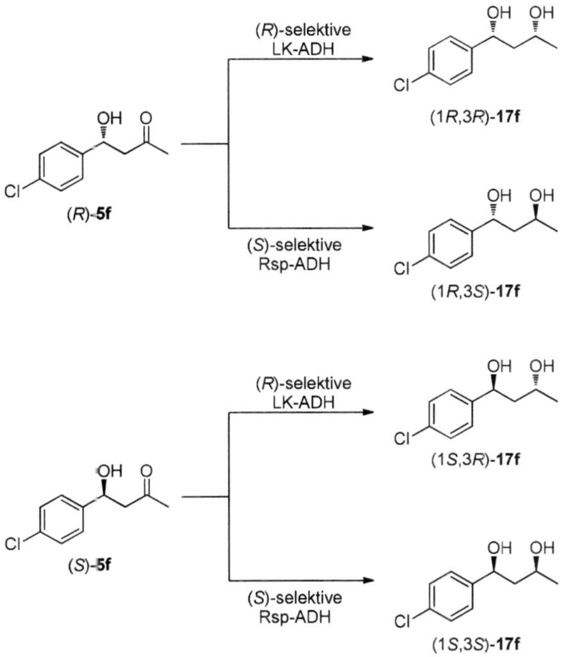

KOMBINATION EINER ORGANOKATALYTISCHEN ALDOLREAKTION UND EINER ENZYMATISCHEN REDUKTION

Abbildung 3.16. Synthese der 1,3-Diole **17f**

Anschließend sollte die organokatalytische Aldolreaktion in wässrigem Medium mit p-Chlorbenzaldehyd (**1f**) als Substrat durchgeführt und in einem Eintopfverfahren mit einer enzymatischen Reduktion kombiniert werden (Abbildung 3.17). Um die Syntheseeffizienz zu bewerten sollten auch hier die Produkte **17f** isoliert und die Ausbeuten, sowie Enantioselektivitäten mit denen aus der sequentiellen Route unter Isolierung der Zwischenstufe **5f** verglichen werden.

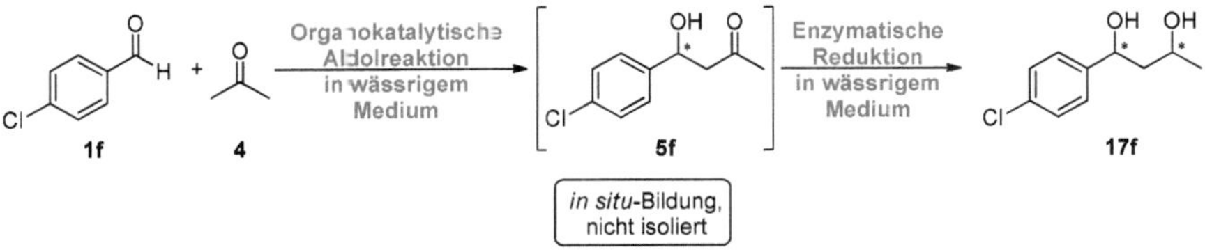

Abbildung 3.17. Eintopfsynthese in wässrigem Medium

KOMBINATION EINER ORGANOKATALYTISCHEN ALDOLREAKTION UND EINER ENZYMATISCHEN REDUKTION

3.4 Eigene Ergebnisse und Diskussion[80]

3.4.1 Organokatalyse unter lösungsmittelfreien Bedingungen

Das (S)-Enantiomer (S)-**5f** wurde mittels organokatalytischer Aldolreaktion hergestellt. Hierzu wurde ein Organokatalysator **32** verwendet, der auf den Aminosäuren Prolin und Leucin basiert und von Singh *et al.* publiziert wurde.[49,51] Die Synthese von **5f** erfolgte ohne Zugabe eines organischen Lösungsmittels. Es wurde lediglich Aceton im Überschuss eingesetzt. Die Reaktion wurde bei Raumtemperatur und mit einer Katalysatorkonzentration von 5 mol% durchgeführt.[31]

Aufgrund der früheren Verwendung eines nicht diastereomerenreinen Katalysators wurde lediglich ein Enantioselektivität von 71% *ee* bei der Synthese von (S)-**5f** erzielt. Der Einsatz eines diastereomerenreinen Katalysators führte zu einer Steigerung des *ee*-Werts auf 83% (Abbildung 3.18).

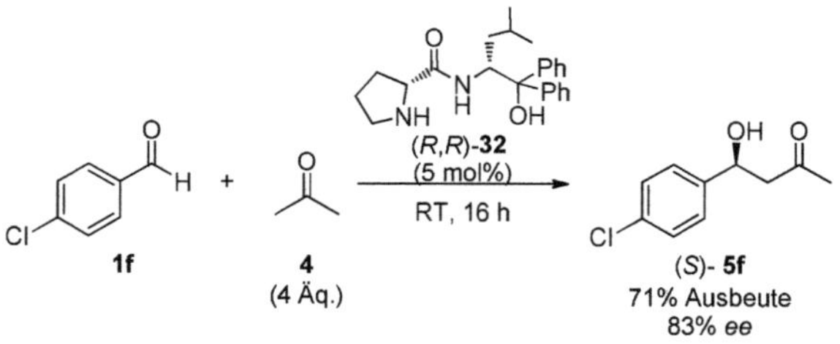

Abbildung 3.18. Organokatalytische Aldolreaktion zur Synthese von (S)-**5f**

3.4.2 Isolierung der 1,3-Diole

In einer früheren Arbeit konnte die sequentielle Synthese von 1,3-Diolen durch organokatalytische Aldolreaktion und enzymatischer Reduktion gezeigt werden.[31] Allerdings wurden die Produkte **17f** nicht isoliert. Bei der enzymatischen Umsetzung mit der Alkoholdehydrogenase aus *Lactobacillus kefir* wurde lediglich ein Umsatz von 33% erzielt. Außerdem wurde bei der enzymatischen Reduktion (S)-**5f** lediglich mit einem *ee*-Wert von 71% eingesetzt.[31] Im Folgenden wurde die Umsetzung mit LK-ADH optimiert, (S)-**5f** mit einem Enantiomerenüberschuss von 83% eingesetzt und alle Stereoisomere von **17f** isoliert.

3.4.2.1 Optimierung der (R)-selektiven enzymatischen Synthese

Zur Verbesserung des Umsatzes einer enzymatischen Reaktion besteht unter anderem die Möglichkeit die Reaktionszeit zu verlängern und die Enzymmenge zu erhöhen. Bei der Umsetzung mittels LK-ADH konnte ein vollständiger Umsatz durch Verlängerung der Reaktionszeit von 18 h auf 36 h und Erhöhung der Enzymaktivität von 10 U/mmol auf 100 U/mmol erzielt werden.

Bei der Reduktion des (R)-Enantiomers von **5f** wurde das entsprechende Diol mit einer Enantioselektivität von >99% *ee* und einem Diastereomerenverhältnis von d.r. 11:1 (*syn/anti*) erhalten. Die hervorragende Diastereoselektivität bei der enzymatischen Reduktion ist auf die externe asymmetrische Induktion durch den Biokatalysator zurückzuführen. Das Verhältnis der erhaltenen Diastereomere entspricht exakt dem Verhältnis der beiden Enantiomere des β-Hydroxyketons (R)-**5f**. Durch säulenchromatographische Aufarbeitung konnte das gewünschte Diastereomer (1R,3R)-1-(4-Chlorphenyl)-1-butandiol ((1R,3R)-**17f**) mit einer Ausbeute von 59% isoliert werden (Abbildung 3.19). Die im Vergleich zum Umsatz relativ niedrige Ausbeute ist zum einen damit zu erklären, dass bei der Reaktion lediglich 82% des gewünschten Diastereomers entstehen und zum anderen auf Verluste bei der säulenchromatographischen Trennung zurückzuführen.

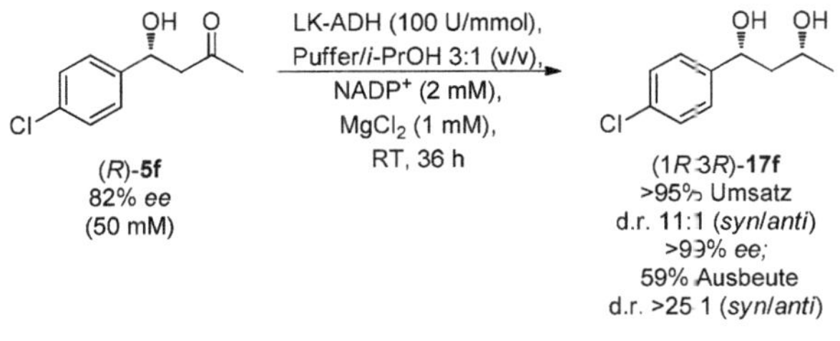

Abbildung 3.19. Reduktion von (R)-**5f** mit LK-ADH

Analoge Ergebnisse wurden bei der Umsetzung des (S)-Enantiomers von **5f** (83% *ee*) erhalten. Das (1S,3R)-1-(4-Chlorphenyl)-1-butandiol konnte durch säulenchromatographische Aufarbeitung mit einer Ausbeute von 55% und mit einem *ee*-Wert von >99% isoliert werden (Abbildung 3.20).

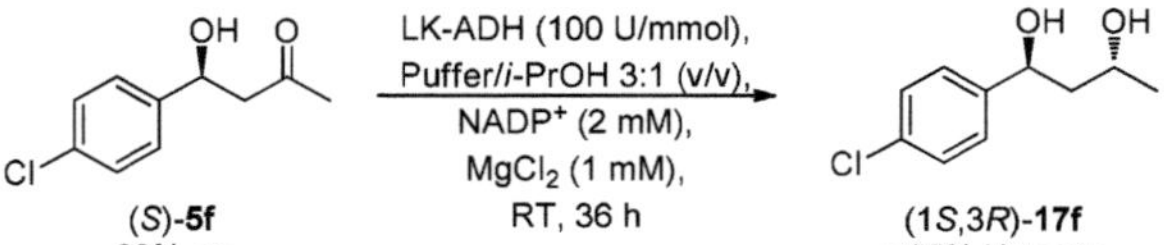

Kombination einer organokatalytischen Aldolreaktion und einer enzymatischen Reduktion

Abbildung 3.20. Reduktion von (*S*)-**5f** mit LK-ADH

3.4.2.2 (*S*)-Selektive enzymatische Umsetzung

Bei der enzymatischen Reduktion mittels Rsp-ADH war keine weitere Optimierung nötig. Bei Einsatz von 40 U/mmol Enzym und einer Reaktionszeit von 18 h wurde bereits ein vollständiger Umsatz erzielt. Die Umsetzung von (*R*)-**5f** lieferte das gewünschte Produkt mit einem Diastereomerenverhältnis von d.r. 10:1 (*anti/syn*) und ebenfalls mit einer hervorragenden Enantioselektivität von >99%. Nach erfolgreicher Isolierung konnte (1*R*,3*S*)-**17f** mit einer Ausbeute von 66% erhalten werden (Abbildung 3.21).

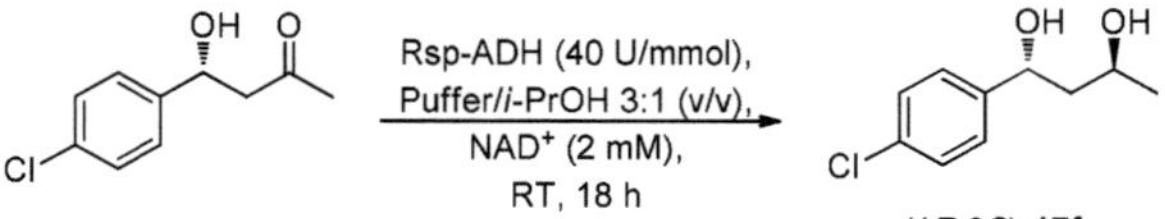

Abbildung 3.21. Reduktion von (*R*)-**5f** mit Rsp-ADH

Das vierte Isomer (1*S*,3*S*)-**17f** konnte mit einer Ausbeute von 71% und ebenfalls mit einem *ee*-Wert von >99% isoliert werden (Abbildung 3.22).

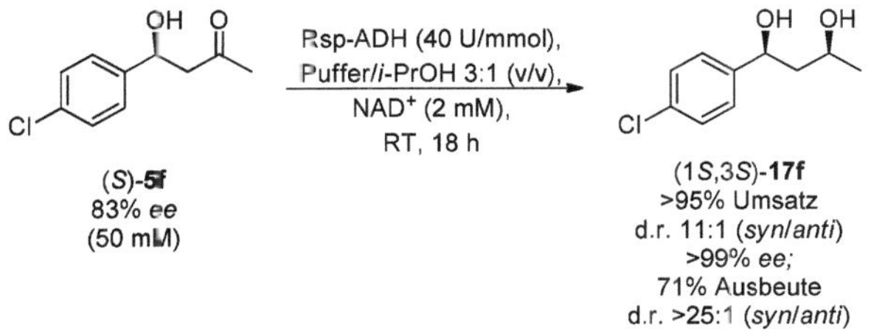

Abbildung 3.22. Reduktion von (S)-5f mit Rsp-ADH

3.4.3 Kombination der beiden Reaktionen in wässrigem Medium

Die Optimierung der organokatalytischen Aldolreaktion in wässriger Natriumchloridlösung, ausgehend von Singh et al.,[51] und anschließender Kombination mit der Biokatalyse in einem Eintopfverfahren gelang Rulli mit *m*-Chlorbenzaldehyd als Substrat.[81,82] Diese Methode sollte auf die Synthese von **5f** ausgehend von *p*-Chlorbenzaldehyd (**1f**) angewendet werden.

3.4.3.1 Optimierung der Organokatalyse in wässrigem Medium

Bei den bekannten Bedingungen handelt es sich um einen neunfachen Überschuss an Aceton und 0.5 mol% Katalysatorbeladung. Das Volumen an Natriumchloridlösung entspricht dem von **4**. Mit *m*-Chlorbenzaldehyd als Substrat wurde nach 24 h von Rulli ein produktbezogener Umsatz von 90% erhalten. Der *ee*-Wert lag mit über 90% etwas höher als bei der lösungsmittelfreien Variante.[81,82]

Unter diesen Bedingungen konnte mit Substrat **1f** allerdings nur ein produktbezogener Umsatz von 58% bei einem Gesamtumsatz von 61% erzielt werden (Tabelle 3.1, Eintrag 1). Bei allen Versuchen wurde nur eine geringe Menge an Nebenprodukten wie beispielsweise das Aldolkondensationsprodukt oder ein Aldolprodukt aus zwei Molekülen **17f** nachgewiesen. Die erhaltene Menge an **5f** ist zu niedrig für eine Kombination mit der enzymatischen Reduktion in einer Eintopfreaktion. Um den Umsatz zu steigern wurden die Reaktionszeit und die Katalysatormenge variiert.

KOMBINATION EINER ORGANOKATALYTISCHEN ALDOLREAKTION UND EINER ENZYMATISCHEN REDUKTION

Tabelle 3.1. Optimierung der Synthese von (R)-5f in wässrigem Medium

Eintrag[1]	c((S,S)-32) [mol%]	t [h]	Produktbezogener Umsatz (R)-5f [%]	Gesamtumsatz [%]	ee [%]
1	0.5	24	58	61	n.b.[2]
2	0.5	32	61	64	95
3	0.5	48	70	74	95
4	1	24	82	86	92
5	1	48	90	94	92

[1] Durchführung: Siehe Abschnitt 8.2.1.3 [2] n.b. nicht bestimmt

Das beste Ergebnis wurde bei einer Katalysatorkonzentration von 1 mol% und einer Reaktionszeit von 48 h erzielt (Tabelle 3.1, Eintrag 5). Der ee-Wert lag bei der höheren Katalysatorkonzentration etwas niedriger (92% ee), aber trotzdem in einem besseren Bereich als bei der lösungsmittelfreien Variante (82% ee). Die Abnahme des ee-Wertes bei höherer Katalysatorkonzentration wurde bereits von Rulli beobachtet.[82] Ein hoher Enantiomerenüberschuss bei **5f** ist für die anschließende enzymatische Reduktion von besonderem Interesse, da somit ein höherer Diastereomernüberschuss bei **17f** erzielt werden kann, dies führt zu einer höheren Ausbeute und zu einer einfacheren Diastereomerentrennung. Die organokatalytische Reaktion mit einer Produktbildung von 90% (Tabelle 3.1, Eintrag 5) wurde nun mit der enzymatischen Reduktion in einem Eintopfverfahren kombiniert.

3.4.3.2 Eintopfverfahren in wässrigem Medium

In dem entwickelten Eintopfverfahren im wässrigen Reaktionsmedium wurde zunächst die organokatalytische Aldolreaktion durchgeführt und erst nach Ablauf der Reaktionszeit die für die Enzymreaktion benötigten Reagenzien zugegeben.[81,82] Bei Verwendung von LK-ADH musste, wie bei der Einzelreaktion, Reaktionszeit und Enzymmenge erhöht werden, um bessere Umsätze zu erzielen. Es konnte bei keiner der beiden Eintopfreaktionen eine vollständige Umsetzung von **5f** zum gewünschten Produkt **17f** festgestellt werden (Abbildung 3.23).

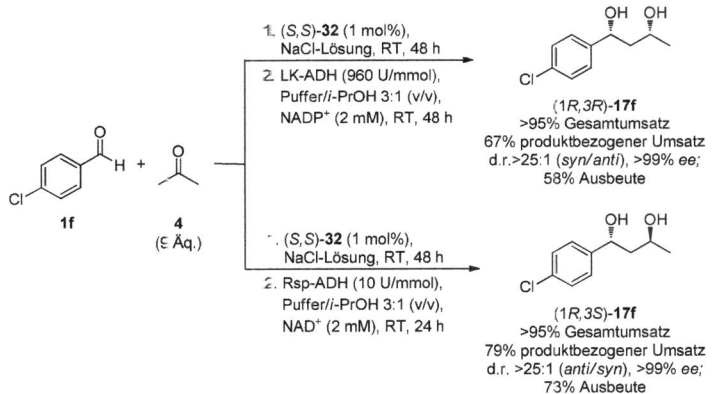

Abbildung 3.23. Eintopfverfahren in wässrigem Medium

Bei der Reaktion mit Rsp-ADH wurde als Nebenprodukt hauptsächlich das ungesättigte Aldolkondensationsprodukt, das unter Abstraktion von Wasser entsteht, mit 11% und lediglich 3% (*R*)-**5f** nachgewiesen. Bei der Eintopfsynthese mit LK-ADH wurden 17% (*R*)-**5f** und 12% der ungesättigten Verbindung gebildet. Offenbar wird die enzymatische Reduktion durch die Reagenzien aus dem ersten Schritt beeinträchtigt. Dies kann zum einen durch das im Überschuss zugegebenen Aceton (**4**), das die substratgekoppelte Cofaktorregenerierung stören kann, versursacht werden oder zum anderen durch die Anwesenheit des Katalysators. Der produktbezogene Umsatz lag in einem Bereich von bis zu 79%. Durch den verbesserten *ee*-Wert bei der organokatalytischen Reaktion wurden sehr gute Diastereomernverhältnisse von d.r. >25:1 (*syn/anti* bzw. *anti/syn*) erhalten und die Ausbeuten lagen bei bis zu 73%. Die enzymatische Reduktion führte zu den gewünschten Diastereomeren (1*R*,3*R*)- und (1*R*,3*S*)-**17f** in einem exzellenten Enantiomerenüberschuss von >99% *ee*.

KOMBINATION EINER ORGANOKATALYTISCHEN ALDOLREAKTION UND EINER ENZYMATISCHEN REDUKTION

Um die Effizienz der entwickelten Eintopfreaktion in wässrigem Medium darzustellen, wurden die unterschiedlichen Synthesemethoden miteinander verglichen. In Abbildung 3.24 ist die Ausbeute an (1R,3S)-**17f** aus der sequentiellen Durchführung der Einzelreaktionen mit Isolierung von **5f** (50% Gesamtausbeute über zwei Schritte), einem Eintopfverfahren mit lösungsmittelfreier Organokatalyse (54% Ausbeute)[31,83] und dem Eintopfverfahren in wässrigem Medium (73% Ausbeute) graphisch dargestellt.

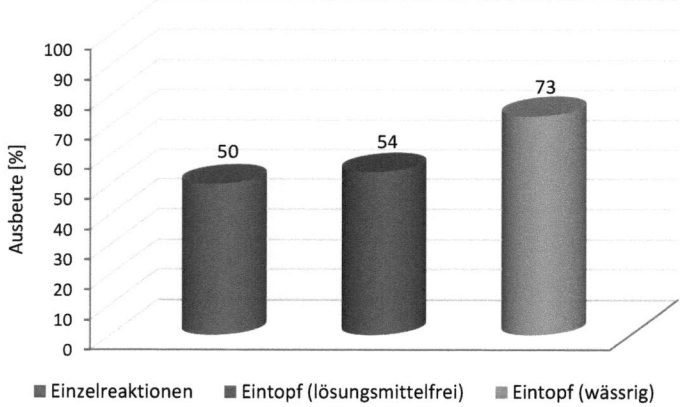

Abbildung 3.24. Vergleich der verschiedenen Synthesemethoden

Der Vergleich zeigt, dass die Ausbeute des gewünschten Produkts bei der Eintopfreaktion in wässrigem Medium am höchsten ist. Zudem konnte bei diesem System auf eine Isolierung des Zwischenprodukts verzichtet werden. Es ist gelungen eine vielversprechende Syntheseroute im Hinblick auf Nachhaltigkeit zu entwickeln.

3.5 Zusammenfassung

Es konnte gezeigt werden, dass durch den sequentiellen Aufbau der beiden Stereozentren die einzelnen Diastereomere von **17f** mit hohen Umsätzen und zugleich hohen

KOMBINATION EINER ORGANOKATALYTISCHEN ALDOLREAKTION UND EINER ENZYMATISCHEN REDUKTION

Diastereomerenverhältnissen hergestellt werden können. Des Weiteren gelang die säulenchromatographische Isolierung der vier einzelnen enantiomerenreinen Diastereomere **17f** (Abbildung 3.25).

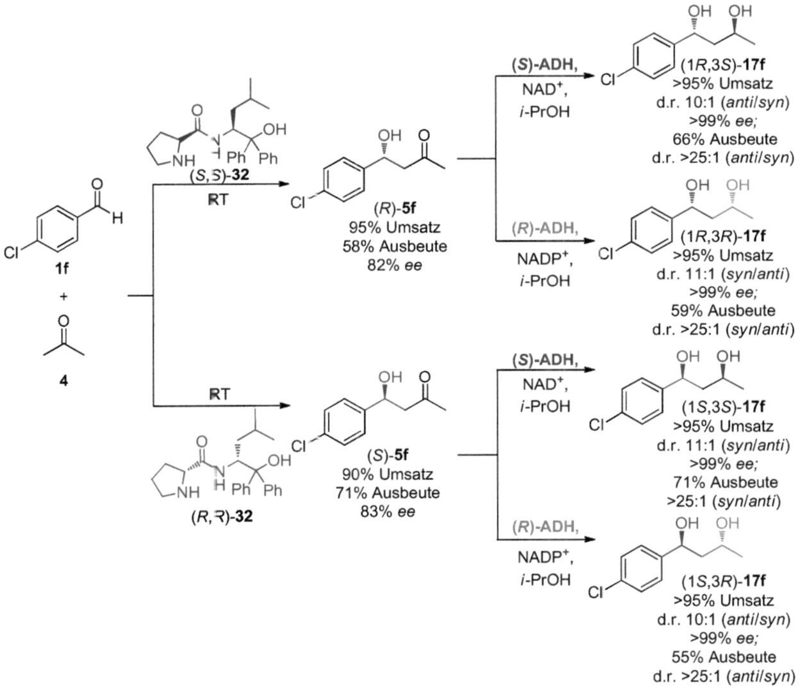

Abbildung 3.25. Synthese aller vier Stereoisomere von **17f**

Die Organokatalyse wurde zudem in wässrigem Medium für die Umsetzung des Substrats **1f** im Hinblick auf den produktbezogenen Umsatz und Enantioselektivität verbessert. Die optimierte Reaktion konnte in einer Eintopfreaktion mit der enzymatischen Reduktion kombiniert werden. Auf diesem Weg wurde unter anderem (1R,3S)-**17f** mit einem sehr guten Diastereomerenverhältnis (d.r. >25:2 *anti/syn*) erhalten und mit einer Ausbeute von 73% isoliert (Abbildung 3.26).

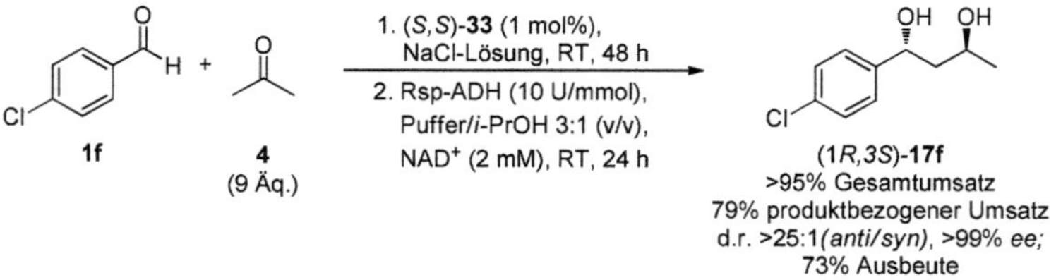

KOMBINATION EINER ORGANOKATALYTISCHEN ALDOLREAKTION UND EINER ENZYMATISCHEN REDUKTION

Abbildung 3.26. Eintopfsynthese von (1R,3S)-**17f**

Der Vergleich mit der sequentiellen Methode und der lösungsmittelfreien Eintopfsynthese zeigte, dass hier ein vielversprechender Prozess im Hinblick auf die Nachhaltigkeit etabliert werden konnte.

4. Enzymatische Aldolreaktion

4.1 Einleitung

Aldolasen katalysieren die nichthydrolytische Spaltung von C-C-Bindungen und gehören zur Klasse der Lyasen.[17] Die Einteilung der Aldolasen nach ihrer Donorspezifität wurde bereits in Kapitel 1 (Abbildung 1.5) beschrieben. Die DHAP-abhängige Fructose-1,6-biphosphataldolase ist Teil des Glycolysestoffwechsels, bei dem Glucose zu Pyruvat abgebaut wird. Diese Aldolase spaltet im ersten Teil des Abbauweges Fructose-1,6-biphosphat in DHAP und Glycerinaldehyd-3-phosphat.[84] Die Threoninaldolasen, die in vielen Pflanzen, Wirbeltieren, Bakterien, Hefen und Pilzen vorkommen, sind für die Spaltung von Threonin (**12c**) in Glycin (**11**) und Acetaldehyd (**1c**) verantwortlich (Abbildung 4.1). Im Stoffwechsel erfolgt dann der weitere Abbau zu Acetyl-CoA und Pyruvat.[29]

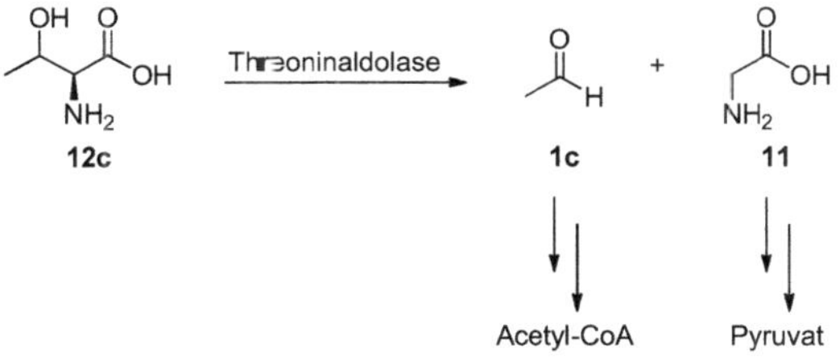

Abbildung 4.1. Enzymatische Spaltung von Threonin (**12c**) im Körper

Die vier verschiedenen Aldolasetypen katalysieren ebenfalls die Rückreaktion bzw. die C-C-Bindungsknüpfung, die aus synthetischer Sicht attraktiv ist. Die Herstellung von optisch aktiven β-Hydroxy-α-aminosäuren ist hierbei von besonderer Bedeutung, vor allem im Hinblick auf pharmazeutische Anwendungen. Dieser Aminosäurebaustein findet sich in Antibiotika wie Thiamphenicol und Vancomycin (Abbildung 4.2) oder in Entzündungshemmern, wie Cylcomarinen, wieder.[85]

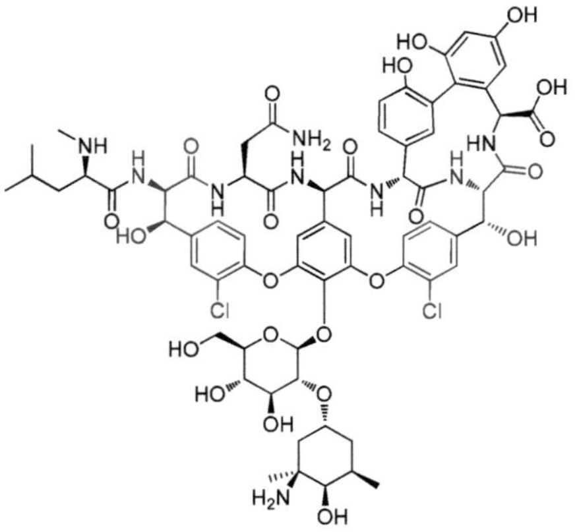

ENZYMATISCHE ALDOLREAKTION

Abbildung 4.2. Vancomycin

Es gibt einige Beispiele für den Einsatz von Threoninaldolasen bei der Synthese komplexer Moleküle.[86,87,88] Digitoxin (**49**) ist ein Na^+/K^+-ATPase-Inhibitor, der bei kongestiver Herzinsuffizienz oder bei Herzrhythmusstörungen eingesetzt wird. Bei der Synthese über mehrere Stufen wird die β-Hydroxy-α-aminosäure **47** durch enzymatische Aldolreaktion hergestellt und kann dann zum gewünschten Produkt weiter umgesetzt werden (Abbildung 4.3).[87]

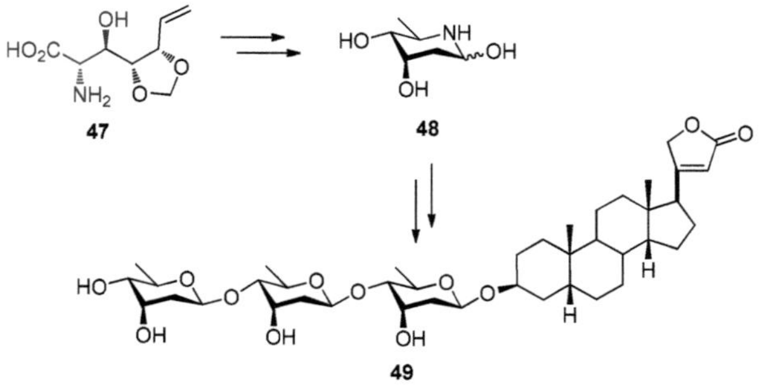

Abbildung 4.3. Synthese von Digitoxin (**49**)[87]

Auch die Herstellung eines Fucosyltransferase-Inhibitors **51** verläuft über eine Threoninaldolase-katalysierte Reaktion.[88] Die dabei erhaltene β-Hydroxy-α-aminosäure **50** wird über mehrere Stufen zu **51** umgesetzt. (Abbildung 4.4).

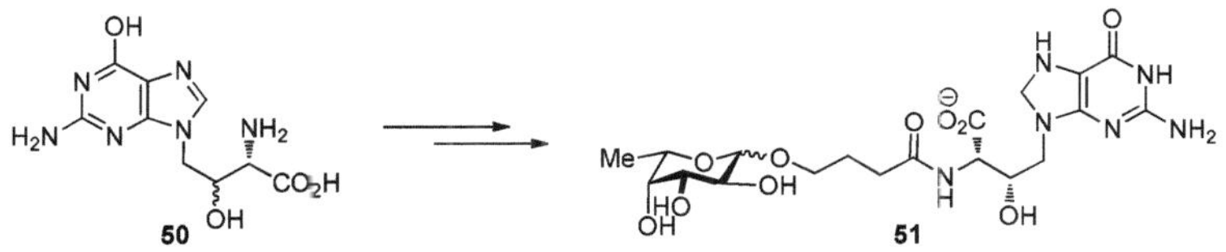

Abbildung 4.4. Synthese eines Fucosyltransferase-Inhibitors **51**[88]

Diese beiden Beispiele zeigen, dass die TA-katalysierte Aldolreaktion als attraktive und selektive C-C-Bindungsknüpfung bereits in der Synthese pharmazeutisch relevanter Verbindungen genutzt werden kann.

4.2 Stand der Wissenschaft

4.2.1 Synthesestrategien für β-Hydroxy-α-aminosäuren

Die chemischen Methoden zur Synthese von β-Hydroxy-α-aminosäuren sind vielfältig und basieren auf verschiedenen Konzepten. Dabei ist vor allem die Aldolreaktion von Glycin (**11**), bzw. dessen Derivaten mit Aldehyden **1**, die durch unterschiedliche Verbindungen katalysiert werden kann, zu nennen (Abbildung 4.5).[89]

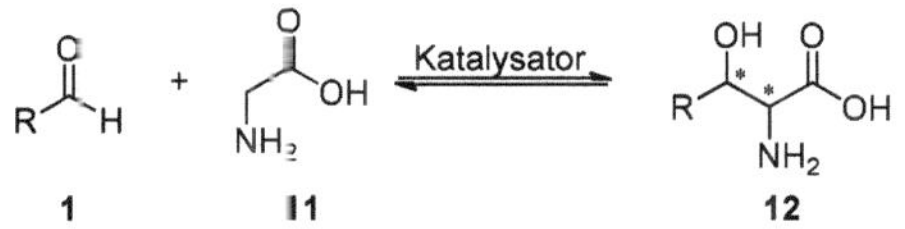

Abbildung 4.5. Aldolreaktion von Glycin (**11**) und Aldehyden **1**

Zudem gibt es Methoden für chemokatalytische, dynamisch kinetische Racematspaltungen.[90] Allerdings muss bei diesen meist auf Schutzgruppen zurückgegriffen werden. Im Folgenden sollen nun einige dieser Konzepte vorgestellt werden.

Die Gruppe um Hamada veröffentlichte bereits mehrere Katalysatorsysteme, die in der Lage sind selektiv β-Keto-α-aminosäureester zu den entsprechenden *anti*-β-Hydroxy-α-aminosäureestern zu reduzieren.[90] In Abbildung 4.6 ist die Spaltung des Ketoesters **52** mit Hilfe eines Iridiumkomplexes **54** gezeigt.[90d] Es handelt sich hierbei um eine dynamisch

ENZYMATISCHE ALDOLREAKTION

kinetische Racematspaltung, bei der sehr gute Ausbeuten und Enantioselektivitäten erzielt werden konnten.

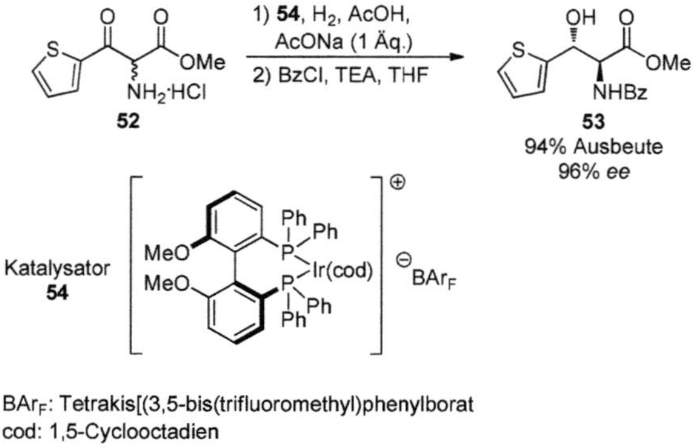

Abbildung 4.6. DKR zur Synthese von *anti*-β-Hydroxy-α-aminosäureestern **53**[90d]

Weitere Methoden verlaufen über 1,3-Cycloadditionen[91] oder auch nukleophile[92] sowie radikalische[93] Substitutionen. In Abbildung 4.7 wird die Zielverbindung **58**, ausgehend von einer α-Aminosäure **55** nach radikalischer Bromierung und Umwandlung zum Oxazolidon **57** in einer Ausbeute von 77% erhalten.[93]

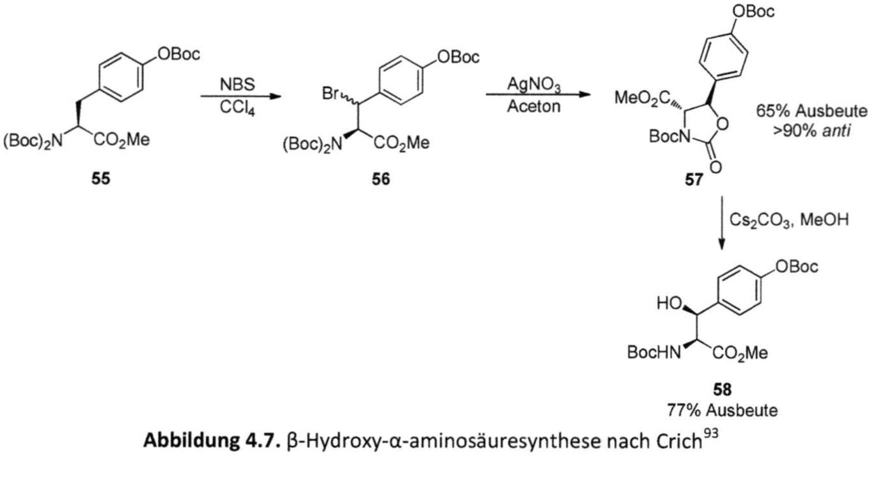

Abbildung 4.7. β-Hydroxy-α-aminosäuresynthese nach Crich[93]

Evans *et al.* berichteten schon 1936 über die Synthese von *syn*- und *anti*-β-Hydroxy-α-aminosäuren über Oxazolidonderivate,[94] wobei diese die Ausgangsverbindung **59** darstellten und als chirale Glycinsynthone bezeichnet wurden (Abbildung 4.8). Problematisch ist bei dieser Syntheseroute die Verwendung von Natriumazid aufgrund der toxischen Eigenschaften.

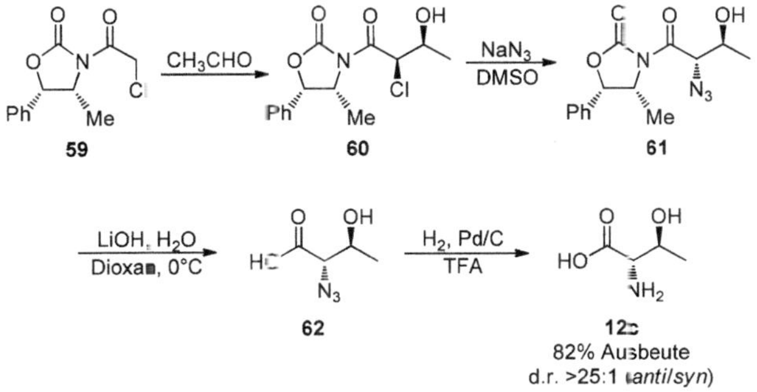

Abbildung 4.8. Synthese über Oxazolidone als Glycinsynthone[94b]

Das Glycinsynthon **59** reagiert als Enoläquivalent mit einem Aldehyd. Auf diesem Konzept basieren eine Reihe weiterer Synthesebeispiele. So können β-Hydroxy-α-aminosäuren auch nach bekannten Methoden der asymmetrischen Aldolreaktion hergestellt werden. Aktiviertes Glycin, beispielsweise vom Typ **63**, und ein Aldehyd **1** können mit Hilfe von chiralen Metallkatalysatoren zu den entsprechenden Produkten umgesetzt werden.[95,96,97] Das Beispiel von Shibasaki[95] zeigt die Reaktion der Schiff'schen Base **63** mit einem aliphatischen Aldehyden **64**, katalysiert durch Li$_3$[La(BINOL)$_3$] (**67**) (Abbildung 4.9). Bei dieser metallkatalysierten Reaktion entsteht ein Diastereomerengemisch von d.r. 59:41 (*anti/syn*) mit guten bis mäßigen *ee*-Werten und sehr hohen Ausbeuten von 93%.

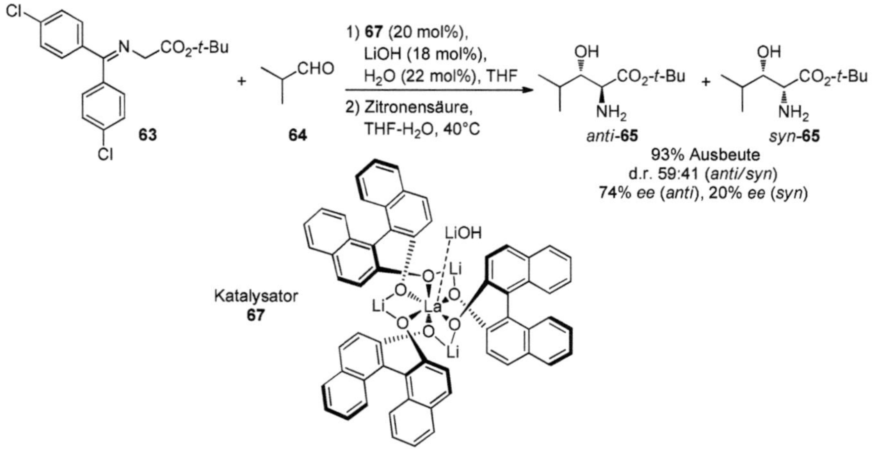

ENZYMATISCHE ALDOLREAKTION

Abbildung 4.9. Metallkatalysierte Aldolreaktion zur Synthese von β-Hydroxy-α-aminosäuren[95]

Diese Reaktion kann ebenfalls organokatalytisch durchgeführt werden. Als Katalysatoren stehen hier quartäre Ammoniumsalze,[98,99] sogenannte Phasentransferkatalysatoren zur Verfügung, aber auch von einer Variante mit Prolin[100] wurde berichtet. Bei der Verwendung von Prolin als Katalysator wurde ein Phthalimid **68** mit einem Aldehyden **64** umgesetzt und die entsprechenden β-Hydroxy-α-aminosäurederivate **70** nach Oxidation in sehr guten Diastereo- (d.r. >100:1 (*anti/syn*)) und Enantioselektivitäten (>99% *ee*) erhalten (Abbildung 4.10).[100]

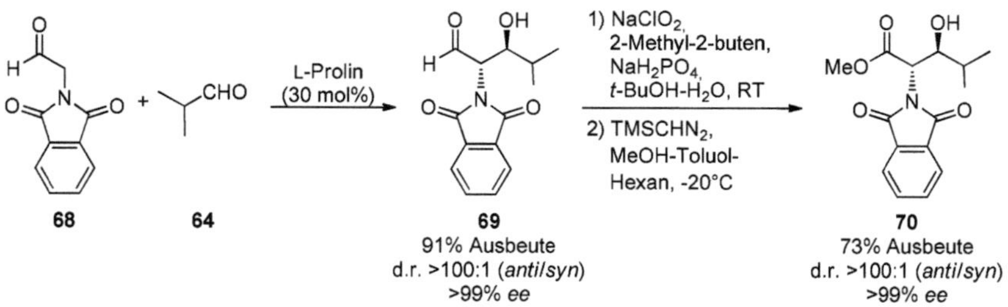

Abbildung 4.10. Organokatalytische Synthese von β-Hydroxy-α-aminosäurederivaten[100]

ENZYMATISCHE ALDOLREAKTION

Die Nutzung quartärer Ammoniumsalze wurde schon längere Zeit verfolgt. Es gibt zwei Katalysatorgruppen, die zum einer auf einer Alkaloidstruktur[98,99,101] basieren und zum anderen auf Binatphthalineinheiten.[102] Bei allen gezeigten Anwendungen muss Glycin in aktivierter Form als Schiff'sche Base, wie beispielsweise als Silylenolether **71**, eingesetzt werden. Ein von Maruoka *et al.* entwickeltes Beispiel ist in Abbildung 4.11 dargestellt.[102b] Das gewünschte Produkt **72** wird mit sehr hohen Enantioselektivitäten (97% ee) erhalten, auch das Diastereomerenverhältnis ist im Vergleich zu anderen Beispielen sehr gut.

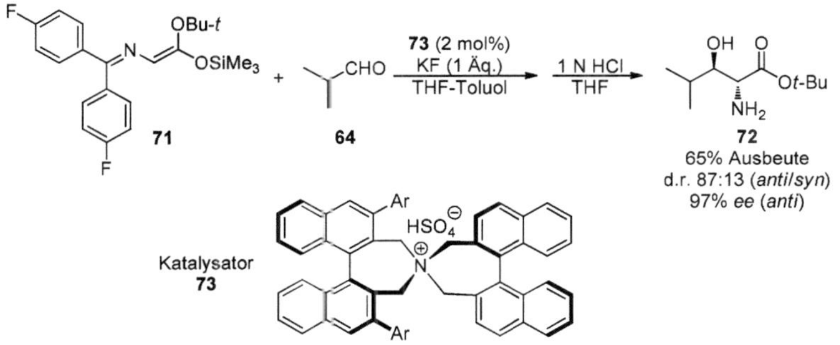

Abbildung 4.11. Synthese von β-Hydroxy-α-aminosäuren **72** mittels Phasentransferkatalyse[102b]

Es gibt viele Möglichkeiten zur Herstellung von β-Hydroxy-α-aminosäuren, allerdings ist bei allen gezeigten Methoden das Schützen bzw. die Aktivierung der Ausgangsverbindungen nötig. Zudem sind meist aufwändige chirale Katalysatorsysteme erforderlich und bis zum Erhalt des gewünschten Produkts sind mehrere Reaktionsschritte notwendig. Ein Nachteil sind auch die meist relativ niedrigen Gesamtausbeuten und Enantio-, sowie Diastereoselektivitäten.

4.2.2 Threoninaldolasen

Eine Alternative zur Synthese von β-Hydroxy-α-aminosäuren bietet der Einsatz von Threoninaldolasen, die in der Lage sind, Glycin (**11**) und einen Aldehyden **1** direkt in das gewünschte Produkt **12** umzusetzen. Eine Aktivierung oder das Schützen der Ausgangsverbindungen ist hier nicht notwendig. Zudem kann die Reaktion in wässrigem

ENZYMATISCHE ALDOLREAKTION

Medium bei milden Temperaturen durchgeführt werden. Diese Enzyme benötigen den Cofaktor Pyridoxal-5-phosphat (PLP) in katalytischen Mengen, der durch Bildung einer Schiff'schen Base Glycin (**11**) aktiviert (Abbildung 4.12).

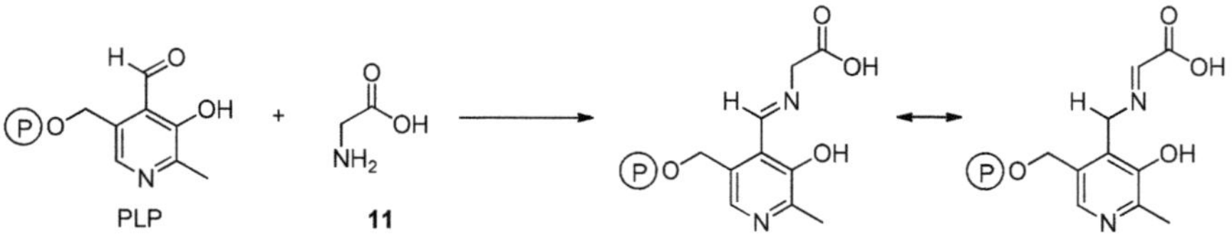

Abbildung 4.12. Aktivierung von Glycin (**11**) durch PLP

Im Gegensatz zu den bereits beschriebenen Alkoholdehydrogenasen muss hier kein Cofaktorregenerierungssystem verwendet werden. Die Enantioselektivität bei der Bildung des Stereozentrums in α-Position ist sehr hoch (>99% *ee*), dagegen wird das Stereozentrum in β-Position nicht sehr selektiv aufgebaut und es entstehen Diastereomerengemische.[29,103,104]

Wie bereits in Kapitel 1 erwähnt, gibt es D- und L-selektive Aldolasen (D-TA, L-TA). Diese können wiederum nach ihrer Spezifität bei der Spaltung von Threonin (**12c**) unterteilt werden (Abbildung 4.13). L-Threoninaldolasen setzen selektiv L-*syn*-Threonin um, wohingegen L-*allo*-TAs nur L-*anti*-Threonin spalten. Eine weniger spezifische Variante ist ebenfalls als L-*low specificity*-Aldolase bekannt und akzeptiert beide Verbindungen. Bei der D-spezifischen Variante ist nur eine *low specificity*-Variante bekannt.[103]

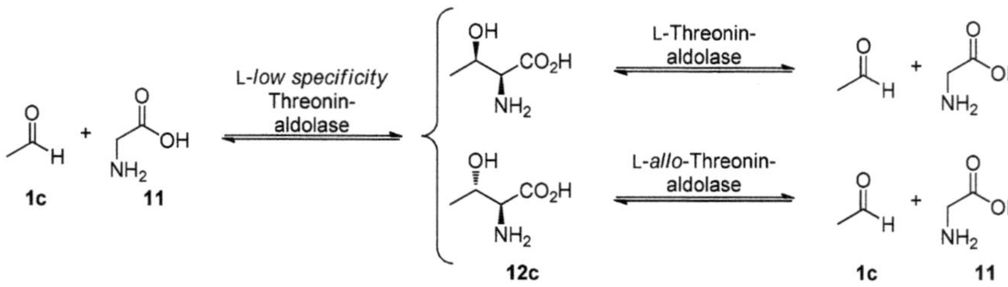

Abbildung 4.13. Einteilung der L-TA katalysierten Reaktion[103]

ENZYMATISCHE ALDOLREAKTION

Die C-C-Bindungsknüpfung ist weniger spezifisch als die Bindungsspaltung. Die Diastereoselektivität bei der Synthese der gewünschten Produkte hängt stark davon ab, ob die Reaktion unter thermodynamischer oder kinetischer Kontrolle durchgeführt werden kann. Unter kinetischer Kontrolle werden meist hohe Diastereomerenüberschüsse erzielt, allerdings ist der Umsatz dabei oftmals niedrig.[105]

Die Gruppe um Griengl untersuchte, warum die D-TA eine hohe Stereospezifität bei hohen Umsätzen aufwies, wohingegen sich beim L-spezifischen Biokatalysator schon nach kurzer Zeit das thermodynamische Gleichgewicht einstellte und somit bei hohen Umsätzen nur geringe Diastereomerenüberschüsse gefunden wurden. Die langsame Einstellung des thermodynamischen Gleichgewichts konnte mit der Katalysatoreigenschaft einer höheren Energiebarriere für die *syn/anti*-Epimerisierung bei der D-Threoninaldolase begründet werden.[106]

Bis jetzt wurde eine Vielzahl von Threoninaldolasen isoliert und charakterisiert, sowie zur Synthese verschiedener β-Hydroxy-α-aminosäuren eingesetzt.[29] Ein Beispiel für eine enzymatische Racematspaltung lieferte Yamada.[103,107] Unter Einsatz einer D-TA aus *Anthrobacter* sp. konnte (2*S*,3*R*)-**12d** in einer Ausbeute von 48% und einem Enantiomerenüberschuss von >99% *ee*, bei einer Substratkonzentration von 200 mM erzielt werden (Abbildung 4.14). Der Vorteil bei dieser Methode besteht darin, dass diastereomerenreines Racemat eingesetzt wird durch dessen Spaltung dann diastereo- und enantiomerenreines Produkt (2*S*,3*R*)-**12d** entsteht.

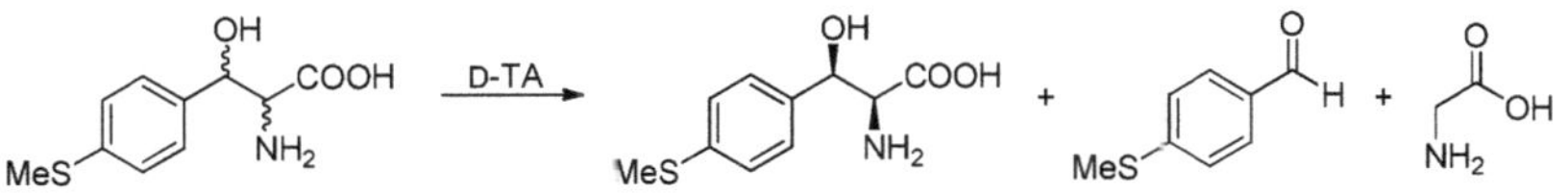

Abbildung 4.14. Enzymatische Racematspaltung[103]

Häufiger wurden Threoninaldolasen allerdings in der direkten asymmetrischen Synthese von β-Hydroxy-α-aminosäuren eingesetzt, da hier prinzipiell ein vollständiger Umsatz erzielt werden kann, wohingegen bei der Racematspaltung lediglich ein theoretischer Umsatz von 50% möglich ist. Um bei der direkten Synthese das Gleichgewicht der Reaktion auf die Seite

ENZYMATISCHE ALDOLREAKTION

der gewünschten Produkte zu verschieben, muss Glycin im Überschuss eingesetzt werden.[108,109]

Pionierarbeiten auf dem Gebiet der asymmetrischen Synthese wurden von Wong et al. durchgeführt. Dabei wurde die TA-katalysierte enzymatische Aldolreaktion mit drei unterschiedlichen Enzymen auf ihre Substratbreite untersucht.[105,110] Es wurden zwei L-spezifische Aldolasen aus *E. coli*[105] und *Candida humicola*[110], sowie eine D-TA aus *Xanthomonus oryzae*[105] eingesetzt. Letztere zeigte eine ausgeprägte *syn*-Spezifität bei den verwendeten Substraten, wohingegen die L-TA aus *E. coli* bei aliphatischen Aldehyden *anti*-Produkte (**12c**, **12g**) und bei aromatischen Aldehyden *syn*-Produkte (**12e**) bildete. Heteroatome in β-Position führten ebenfalls bei den L-TAs zu einer *anti*-Selektivität. Allerdings wurden meist nur geringe Ausbeuten erzielt. Eine Übersicht der Ergebnisse ist in Abbildung 4.15 dargestellt.

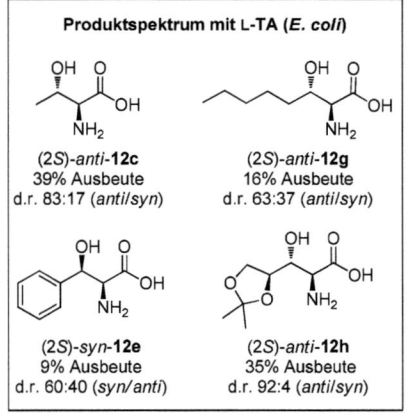
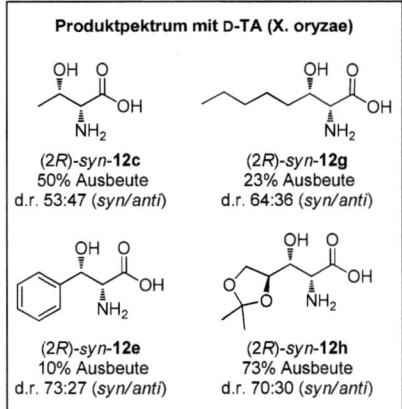

Abbildung 4.15. Produktspektrum der L-TA aus *E. coli* und der D-TA aus *X. oryzae*[105]

Für die beiden Aldolasen aus *E. coli* und *X. oryzae* wurde zudem eine genaue Betrachtung der Reaktionsbedingungen durchgeführt.[105] Hierbei wurde die Spaltung von Threonin (**12c**) untersucht und nicht die C-C-Bindungsknüpfung. Beide Enzyme wiesen bei einem pH-Wert von 7.5 die höchste Aktivität auf und tolerierten organische Additive, wie DMSO oder DMF in einer Konzentration bis zu 30%. Vor allem die L-TA aus *E. coli* wies eine starke Temperaturabhängigkeit auf: Während bei 25°C keine Bindungsknüpfung als Rückreaktion auftrat, wurde bei 50°C die höchste Aktivität ermittelt.[105]

Eine ähnliche Untersuchung für zwei unterschiedlich selektive Threoninaldolasen, L-TA aus *Pseudomonas putida* und D-TA aus *Alcaligenes xylosoxidans*, wurde von Griengl *et al.* durchgeführt.[109,111] Hier wurde allerdings die Synthese von Phenylserin (**12e**) untersucht und nicht die Spaltung von Threonin (**12c**). Die D-selektive Aldolase wies eine sehr hohe Diastereoselektivität (d.r. 99:1 *syn/anti*) und einen hohen Umsatz von 79% bei einer Reaktionstemperatur von 5°C auf. Bei der L-TA wurde keine analoge Temperaturabhängigkeit beobachtet. Mit beiden Biokatalysatoren wurden verschiedenste aliphatische[111] und aromatische[109] Aldehyde zu den entsprechenden β-Hydroxy-α-aminosäuren mit teils sehr guten Ausbeuten von bis zu 90% und exzellenten *ee*-Werten von >99% umgesetzt. Die Diastereoselektivität war bei Verwendung der D-TA aufgrund des sich langsam einstellenden thermodynamischen Gleichgewichts deutlich höher.[106] In Abbildung 4.16 sind die besten Ergebnisse aus der Umsetzung mit verschiedenen substituierten Benzaldehyden bei Einsatz einer L-TA gezeigt.[109] Je nach Substituent und dessen Position konnten Diastereomerenverhältnisse von bis zu d.r. 78:22 (*syn/anti*) bei Ausbeuten von bis zu 90% erzielt werden.

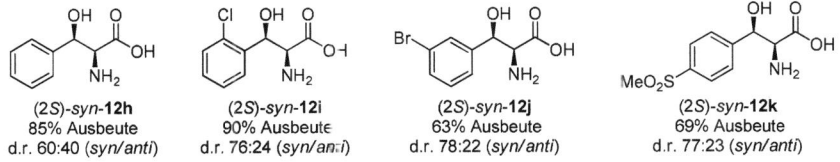

(2S)-*syn*-**12h**
85% Ausbeute
d.r. 60:40 (*syn/anti*)

(2S)-*syn*-**12i**
90% Ausbeute
d.r. 76:24 (*syn/anti*)

(2S)-*syn*-**12j**
63% Ausbeute
d.r. 78:22 (*syn/anti*)

(2S)-*syn*-**12k**
69% Ausbeute
d.r. 77:23 (*syn/anti*)

Abbildung 4.16. Ergebnisse der Synthese verschieden substituierter aromatischer β-Hydroxy-α-aminosäuren **12**.[109]

Die Synthese anderer Produktklassen, wie ω-Carboxy-β-hydroxy-α-aminosäuren[112] und β-Hydroxy-α,ω-diaminosäuren[113] **75** wurden ebenfalls unter Verwendung der L-TA aus *E. coli* durchgeführt. Während erstere als epimerische Mischung in einer Ausbeute von bis zu 67% erhalten wurden, konnten die *syn*-Diaminosäuren **75** in einem Überschuss von bis zu d.r. 82:18 (*syn/anti*) und einer Ausbeute von 27% isoliert werden (Abbildung 4.17).[113]

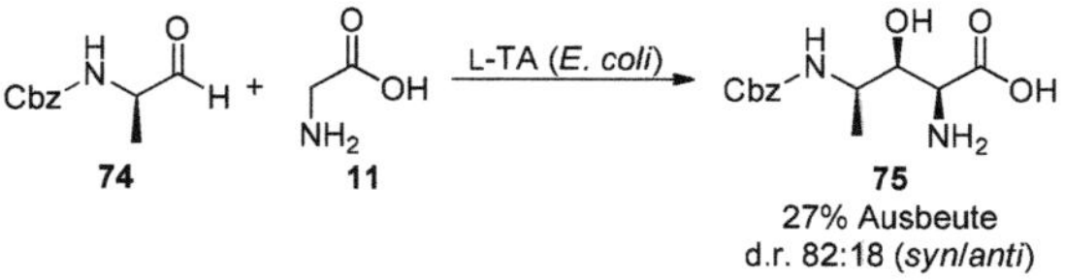

Cbz
N
H
H
O
+
O
OH
NH2
L-TA (E. coli)
Cbz
N
H
OH
O
OH
NH2
74
11
75
27% Ausbeute
d.r. 82:18 (syn/anti)

Abbildung 4.17. Synthese von β-Hydroxy-α,ω-diaminosäuren **74**[113]

Trotz der vielen Vorteile der enzymatischen Synthese von β-Hydroxy-α-aminosäuren, wie die milden, wässrigen Bedingungen oder der Einsatz ungeschützter Substrate, gibt es auch einige Nachteile. Lange Zeit war die Umsetzung auf Glycin (**11**) als Donor beschränkt und es waren somit keine α-alkylierten Verbindungen zugänglich. Mittlerweile gibt es einige Beispiele, bei denen Alanin, Serin oder Cystein als Donor akzeptiert werden.[19,20,21] Es konnten eine L-TA aus *A. jandaei* und eine D-TA aus *Pseudomonas* sp. erfolgreich bei der Reaktion von entsprechenden D-Aminosäuren mit verschiedenen Aldehyden eingesetzt werden.[19] In Abbildung 4.18 sind einige dieser interessanten Produkte gezeigt. Die Umsätze liegen in einem moderaten Bereich von bis zu 60% und die Enantioselektivität beträgt auch hier >99% *ee*. Das Diastereomerenverhältnis ist wiederum stark vom Biokatalysator und dem jeweiligen Substrat abhängig.

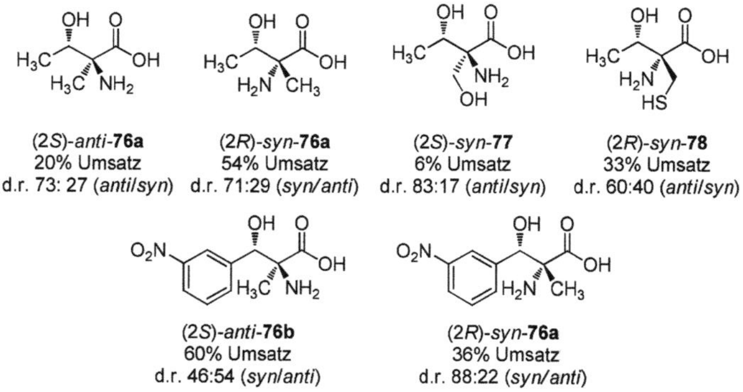

(2S)-anti-76a
20% Umsatz
d.r. 73: 27 (anti/syn)
(2R)-syn-76a
54% Umsatz
d.r. 71:29 (syn/anti)
(2S)-syn-77
6% Umsatz
d.r. 83:17 (anti/syn)
(2R)-syn-78
33% Umsatz
d.r. 60:40 (anti/syn)
(2S)-anti-76b
60% Umsatz
d.r. 46:54 (syn/anti)
(2R)-syn-76a
36% Umsatz
d.r. 88:22 (syn/anti)

Abbildung 4.18. Synthese von α-alkylierten β-Hydroxy-α-aminosäuren **76, 77, 78**[19]

Ein weiterer Nachteil bei der enzymatischen Umsetzung von Glycin (**11**) mit Aldehyden **1** ist die teils geringe Diastereoselektivität. Um hohe Produktausbeuten zu erzielen, sollte diese möglichst hoch sein. Die Trennung der Diastereomere erfolgt meist säulenchromatographisch und unter vorheriger Einführung von Schutzgruppen.[112] Die Diastereoselektivität der Biokatalysatoren kann beispielsweise durch Protein-Engineering erhöht werden.[67] Des Weiteren wurden die Versuche lediglich in kleinem Maßstab (<1 g) durchgeführt. Um das Konzept der Threoninaldolase-katalysierten Aldolreaktion für eine industrielle Anwendung attraktiver zu machen, sollten die Reaktionen in größerem Maßstab durchgeführt werden und die Isolierung der gewünschten Produkte verbessert werden. Ebenso ist die Erhöhung der Substratkonzentration, die bisher lediglich bei maximal 100 mM lag, in dieser Hinsicht ein wichtiger Faktor, da so eine möglichst hohe volumetrische Produktivität erreicht werden könnte.

4.3 Ziel der Arbeit

Unter Einsatz der L-selektiven Threoninaldolase aus *E. coli*[105,114] sollte eine genaue Untersuchung und Optimierung der enzymatischen Aldolreaktion durchgeführt werden. Außerdem sollten verschiedene aromatische Substrate umgesetzt werden.

Als Ausgangspunkt wurden die Arbeiten von Griengl *et al.*[106] herangezogen (Abbildung 4.19). Die enzymatische Umsetzung sollte mit Benzaldehyd (**1e**) als Standardsubstrat und der zur Verfügung stehenden L-TA aus *E. coli* durchgeführt werden.

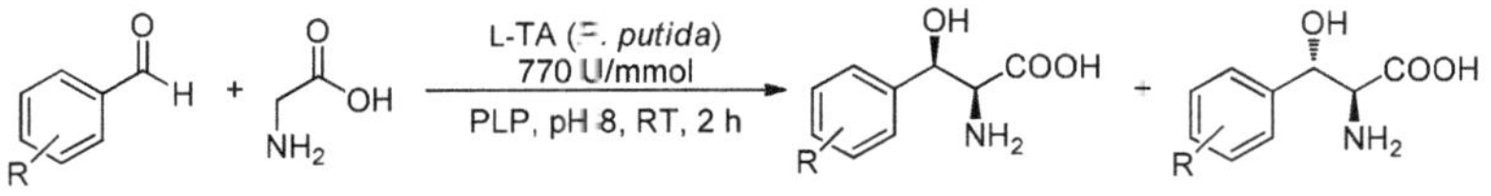

1 (0.1 M) **11** (11 Äq.) (2*S*)-**12** 75% Gesamtausbeute d.r. 60:40 (*syn*/*anti*)

Abbildung 4.19. Literaturbekannte Ergebnisse der TA-katalysierten Aldolreaktion[106]

Anschließend bestand die Aufgabe darin die Reaktionsbedingungen im Hinblick auf Enzymmenge, Glycinüberschuss, Temperaturabhängigkeit und Substratmenge, sowie den Einfluss von Additiven zu untersuchen und zu optimieren. Des Weiteren sollte die Diastereoselektivität des Enzyms bei verschieden substituierten Benzaldehyden evaluiert und die Akzeptanz der Aldolase aus *E. coli* für thiamphenicolrelevante Aldehyde getestet werden. Bis jetzt wurde mit diesem Biokatalysator lediglich die Bindungsspaltung von

ENZYMATISCHE ALDOLREAKTION

Threonin (**12c**) untersucht und vor allem aliphatische Aldehyde bei der Synthese von β-Hydroxy-α-aminosäuren eingesetzt.[105]

Ziel war es mit dem besten Substrat (höchster Umsatz und Diastereoselektivität) eine Prozessoptimierung durchzuführen (Abbildung 4.20). Diese beinhaltete die Erhöhung der Substratkonzentration und die Verringerung des Glycinüberschusses bei vollständigem Umsatz und guten Diastereomerenüberschüssen, sowie exzellenten *ee*-Werten von >99%. Um die enzymatische Reaktion industriell attraktiver zu machen, sollte das Konzept in größerem Maßstab angewendet und das Produkt im Grammmaßstab isoliert werden.

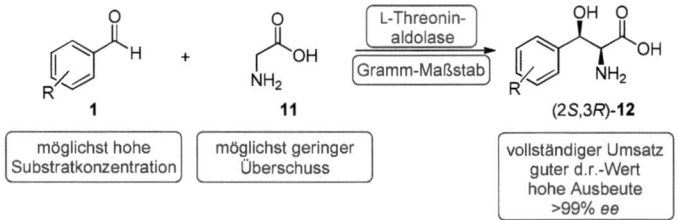

Abbildung 4.20. Prozessoptimierung der enzymatischen Aldolreaktion

4.4 Eigene Ergebnisse und Diskussion[115]

4.4.1 Vorversuche

Vor Beginn der Untersuchung der enzymatischen Umsetzung von Glycin (**11**) und Benzaldehyd (**1h**) wurden Versuche zur Stabilität des Produkts **12e**, sowie die Analyse einer möglichen Hintergrundreaktion durchgeführt. Des Weiteren wurden die entsprechenden racemischen Verbindungen als Referenzsubstanzen synthetisiert.

4.4.1.1 Racematsynthese

Die Racematsynthese gelang über eine basenkatalysierte Aldolreaktion von Glycin (**11**) und den entsprechenden Aldehyden **1**.[116] Am Beispiel der Synthese von Phenylserin **12e** (Abbildung 4.21, vgl. auch 8.2.2.1) wird die Abhängigkeit des Diastereomerenverhältnisses von den Reaktionsbedingungen deutlich. Bei höherer Temperatur und langer Reaktionszeit wurde ausschließlich das thermodynamisch günstigere *syn*-Produkt **12e** bei einer Ausbeute von 72% erhalten, während die Reaktion bei 0°C und 4 h Reaktionszeit ein Diastereomerengemisch von d.r. 56:44 (*syn/anti*) bei einer Ausbeute von 62% lieferte. Durch die Gleichgewichtslage war es nicht möglich reines *anti*-Produkt **12e** herzustellen. Die Isolierung erfolgte über mehrmalige Umkristallisation in Wasser.

1e (2 Äq.) + **11** (2.7 M) → **12e**

35°C, 48 h: 40% Ausbeute, d.r. >25:1 (*syn/anti*)
0°C, 4 h: 46% Ausbeute, d.r. 56:44 (*syn/anti*)

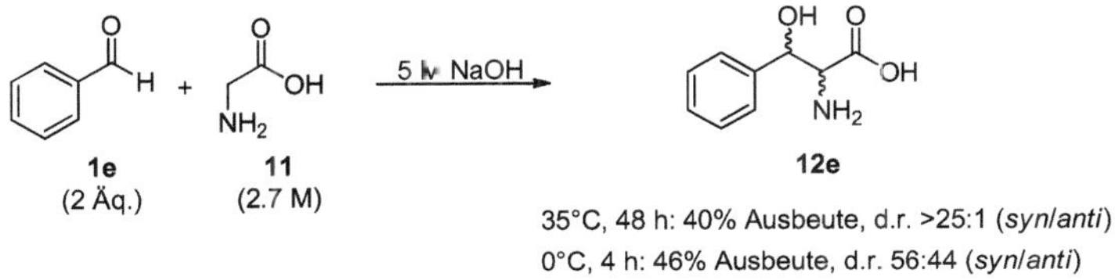

Abbildung 4.21. Synthese von racemischem Phenylserin

Auf diesem Weg wurden noch weitere substituierte Phenylserinderivate **12** hergestellt, die als Referenzverbindungen für die Analytik benötigt wurden (Abbildung 4.22).

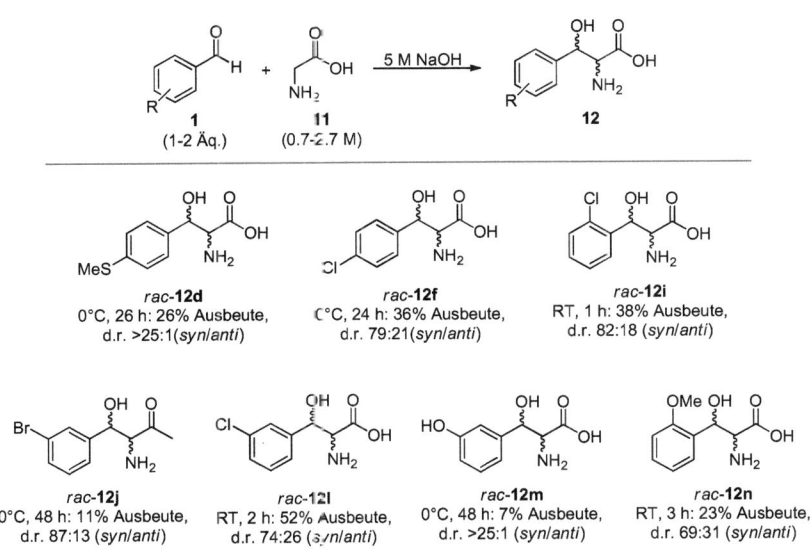

Abbildung 4.22. Racemische Phenylserinderivate

Je nach Substituent wurden unterschiedliche Diastereomerenverhältnisse erzielt. Dies ist auf die Lage des thermodynamischen Gleichgewichts zurückzuführen. Beispielsweise konnten bei **12i**, **12l** und **12n** die gewünschten Diastereomerengemische bereits nach kurzer Reaktionszeit und Raumtemperatur erhalten werden, wohingegen bei **12d** bzw. **12m** selbst bei 0 °C nur das *syn*-Isomer nachgewiesen werden konnte. **12i** konnte mit einem Diastereomerenverhältnis von d.r. 82:18 (*syn/anti*) und mit einer Ausbeute von 38% erhalten werden. Durch Umkristallisation in Wasser konnte eine geringe Menge an diastereomerenreinem *anti*-**12i** (Ausbeute 1%) isoliert werden.

Im Zuge der Herstellung der racemischen Verbindungen wurden die Phenylserinderivate mit Benzoylchlorid (**79**) umgesetzt, zum einen zur vollständigen Charakterisierung und zum anderen als Referenzverbindungen für die Umsatz- bzw. *ee*-Wertbestimmung der Produkte aus der Enzymumsetzung mittels ^{1}H-NMR-Spektroskopie bzw. chiraler HPLC. Die Reaktion von **12** mit Benzoylchlorid (**79**) erfolgte im Basischen unter Zugabe von 1.2 Äquivalenten **79** (Abbildung 4.23, vgl. auch 8.2.2.2).

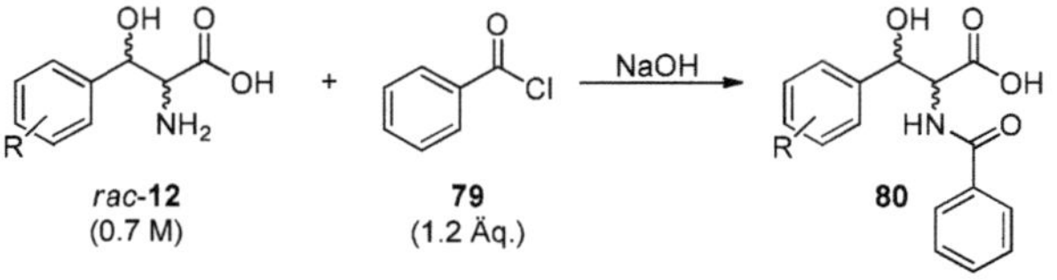

Abbildung 4.23. Derivatisierung mit Benzoylchlorid (**79**)

Bis auf *rac*-**12m** konnten alle in Abbildung 4.22 gezeigten Produkte umgesetzt werden (Abbildung 4.24). Die Derivatisierungsprodukte **80** wurden mit Ausbeuten bis zu 55% erhalten und vollständig charakterisiert. Bei der *ortho*-chlorsubstituierten Verbindung *rac*-**80i** wurde jeweils das isolierte *syn*-**80** bzw. *anti*-**80** umgesetzt. Durch Umkristallisation konnten die Diastereomere der *ortho*-methoxysubstituierten Verbindung *rac*-**80n** angereichert werden (d.r. >25:1 *syn/anti*; d.r. 90:10 *anti/syn*).

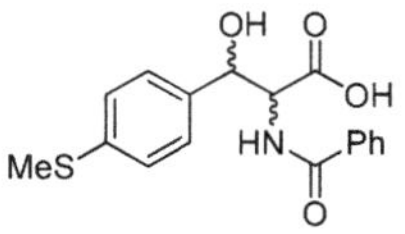

ENZYMATISCHE ALDOLREAKTION

rac-80d
55% Ausbeute,
d.r. >25:1 (syn/anti)

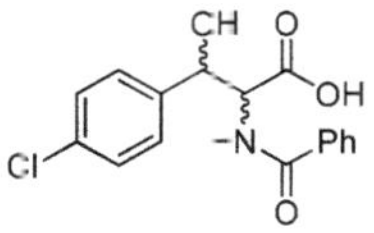

rac-80f
38% Ausbeute,
d.r. 85:25 (syn/anti)

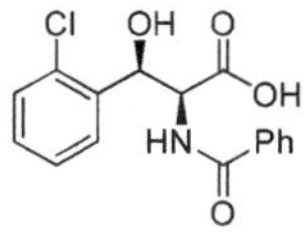

rac-syn-80i
20% Ausbeute,
d.r. >25:1 (syn/anti)
nur ein Enantiomer
graphisch dargestellt

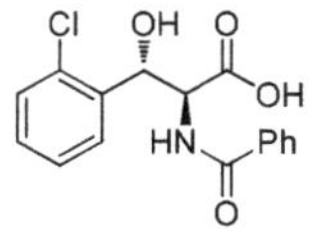

rac-anti-80i
10% Ausbeute,
d.r. >25:1 (anti/syn)
nur ein Enantiomer
graphisch dargestellt

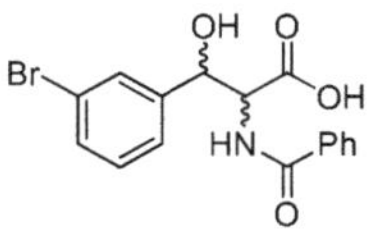

rac-80j
37% Ausbeute,
d.r. 87:13 (syn/anti)

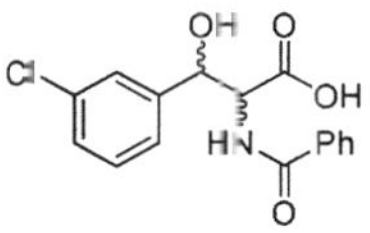

rac-80l
55% Ausbeute,
d.r. 74:26 (syn/anti)

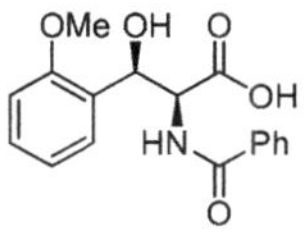

rac-syn-80n
24% Ausbeute,
d.r. >25:1 (syn:anti)
nur ein Enantiomer
graphisch dargestellt

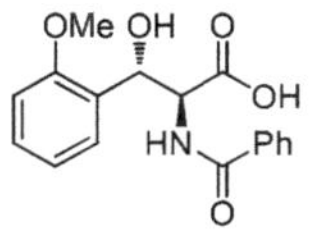

rac-anti-80n
14% Ausbeute,
d.r. 90:10 (anti/syn)
nur ein Enantiomer
graphisch dargestellt

Abbildung 4.24. Racemische Produkte aus Derivatisierung mit Benzoylchlorid (**79**)

4.4.1.2 Hintergrundreaktion

Vor Durchführung der enzymatischen Umsetzung wurde getestet, ob es zu einer Reaktion zwischen Glycin (**11**) und Benzaldehyd (**1e**) ohne Anwesenheit des Biokatalysators kommt. Möglich wäre die Aktivierung von Glycin durch Bildung einer Schiff'schen Base **81** mit dem Aldehyd, wodurch racemisches Produkt entstehen könnte. Dies würde dann die Enantioselektivität der enzymatischen Reaktion beeinträchtigen. Es wurden mehrere Versuche durchgeführt, bei denen verschiedene Mengen an Glycin (**11**) und Benzaldehyd (**1e**) in Puffer (pH 7 bzw. pH 8) mit und ohne Anwesenheit des Cofaktors PLP 27 h gerührt wurden (Abbildung 4.25, vgl. auch 8.2.2.3).

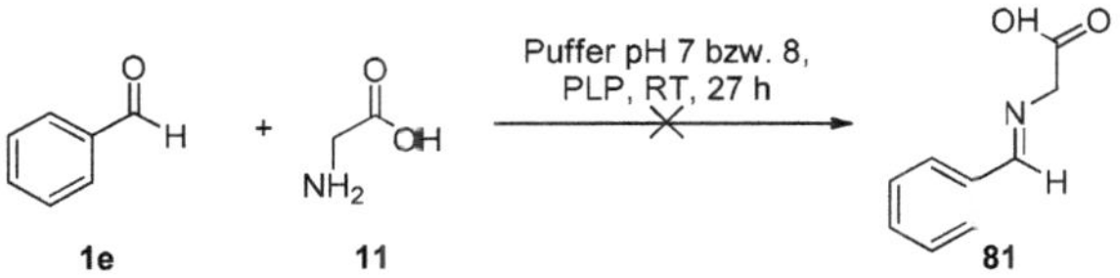

Abbildung 4.25. Untersuchung einer möglichen Hintergrundreaktion

Es wurde keine Hintergrundreaktion nachgewiesen. Nach Entfernen des Lösungsmittels im Vakuum konnte lediglich das Edukt **11** im ^{1}H-NMR-Spektrum nachgewiesen werden.

ENZYMATISCHE ALDOLREAKTION

4.4.1.3 Epimerisierung

Als nächstes wurde überprüft, ob Phenylserin (**12e**) unter den Bedingungen der enzymatischen Reaktion stabil ist oder ob eine Epimerisierung auftritt, die wiederum die Enantioselektivität der Biotransformation beeinträchtigen könnte. Dazu wurde sowohl reines *rac-syn*-Phenylserin (*rac-syn*-**12e**), als auch eine racemische *syn/anti*-Mischung (d.r. 56:44) in Puffer (pH 7 bzw. pH 8) gelöst und 27 h gerührt (Abbildung 4.26, vgl. auch 8.2.2.4).

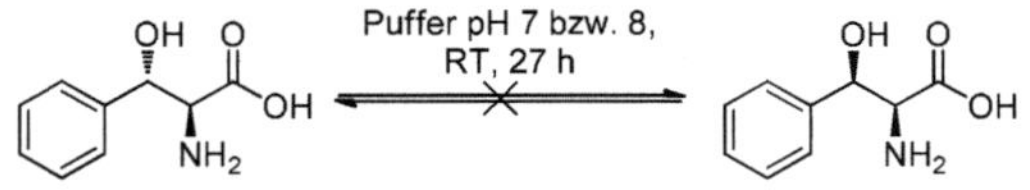

Abbildung 4.26. Untersuchung einer möglichen Epimerisierung

Auch hier wurde keinerlei Veränderung der eingesetzten Verbindungen gefunden. Im ^{1}H-NMR-Spektrum wurde das entsprechende Diastereomerenverhältnis nach der Reaktion wieder erhalten und es konnte auch kein Glycin (**11**), das bei einer Zersetzung entstehen würde, nachgewiesen werden. Aufbauend auf diesen Ergebnissen wurde nun mit der Durchführung der enzymatischen Reaktion begonnen.

4.4.2 Photometertest zur Bestimmung der Aktivität der L-Threoninaldolase

Zur Bestimmung der Aktivität von Threoninaldolasen (TA) wird in der Literatur auf eine photometrische Bestimmung mit Hilfe einer indirekten Methode zurückgegriffen, bei der die Reduktion von Acetaldehyd (**1c**) verfolgt wird, der bei der enzymatischen Spaltung von Threonin (**12c**) entsteht.[105] Es wird der Cofaktorverbrauch (NADH) bei der Reduktion des Aldehyds durch eine Alkoholdehydrogenase aus Bäckerhefe photometrisch beobachtet (Abbildung 4.27).

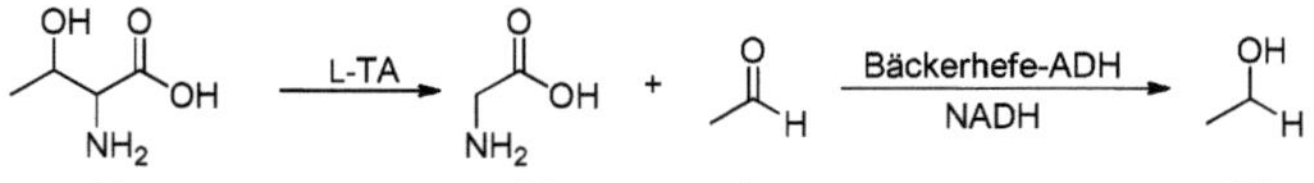

Abbildung 4.27. Indirekter Photometertest zur Bestimmung der Aldolaseaktivität[105]

Aus der Extinktionsabnahme bei 340 nm (Absorptionsmaximum von NADH) kann die Enzymaktivität in U/mL berechnet werden. Wichtig ist hierbei, dass die zweite Reaktion sehr schnell abläuft und somit die Spaltung von Threonin (**12c**) der geschwindigkeitsbestimmende Schritt ist, da ansonsten die Aktivität der Alkoholdehydrogenase bestimmt wird. Ein weiterer Nachteil ist, dass die Untersuchung der Inhibierung des Biokatalysators durch verschiedene Substanzen (Substrate bzw. Produkte) oder Additive (organische, wasserlösliche Solventien) auf diesem Weg schwierig durchzuführen ist. Es kann bei solch einem indirekten Photometertest keine genaue Aussage getroffen werden, welches der beiden Enzyme beeinflusst wird. Zur Bestimmung der Aldolaseaktivität gibt es auch eine direkte Variante,[117,118] die im Folgenden vorgestellt wird und zur Vorbereitung der präparativen Synthesen ausschließlich verwendet wurde.

4.4.2.1 Direkter Photometertest

Bei einem direkten Photometertest muss ein Parameter verfolgt werden, der direkt an der Reaktion beteiligt ist und in einem detektierbaren Bereich Licht absorbiert, wie beispielsweise der Cofaktor NADH bei der Reduktion einer Ketofunktion mit Hilfe von Alkoholdehydrogenasen. Da die Threoninaldolase einen Cofaktor benötigt, der aber nicht verbraucht wird, muss ein anderer Reaktionsteilnehmer herangezogen werden. Die photometrische Verfolgung der Konzentrationsänderung von Benzaldehyd (**1e**) bei der Spaltung von Phenylserin (*syn-rac-***12e**) kann dafür genutzt werden (Abbildung 4.28).[117,118]

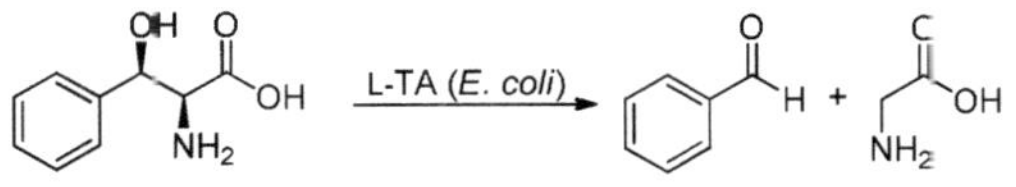

Abbildung 4.28. Direkte Aktivitätsbestimmung durch Verfolgung der Benzaldehydkonzentration

Der Photometertest wurde bei 278 nm durchgeführt und der pH-Wert sowie der Einfluss des Cofaktors PLP untersucht (vgl. Abschnitt 8.2.2.5). Zur Berechnung der Aktivität sind verschiedene versuchsspezifische Parameter nötig, wie beispielsweise der Extinktionskoeffizient ε (Gleichung (1)). $\Delta E_{278nm}/t$ ist dabei die Anfangssteigung der

Absorptionskurve, V_g das Gesamtvolumen der Probe, f der Verdünnungsfaktor des Rohextraktes, V_p das Enzymvolumen und d die Küvettendicke.

$$\frac{U}{mL} = \frac{\Delta E_{278nm} V_g f}{\varepsilon V_p t d} \qquad \text{Gleichung (1)}$$

Der Faktor ε kann mit Hilfe des Lambert Beer'schen Gesetztes bestimmt werden (Gleichung (2)).[119] Dieses besagt, dass sich die Extinktion E aus dem Extinktionskoeffizienten ε, der Konzentration c des Substrates, sowie der Schichtdicke d der Küvette zusammensetzt.

$$E = \varepsilon\, c\, d \qquad \text{Gleichung (2)}$$

Durch Auftragung der Extinktion gegen die Substratkonzentration kann ε aus der Geradengleichung bestimmt werden. Dies wurde für verschiedene Benzaldehydkonzentrationen bei pH 7 bzw. 8, mit und ohne PLP durchgeführt (Abbildung 4.29).

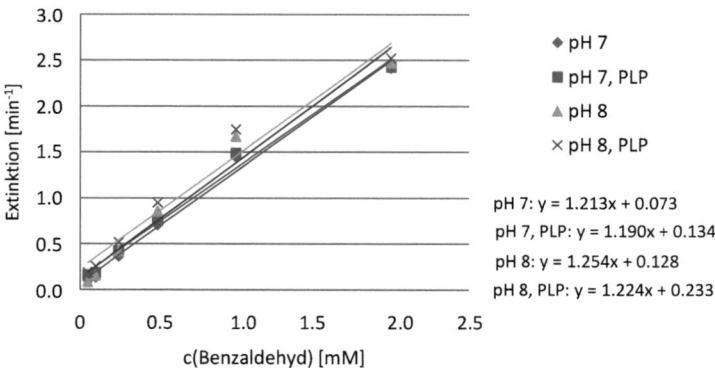

Abbildung 4.29. Bestimmung des Extiktionskoeffizienten

Für die verschiedenen Bedingungen wurden ähnliche Extinktionskoeffizienten im Bereich von 1.19-1.25 $M^{-1}cm^{-1}$ erhalten. Die Abweichung ist trotz der Zugabe des farbigen Cofaktors PLP sehr gering.

Im Anschluss konnte die Aktivitätsbestimmung durchgeführt werden und die Geschwindigkeit des Anstiegs der Benzaldehydkonzentration bei der Spaltung von Phenylserin (**12e**) detektiert werden. Die Ergebnisse sind in Tabelle 4.1 gezeigt. Es ist deutlich erkennbar, dass die höchste Aktivität von 10.9 U/mL (Tabelle 4.1, Eintrag 4) bei pH 8 und in Anwesenheit des Cofaktors PLP gefunden wurden. Die folgenden Versuche wurden deshalb unter diesen Bedingungen durchgeführt.

Tabelle 4.1. Ergebnisse des Photometertests

Eintrag[1]	pH	Cofaktor	$\Delta E_{340nm}/t$ [1/min]	Aktivität [U/mL]	Relative Aktivität [%]
1	7	ohne PLP	0.0077	1.2	11
2	7	mit PLP	0.0272	4.3	39
3	8	ohne PLP	0.0155	2.4	22
4	8	mit PLP	0.0691	10.9	100

[1] vgl. Abschnitt 8.2.2.5.2

4.4.2.2 Inhibierungsversuche

Nach Bestimmung der Aktivität der TA wurde nun der Einfluss einer bestimmten Substrat- bzw. Produktkonzentration auf die enzymatische Spaltung untersucht. Dafür wurden verschiedene Konzentrationen an Glycin (**11**) bzw. rac-syn-Phenylserin (rac-syn-**12e**) zur vermessenden Mischung gegeben.

Glycin (**11**) wurde bis zu einer maximalen Konzentration von 2.1 M zugefügt. Der Aktivitätsverlauf ist in Abbildung 4.30 gezeigt. Die Enzymaktivität nimmt um ca. 40% ab (Abbildung 4.30, vgl. Abschnitt 8.2.2.5.3). Eine Glycinkonzentration von über 1 M hat eine Beeinträchtigung der Aktivität der Threoninaldolase aus *E. coli* zur Folge, eine vollständige Deaktivierung tritt allerdings nicht auf.

ENZYMATISCHE ALDOLREAKTION

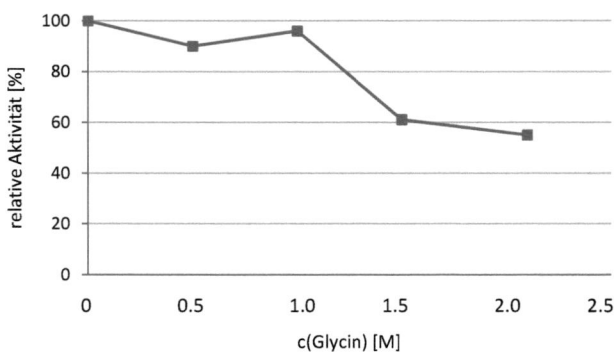

Abbildung 4.30. Inhibierung durch Glycin (**11**)

Ein analoger Versuch wurde auch mit Zugabe von *rac-syn*-Phenylserin (*rac-syn*-**12e**) durchgeführt. Hier wurde aufgrund der mangelnden Löslichkeit nur eine maximale Konzentration von 150 mM erzielt. Die Auftragung der Enzymaktivität gegen die Phenylserinkonzentration zeigt einen starken Abfall der Aktivität von über 60% im Vergleich zur Aktivität ohne Zugabe von **12e** (Abbildung 4.31, vgl. Abschnitt 8.2.2.5.3). Hier wurde aufgrund höherer Temperaturen (30°C) eine stärkere Anfangsaktivität gefunden. Dies konnte aber aufgrund eines nicht thermostatisierbaren Photometers nicht verifiziert werden. Bereits bei einer Phenylserinkonzentration von 20 mM ist mit einer Beeinträchtigung der Aldolaseaktivität zu rechnen.

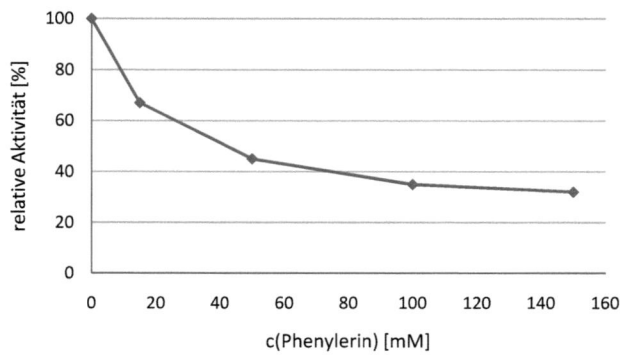

Abbildung 4.31. Inhibierung durch *rac-syn*-Phenylserin (*rac-syn*-**12e**)

ENZYMATISCHE ALDOLREAKTION

4.4.3 Methoden zur Umsatzbestimmung

Zur besseren Haltbarkeit werden Enzymrohextrakte bei -20°C aufbewahrt.[120] Um das Einfrieren zu verhindern und eine leichtere Handhabung zu gewährleisten wird der Rohextrakt mit Glycerin 1:1 (v/v) verdünnt, so bleibt die Mischung flüssig und kann leicht pipettiert werden. Bei den einleitenden Versuchen Glycin (**11**) und Benzaldehyd (**1e**) mit der L-Threoninaldolase aus *E coli* umzusetzen, wurde allerdings festgestellt, dass eine Umsatzbestimmung mittels ^{1}H-NMR aufgrund des in der Mischung enthaltenen Glycerins nicht möglich ist. Der Umsatz kann prinzipiell bestimmt werden, indem Produktpeaks mit entsprechenden Eduktpeaks verglichen werden. Benzaldehyd (**1e**) kann nicht herangezogen werden, da das wässrige Lösungsmittel im Vakuum entfernt werden muss und somit auch die Benzaldehydmenge verringert wird. Folglich kann eine Umsatzbestimmung nur durch entsprechenden Vergleich der Produktsignale mit denen von Glycin (**11**) vorgenommen werden. Das Signal der Protonen von **11** (3.79 ppm für das Hydrochlorid) wird allerdings von den Signalen des Glycerins zwischen 3.51 und 3.80 ppm überdeckt (Abbildung 4.32).

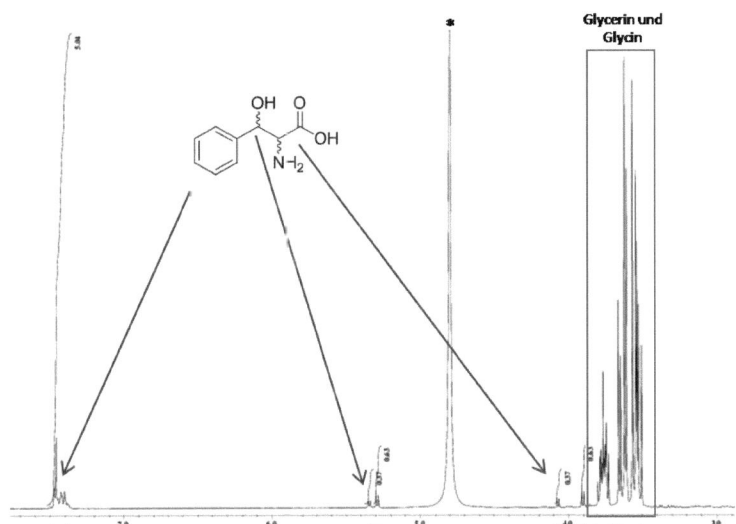

Abbildung 4.32. Rohproduktspektrum der enzymatischen Umsetzung

ENZYMATISCHE ALDOLREAKTION

Aus diesem Grund musste ein Verfahren zur Umsatzbestimmung entwickelt werden. Dabei wurden zwei Methoden getestet. Zum einen der Einsatz eines internen NMR-Standards und zum anderen eine Derivatisierungsmethode, bei der das Produkt durch Extraktion von Glycerin getrennt und somit der Umsatz bestimmt werden kann.

4.4.3.1 Umsatzbestimmung mittels NMR-Standard

Eine Möglichkeit der Umsatzbestimmung besteht in der Zugabe eines internen Standards. Dabei wird eine Substanz mit ähnlichen Eigenschaften ausgewählt, die in einer bestimmten Menge der zu vermessenden NMR-Probe zugefügt wird. Entsprechend können dann die Integrale der Produktsignale mit denen des Standards verglichen und die entstandene Menge an Produkt berechnet werden. Wichtig ist dabei, dass die Signale im NMR-Spektrum isoliert voneinander auftreten, damit eine gute Auswertung möglich ist. In diesem Fall wurde *tert*-Leucin (**83**) als Standard gewählt, da diese Aminosäure ähnliche Löslichkeitseigenschaften wie das Produkt aufweist und ein isoliertes Singulett bei 1.08 ppm zeigt. In Abbildung 4.33 ist exemplarisch das Spektrum einer hergestellten Mischung aus *rac-syn*-Phenylserin (*rac-syn*-**12e**) und deaktiviertem Enzym mit Glycerin sowie dem Standard **83** abgebildet.

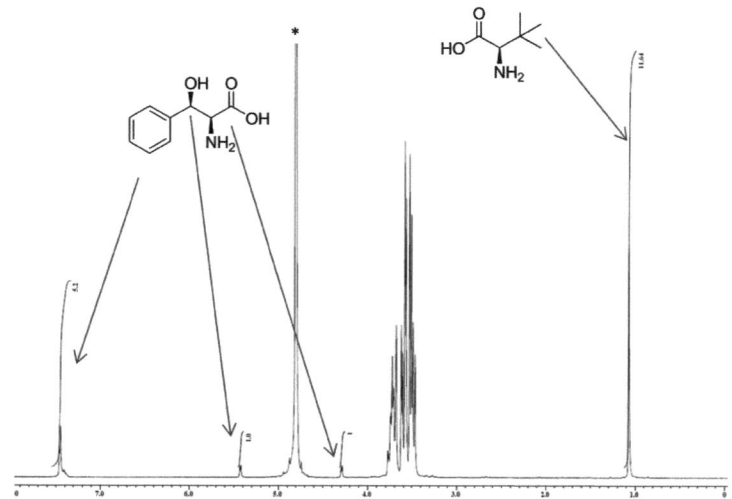

Abbildung 4.33. ^{1}H-NMR-Spektrum zur Umsatzbestimmung mittels NMR-Standard **83**

Die entsprechenden Peaks des Produkts können sehr gut mit dem isolierten Peak des Standards verglichen werden.

Zur Kontrolle der Methode wurden verschiedene Mengen an racemischen *syn*-Phenylserin (*rac-syn*-**12e**) und *tert*-Leucin (**83**) unter „simulierten" Reaktionsbedingungen entsprechend aufgearbeitet und anschließend mittels ^{1}H-NMR-Spektroskopie analysiert. Es wurden Mischungen eingesetzt, die Umsätzen zwischen 25% und 100% entsprechen sollten. In Tabelle 4.2 sind die Ergebnisse dieser Versuche dargestellt. Es tritt lediglich eine Abweichung zu den theoretisch erwarteten Werten von maximal 3% auf.

Tabelle 4.2. Überprüfung der Umsatzbestimmung mittels NMR-Standard

Eintrag[1]	12e [mmol]	83 [mmol]	theoretisches Verhältnis 12e:83	Verhältnis 12e:83 aus NMR	Abweichung [%]
1	0.025	0.025	1:1	1:1.02	2
2	0.02	0.025	1:1.25	1:1.29	3
3	0.0175	0.025	1:1.4	1:1.37	2
4	0.015	0.025	1:1.67	1:1.61	2
5	0.0125	0.025	1:2	1:2.06	1
6	0.00625	0.025	1:4	1:3.72	2
7	0.0135	0.025	1:1.85	1:1.82	1

[1] vgl. Abschnitt 8.2.2.6.1

Der Fehler liegt in einem akzeptablen Bereich, da aufgrund von Einwaage- und Pipettierungenauigkeiten kleine Abweichungen unvermeidbar sind. Somit erschien diese Methode der Umsatzbestimmung für die enzymatische Reaktion als geeignet.

4.4.3.2 Umsatzbestimmung mittels Derivatisierung

Das zweite Konzept zur Umsatzbestimmung beruht auf der Derivatisierung der β-Hydroxy-α-aminosäure **12e** und des überschüssigen Glycins (**11**) mit Benzoylchlorid (**79**) (Abbildung 4.34). Dadurch kann das Rohprodukt im Sauren mittels Extraktion mit Ethylacetat in die organische Phase überführt und somit vom Glycerin abgetrennt werden. Aus dem Verhältnis

ENZYMATISCHE ALDOLREAKTION

von derivatisiertem Produkt **80e** zu derivatisiertem Glycin **84** kann dann der Umsatz bestimmt werden.

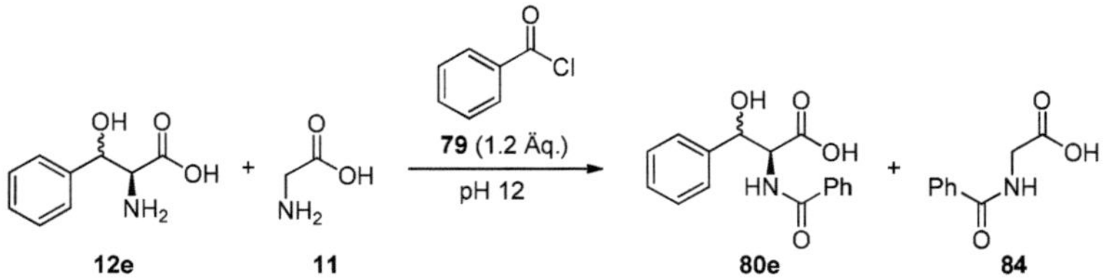

Abbildung 4.34. Derivatisierung mittels Benzoylchlorid (**79**)

Wichtig ist auch hier wieder die Überprüfung der Methode, da vor allem durch die unterschiedlichen Eigenschaften der derivatisierten Verbindungen **80e** und **84** beim Extrahieren Fehler auftreten können. Mit Dichlormethan als Extraktionsmittel konnten keine konstanten Ergebnisse erzielt werden. Daraufhin wurde das polarere Ethylacetat eingesetzt. Verschiedene Mischungen an **11** und rac-syn-**12e** wurden mit Hilfe von **79** derivatisiert und nach Aufarbeitung das Verhältnis der beiden Verbindungen zueinander mittels ^{1}H-NMR-Spektroskopie untersucht. Es wurden verschiedene Gemische aus Glycin (**11**) und Phenylserin (**12e**) hergestellt, die einen theoretischen Umsatz von 50% bzw. 100% darstellten. Dies entspricht einem Verhältnis von 1:9 bzw. 1:19 (**11:12e**), da Glycin in der Reaktion in zehnfachem Überschuss zugegeben wird. Die Ergebnisse in Tabelle 4.3 wiesen eine maximale Abweichung zu den theoretisch erwarteten Werten von 5% auf.

Tabelle 4.3. Überprüfung der Umsatzbestimmung mittels Derivatisierung

Eintrag[1]	80e [mmol]	84 [mmol]	theoretisches Verhältnis 80e:84	Verhältnis 80e:84 aus NMR	Abweichung [%]
1	0.5	0.5	1:1	1:1.01	1
2	0.1	0.9	1:9	1:9.5	5
3	0.1	1.9	1:19	1:19.5	3

[1] vgl. Abschnitt 8.2.2.6.2

ENZYMATISCHE ALDOLREAKTION

Es konnte gezeigt werden, dass auch diese Methode zur Umsatzbestimmung verwendet werden kann. Ein Vorteil dieser Variante ist, dass die derivatisierten Produkte **80** aufgrund ihrer Löslichkeitseigenschaften zur Bestimmung des Enantiomerenüberschusses mittels chiraler HPLC herangezogen werden können, da die meisten zur Verfügung stehenden Säulen ausschließlich mit organischen Lösungsmitteln verwendet werden können.

4.4.4 Etablierung der Standardreaktion

Die Umsatzbestimmung erfolgte bei der Durchführung der Standardreaktion mit Benzaldehyd (**1e**) als Substrat. Die Bedingungen wurden in Anlehnung an die Arbeiten von Griengl[109] gewählt, d.h. es wurden eine Substratkonzentration von 0.1 M, sowie ein zehnfacher Überschuss an Glycin (**11**) eingesetzt. Beide Methoden zur Umsatzbestimmung lieferten vergleichbare Ergebnisse (Abbildung 4.35). So konnte ein fast vollständiger Umsatz von 91% erzielt werden und das Diastereomerenverhältnis lag etwa bei d.r. 62:38 (*syn/anti*).

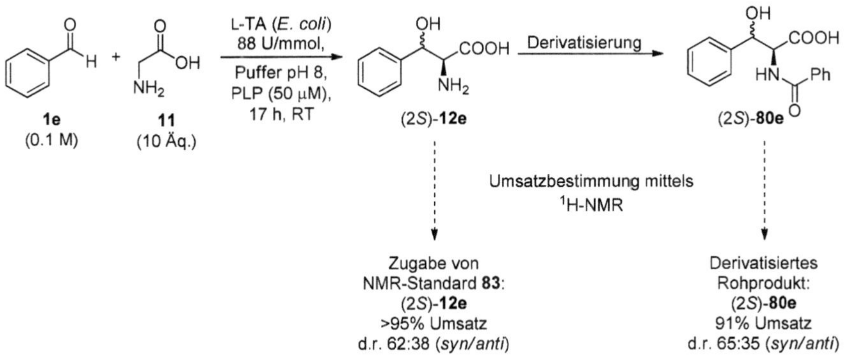

Abbildung 4.35. Standardreaktion und Umsatzbestimmung

4.4.5 Bestimmung der Enantioselektivität

Mit Hilfe der derivatisierten Reaktionsprodukte konnte eine HPLC-Analytik zur *ee*-Wertbestimmung bei der enzymatischen Umsetzung mit Benzaldehyd (**1e**) etabliert werden (Abbildung 4.36, vgl. 8.2.2.7.5.2).

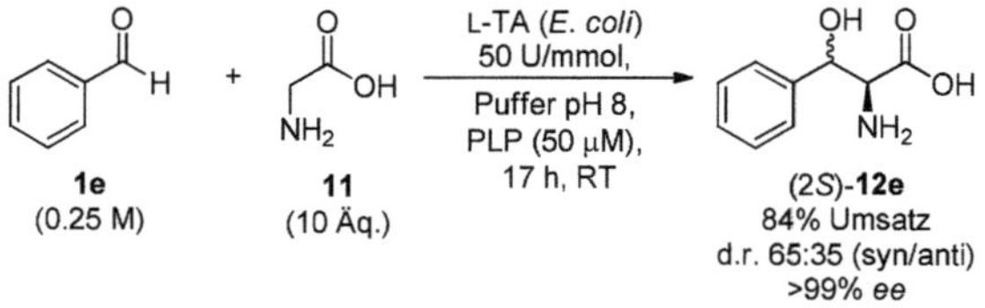

ENZYMATISCHE ALDOLREAKTION

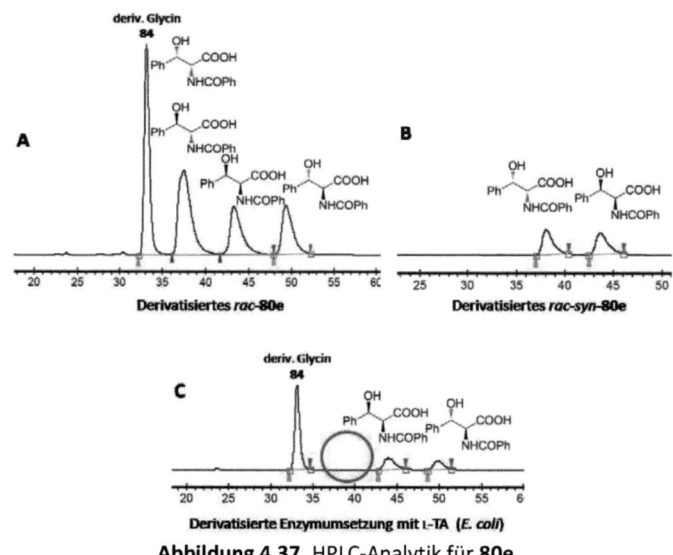

Abbildung 4.36. Bestimmung der Enantioselektivität der enzymatischen Umsetzung

In Abbildung 4.37 **A** ist das Spektrum von *rac*-**80e** gezeigt, in dem auch noch derivatisiertes Glycin **84** enthalten ist. Zur Zuordnung der Peaks wurde ebenfalls nur racemisches *syn*-**80e** vermessen (Abbildung 4.37 **B**).

Abbildung 4.37. HPLC-Analytik für **80e**

Die Peaks für (2*R*,3*R*)-**80e** und (2*R*,3*S*)-**80e** überlagern und sind somit nur als ein Signal zu erkennen. Das Spektrum der Enzymumsetzung (Abbildung 4.37 **C**) zeigt deutlich, dass kein (2*R*)-Isomer enthalten ist, sondern lediglich das entsprechende (2*S*,3*R*)- und (2*S*,3*S*)-**12e** gebildet wurde. Somit konnte gezeigt werden, dass die L-Threoninaldolase aus *E. coli* das Stereozentrum an α-Position mit einer Enantioselektivität von >99% *ee* bildet.

Solch eine HPLC-Analytik konnte auch für die *o*-Cl- bzw. *o*-Br-substituierten Verbindungen
80i bzw. **80o** etabliert werden. Auch hier wurde jeweils ein *ee*-Wert von >99% nachgewiesen
(vgl. Abschnitt 8.2.2.7.7.4 bzw. 8.2.2.7.7.10).

4.4.6 Untersuchung der enzymatischen Synthese

Ausgehend von der Standardreaktion (Abbildung 4.35) wurde nun eine Analyse der Reaktionsbedingungen durchgeführt. Zu diesem Zweck wurden die verschiedenen Parameter, wie beispielsweise Reaktionszeit, Temperatur, Enzymmenge und Substratkonzentration variiert und der Einfluss auf den Umsatz und das Diastereomerenverhältnis der enzymatischen Reaktion untersucht.

4.4.6.1 Einfluss der Reaktionszeit auf die enzymatische Aldolreaktion

Zuerst wurde der Einfluss der Reaktionszeit auf den Umsatz und das Diastereomerenverhältnis der biokatalysierten Aldolreaktion betrachtet. Es war bereits bekannt, dass sich bei der Reaktion mit L-selektiven Threoninaldolasen das thermodynamische Gleichgewicht relativ schnell einstellt und so meist nur geringe Diastereomerenüberschüsse erzielt werden können.[106] Die Ergebnisse in Tabelle 4.4 bestätigen dies. Nach einer Reaktionszeit von 1 h wurde ein Diastereomerenverhältnis von d.r. 44:56 (*syn*/*anti*) bei einem Umsatz von 20% erhalten (Tabelle 4.4, Eintrag 1). Dies deutet darauf hin, dass der Biokatalysator bevorzugt das *anti*-Isomer bildet. Im Laufe der Zeit stellte sich dann ein thermodynamisches Gleichgewicht ein und das Diastereomerenverhältnis lag bei d.r. 65:35 (*syn*/*anti*) (Tabelle 4.4, Eintrag 3). Es wurde bereits vermutet, dass die L-TA aus *E.coli* zu den L-*allo*-Threoninaldolasen gezählt werden muss.[106]

Tabelle 4.4. Abhängigkeit der Biotransformation von der Reaktionszeit

ENZYMATISCHE ALDOLREAKTION

Eintrag[1]	t [h]	Umsatz (2S)-**12e**[2] [%]	d.r. (*syn/anti*) (2S)-**12e**[2]
1	1	20	44:56
2	8	41	68:32
3	20	91	65:35

[1] vgl. Abschnitt 8.2.2.7.1 [2] Umsatz- und d.r.-Wertbestimmung erfolgte über Verhältnis von (2S)-**80e** und **84** im ^{1}H-NMR Spektrum

4.4.6.2 Einfluss der Temperatur auf die enzymatische Aldolreaktion

Die Erhöhung der Reaktionstemperatur auf 40°C brachte keine Verbesserung des Umsatzes (Abbildung 4.38, vgl. Abschnitt 8.2.2.7.2). Nach 8 h Reaktionszeit wurde ein um die Hälfte niedrigerer Umsatz von 21% im Vergleich zu dem Versuch bei Raumtemperatur (41%) erzielt. Während die Produktbildung bei Raumtemperatur im Laufe der Zeit weiter anstieg, war dies bei 40°C nicht der Fall. Es konnte gezeigt werden, dass die Aktivität der L-TA bei erhöhter Temperatur stark abnimmt.

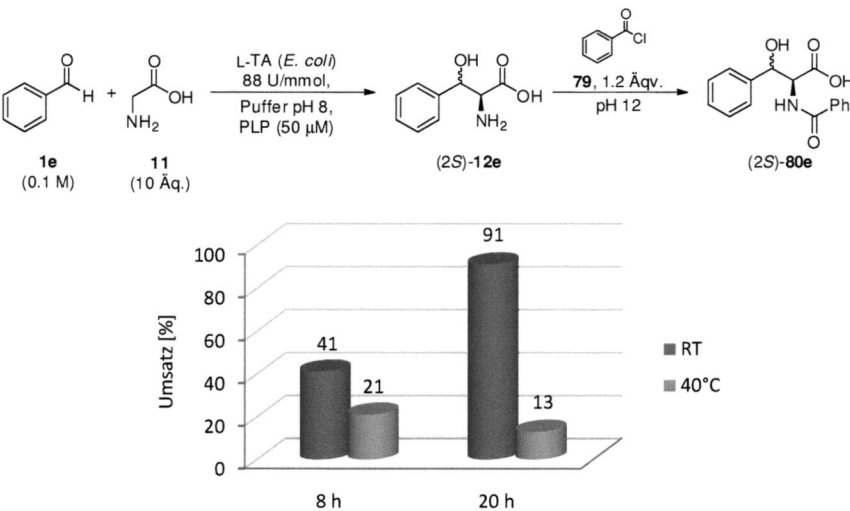

Abbildung 4.38. Abhängigkeit der Biotransformation von der Temperatur

Um die enzymkatalysierte Rückreaktion, d.h. die Spaltung des Produkts, zu verhindern wurden auch Versuche bei 4 °C durchgeführt. Hier wurde nach 7 h ein Umsatz von 20% erzielt und ein Diastereomerenverhältnis von d.r. 46:54 (*syn/anti*) gefunden (vgl. Abschnitt 8.2.2.7.2). Ein analoges Ergebnis wurde bereits bei einem Versuch bei Raumtemperatur nach 1 h gefunden. Das thermodynamische Gleichgewicht stellt sich bei niedrigeren Temperaturen langsamer ein, allerdings ist auch der Umsatz dementsprechend niedrig. Das Ziel einer bevorzugten Bildung des *syn*-Isomers kann mit dieser L-Threoninaldolase nicht erzielt werden.

4.4.6.3 Einfluss der Enzymmenge auf die enzymatische Aldolreaktion

Zur Untersuchung des Einflusses der Enzymmenge wurde diese von 88 U/mmol auf 176 U/mmol verdoppelt, was eine Beschleunigung der Reaktion zur Folge hatte. Nach 1 h wurde bereits ein Umsatz von 63% erzielt, dieser lag bei Verwendung der geringeren Menge an Aldolase nur bei 20% (Abbildung 4.39, vgl. Abschnitt 8.2.2.7.3).

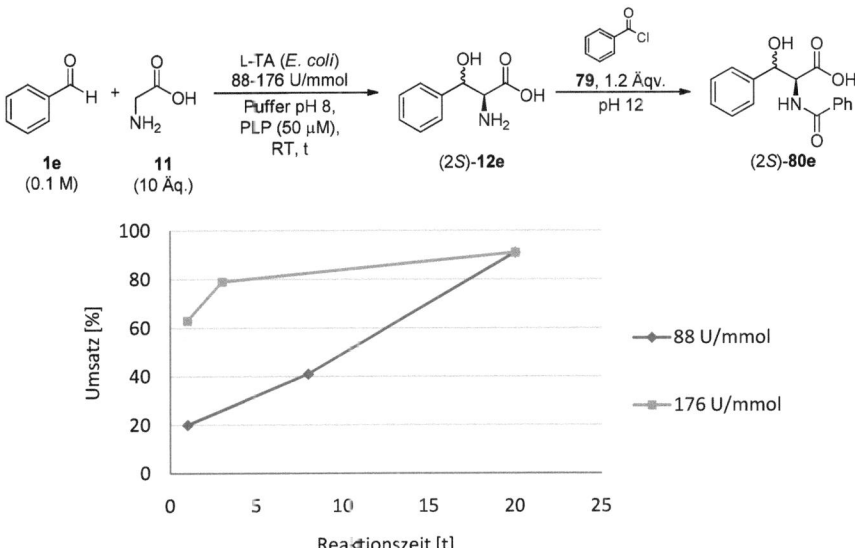

Abbildung 4.39. Abhängigkeit der Biotransformation von der Enzymmenge

ENZYMATISCHE ALDOLREAKTION

Das thermodynamische Gleichgewicht stellte sich ebenfalls schneller ein und nach 1 h wurde bereits ein Diastereomerenverhältnis von d.r. 67:33 (*syn/anti*) erhalten.

4.4.6.4 Einfluss des Glycinüberschusses auf die enzymatische Aldolreaktion

Als nächstes wurde untersucht, ob der in der Literatur beschriebene Überschuss an Glycin (**11**) von 10 Äquivalenten[109] erforderlich ist, um einen vollständigen Umsatz zu erzielen. Dazu wurde die Benzaldehydkonzentration schrittweise von 0.1 M bis 1 M erhöht, während die Glycinkonzentration (1 M) konstant gehalten wurde. Desweiteren wurde die Glycinkonzentration von 1 M bis 0.1 M gesenkt, während die Konzentration des Aldehyden (0.1 M) konstant gehalten wurde. In Abbildung 4.40 sind die Ergebnisse der beiden Versuchsreihen dargestellt (vgl. Abschnitt 8.2.2.7.4.1 und 8.2.2.7.4.2). Es ist deutlich erkennbar, dass ein hoher Überschuss an Glycin notwendig ist, um eine vollständige Produktbildung zu erzielen. Bei einem Verhältnis Glycin (**11**) zu Benzaldehyd (**1e**) von 1:1 wurde bei einer Benzaldehydkonzentration von 0.1 M ein Umsatz von 13% und bei einer Konzentration von 1 M lediglich ein Umsatz von 4% erhalten.

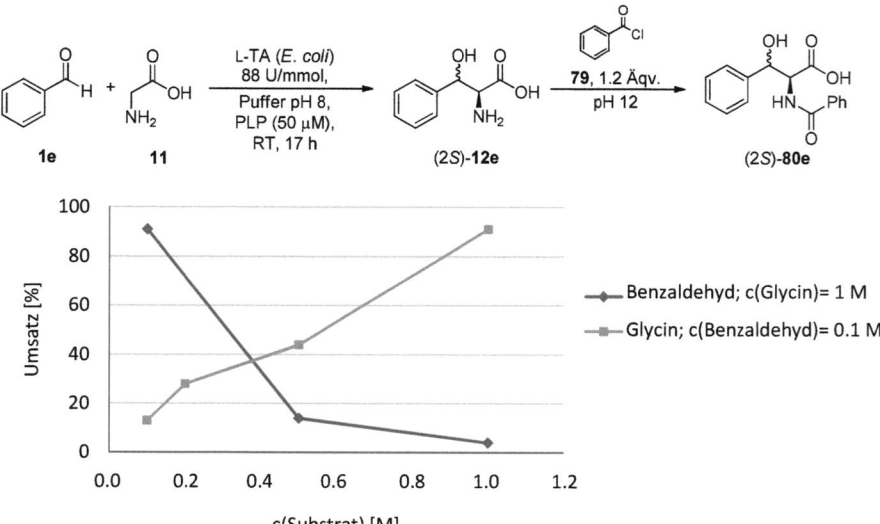

Abbildung 4.40. Abhängigkeit der Biotransformation vom Glycinüberschuss

ENZYMATISCHE ALDOLREAKTION

Es zeigte sich ebenfalls, dass eine sehr hohe Benzaldehydkonzentration einen negativen Einfluss auf die Produktbildung hat. Bei einem Verhältnis von 2:1 (Glycin/Benzaldehyd) wurde bei einer Benzaldehydkonzentration von 0.1 M ein Umsatz von 44% erhalten, wohingegen bei einer Konzentration von 0.5 M nur ein Umsatz von 14% erzielt werden konnte. Die relative Menge an erhaltenem Produkt ist zwar bei einer Konzentration von 0.5 M höher, allerdings erscheint der Prozess wenig effizient, wenn 86% des eingesetzten Substrats nicht umgesetzt werden.

4.4.6.5 Einfluss der Substratkonzentration auf die enzymatische Aldolreaktion

Bei der Entwicklung eines effizienten und industrierelevanten Prozesses spielt die Substratkonzentration eine sehr große Rolle. Wichtig ist hierbei eine möglichst hohe volumetrische Produktivität. Um dies zu erreichen wurde die Substratkonzentration von 0.1 M (**1e**) bzw. 1 M (**11**) um den Faktor 2.5 erhöht. Aufgrund des geringeren Volumens musste auch die Enzymmenge von 38 U/mmol auf 50 U/mmol verringert werden. Der Umsatz der Reaktion blieb trotzdem nahezu unverändert (Abbildung 4.41, vgl. Abschnitt 8.2.2.7.5).

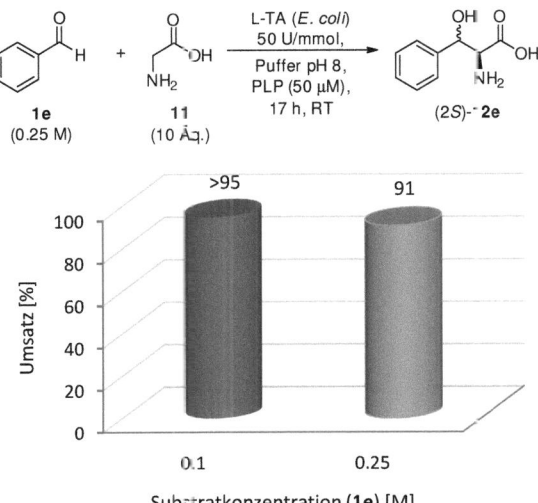

Abbildung 4.41. Abhängigkeit des Umsatzes von der Substratkonzentration

ENZYMATISCHE ALDOLREAKTION

Es wurde eine Produktbildung von >90% bei einer Substratkonzentration von 0.25 M nach 17 h Reaktionszeit erhalten. Das Diastereomerenverhältnis betrug in beiden Fällen d.r. 65:35 (*syn/anti*) und auch die Enantioselektivität lag unverändert bei >99% *ee*. Es konnte somit erstmals gezeigt werden, dass die L-Threoninaldolase-katalysierte Aldolreaktion auch bei einer Aldehydkonzentration von 0.25 M mit sehr guten Umsätzen und vergleichbaren Diastereoselektivitäten durchgeführt werden kann.

4.4.6.6 Einfluss von Additiven auf die enzymatische Aldolreaktion

Des Weiteren wurde der Einfluss verschiedener Additive auf die enzymatische Reaktion untersucht. Mit 50 Vol% Glycerin wurden bereits sehr gute Ergebnisse von über 90% Umsatz bei einer Substratkonzentration von 0.25 M erzielt. Bei den durchgeführten Vergleichsversuchen mit den verschiedenen Additiven wurde eine Charge L-TA aus *E. coli* mit geringerer Aktivität verwendet. Da das Volumen des zugegebenen Rohextrakts dem des Reaktionsvolumens entsprach, konnte nur eine geringere Enzymmenge von 35 U/mmol eingesetzt werden. Aus diesem Grund lagen die Umsätze etwas niedriger.

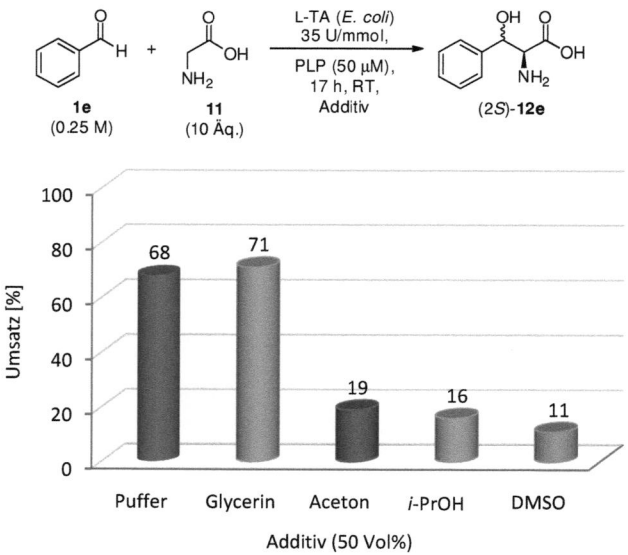

Abbildung 4.42. Umsatz bei Anwesenheit verschiedener Additive

Abbildung 4.42 zeigt, dass bei Verwendung von Puffer und Glycerin als Zusatz vergleichbare Umsätze erzielt werden konnten. Bei der Zugabe von Aceton, *iso*-Propanol oder DMSO wurden deutlich schlechtere Umsätze von <20% erzielt. Die Diastereomerenverhältnisse lagen in einem erwarteten Bereich von d.r. 65:35 (*syn/anti*). Je geringer der Umsatz, desto höher war auch der Anteil des *anti*-Isomer (vgl. 8.2.2.7.6). Es konnte gezeigt werden, dass Glycerin keinen negativen Einfluss auf die enzymatische Reaktion hat. Allerdings können keine anderen Additive als Alternative eingesetzt werden, da sie die Enzymaktivität stark beeinträchtigen.

4.4.7 Erweiterung des Substratspektrums

Um das Substratspektrum auf andere aromatische Benzaldehyde auszuweiten, wurden thiosubstituierte Benzaldehyde eingesetzt, die als Vorstufe für die Thiamphenicolsynthese geeignet waren, wie beispielsweise Methylthiobenzaldehyd (**1d**) und Methylsulphonylbenzaldehyd (**1k**). Außerdem wurde der Einfluss des Substitutionsmusters am Aromaten auf Umsatz und Diastereoselektivität untersucht (vgl. Abschnitt 8.2.2.7.7).

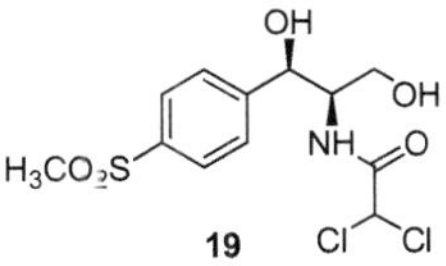

Abbildung 4.43. Thiamphenicol (**19**)

4.4.7.1 Thiamphenicolrelevante substituierte Benzaldehyde

Im Hinblick auf ein anwendbares Zielprodukt wurden zuerst Benzaldehyde eingesetzt, die zu einem thiamphenicolrelevanten Intermediat führen. Dazu gehört zum einen Methylthiobenzaldehyd (**1d**) und zum anderen Methylsulphonylbenzaldehyd (**1k**). Bei der Reaktion von **1d** wurde bei einer Substratkonzentration von 0.1 M ein Umsatz von lediglich 10% und ein Diastereomerenverhältnis von d.r. 57:43 (*syn/anti*) erzielt (Abbildung 4.44). Aufgrund des niedrigen Umsatzes wurde dieses Substrat nicht weiter untersucht.

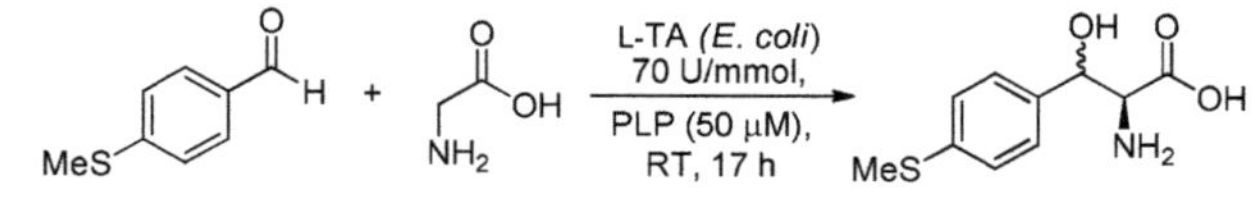

1d (0.1 M) + **11** (10 Äq.) → (2*S*)-**12d**, 10% Umsatz, d.r. 57:43 (*syn*/*anti*)

Abbildung 4.44. Enzymatische Synthese von (2*S*)-**12d**

Bessere Ergebnisse wurden beim Einsatz von **1k** ermittelt (Abbildung 4.45). Bei einer Substratkonzentration von 0.1 M wurden ein Umsatz von 42% und ein Diastereomerenverhältnis von d.r. 61:39 (*syn/anti*) erhalten. Die Reaktion bei einer Aldehydkonzentration von 0.25 M lieferte allerdings einen deutlich niedrigeren Umsatz von nur noch 24%.

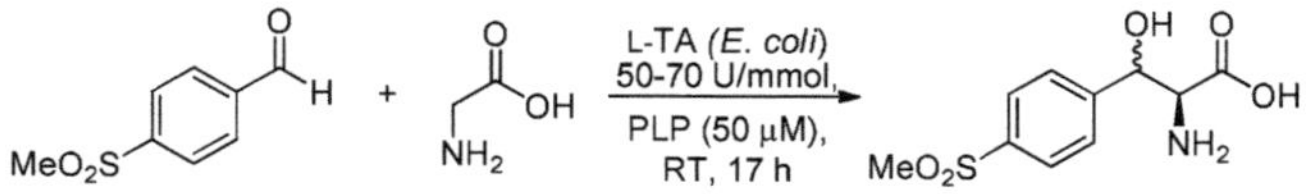

1k (0.1- 0.25 M) + **11** (10 Äq.) → (2*S*)-**12k**

0.1 M: 42% Umsatz, d.r. 61:39 (syn/anti)

0.25 M: 24% Umsatz, d.r. 65:35 (syn/anti)

Abbildung 4.45. Enzymatische Synthese von (2*S*)-**12k**

Die in der Literatur beschriebene L-TA aus *Pseudomonas putida* zeigte im Vergleich dazu deutlich bessere Ergebnisse.[109] Bei der Synthese von (2*S*)-**12k** wurde ein Umsatz von 68% bei einem Diastereomerenverhältnis von d.r. 78:22 (*syn/anti*) erzielt. Der Biokatalysator aus *E. coli* ist vor allem hinsichtlich des Diastereomerenverhältnisses weniger selektiv und für die Synthese von (2*S*,3*R*)-**12k** wenig geeignet.

4.4.7.2 *m*-Substituierte Benzaldehyde

Da in der Literatur mit *meta*-substituierten Benzaldehyden wie beispielsweise **1j** und der L-TA aus *P. putida* sehr gute Diastereoelektivitäten (d.r. 78:22 *syn/anti*) erzielt werden konnten,[109] wurden verschiedene in meta-Position substituierte Benzaldehyde mit dem Biokatalysator aus *E. coli* umgesetzt. Allerdings zeigte die verwendete Aldolase aus *E. coli* eine geringere Diastereoselektivität bei der Bildung von **12j** und **12m** (Abbildung 4.46). Bei der Reaktion des chlorsubstituierten Benzaldehyden **1l** wurden dagegen ähnliche Diastereomerenverhältnisse erhalten.[109] Allgemein lässt sich sagen, dass die L-TA aus *E. coli* keine erhöhte Diastereoselektivität bei der Bildung von *m*-substituierten β-Hydroxy-α-aminosäuren **12** zeigt.

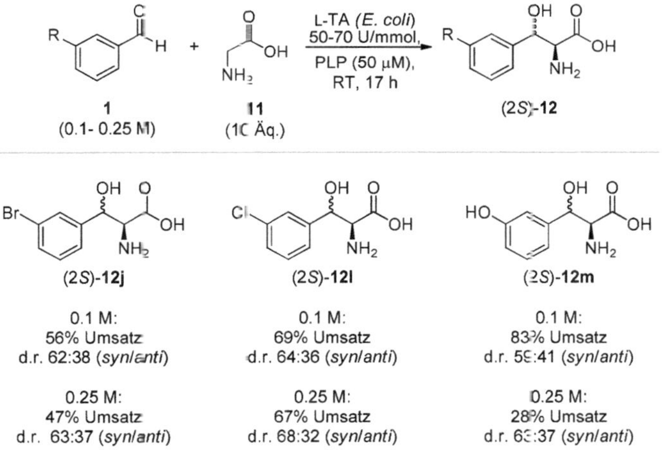

Abbildung 4.46. Enzymatische Synthese *m*-substituierter β-Hydroxy-α-aminosäuren (2S)-**12**

Die drei Synthesen wurden auch bei einer Substratkonzentration von 0.25 M durchgeführt und es wurden kaum veränderte Umsätze erzielt. Lediglich bei Aldehyd **1m** wurde eine starke Verringerung der Produktbildung von 83% auf 28% Umsatz erhalten. Dies ist wohl auf eine Beeinträchtigung des Enzyms durch Wasserstoffbrückenbindung mit der Hydroxygruppe des Aldehyds **1m** zurückzuführen, die bei einer höheren Substratkonzentration verstärkt auftritt.

4.4.7.3 *p*-Substituierte Benzaldehyde

Zum Vergleich wurden auch zwei *para*-substituierte Benzaldehyde **1b** und **1f** umgesetzt. Es wurden mäßige Umsätze von 55% und 32% erhalten und die Diastereomerenverhältnisse lagen bei beiden Produkten **12b** und **12f** bei d.r. 62:38 (*syn/anti*) (Abbildung 4.47). Bei der erhöhten Substratkonzentration von 0.25 M wurde eine etwas niedrigere Produktbildung (35% bzw. 20%) beobachtet. Auch bei diesem Substratmuster konnte keine Verbesserung der Diastereoselektivität erhalten werden.

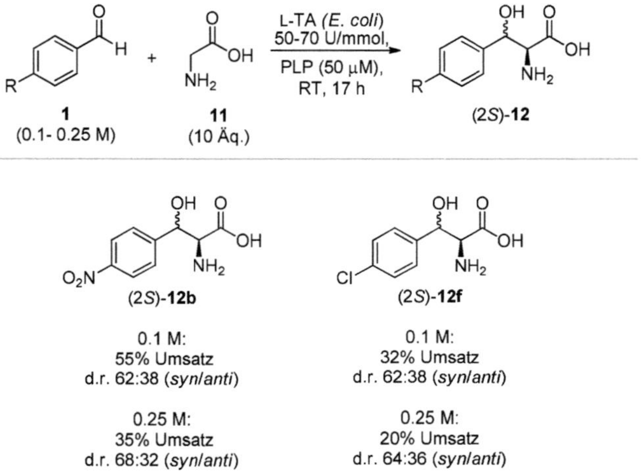

[Reaktionsschema:]

1 (0.1- 0.25 M) + **11** (10 Äq.) → L-TA (*E. coli*) 50-70 U/mmol, PLP (50 µM), RT, 17 h → (2S)-**12**

(2S)-**12b** (R = O$_2$N)
0.1 M: 55% Umsatz, d.r. 62:38 (*syn/anti*)
0.25 M: 35% Umsatz, d.r. 68:32 (*syn/anti*)

(2S)-**12f** (R = Cl)
0.1 M: 32% Umsatz, d.r. 62:38 (*syn/anti*)
0.25 M: 20% Umsatz, d.r. 64:36 (*syn/anti*)

Abbildung 4.47. Enzymatische Synthese *p*-substituierter β-Hydroxy-α-aminosäuren (2S)-**12**

4.4.7.4 *o*-Substituierte Benzaldehyde

Bei der Reaktion des *ortho*-substituierten Benzaldehyds **1i** wurden dagegen sehr gute Diastereoselektivitäten von d.r. 81:19 (*syn/anti*) bei einer hohen Produktbildung von 91% unter Verwendung der L-TA aus *E. coli* erhalten (Abbildung 4.48).

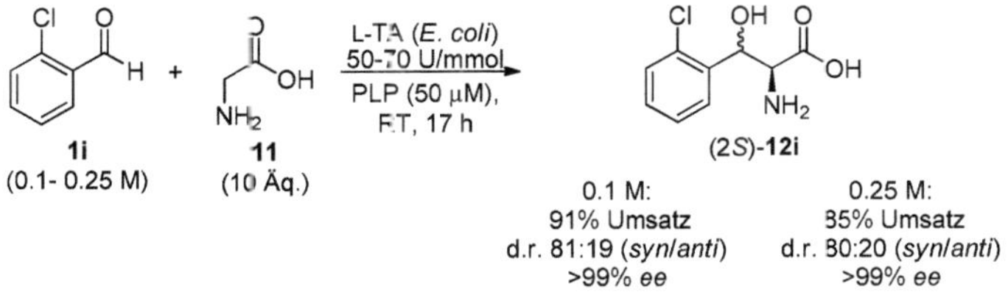

ENZYMATISCHE ALDOLREAKTION

Abbildung 4.48. Enzymatische Synthese von (2S)-**12i**

Mit der Aldolase aus *P. putida* wurde eine etwas geringere Diastereoselektivität von d.r. 76:24 (*syn/anti*) in der Literatur beschrieben.[109] Auch bei der erhöhten Substratkonzentration konnte ein ähnlich guter Umsatz und ein Diastereomerenverhältnis von d.r. 80:20 (*syn/anti*) erhalten werden. Die Enantioselektivität von (2S)-**12i** lag unabhängig von der Substratkonzentration bei >99% *ee*.

Darauf aufbauend und um zu überprüfen, ob hier allgemein eine höhere Diastereoselektivität vorliegt, wurden noch weitere *o*-substituierte Benzaldehyde umgesetzt (Abbildung 4.49). Tendenziell wurde bei der Reaktion von *o*-substituierten Aldehyden mit Glycin (**11**) eine bessere Diastereoselektivität (d.r. >70:30 *syn/anti*) erhalten als bei der Bildung der *p*- oder *m*-substituierten β-Hydroxy-α-aminosäuren. Die Umsätze lagen für (2S)-**12n**, (2S)-**12o** und (2S)-**12q** bei deutlich über 50%. Auch bei erhöhter Aldehydkonzentration wurden ähnliche Umsätze und Diastereoselektivitäten erzielt. Die geringere Produktbildung bei (2S)-**12r** (25%) deutet darauf hin, dass Benzaldehydderivate mit elektronenziehenden Substituenten besser umgesetzt werden, als solche mit elektronenschiebenden. Bei der Synthese von (2S)-**12s** kommt es wieder zu Wechselwirkungen zwischen der Hydroxygruppe und dem Enzym, wodurch die Produktbildung beeinträchtigt wird.

Die L-Threoninaldolase aus *E. coli* weist bei der Umsetzung von *o*-substituierten Benzaldehyden die höchste Diastereoselektivität auf. Das beste Ergebnis wurde mit *o*-Chlorbenzaldehyd (**1i**) erzielt. Das Produkt (2S)-**12i** wurde bei einer Substratkonzentration von 0.25 M mit einem Umsatz von 85% und einem sehr guten Diastereomerenverhältnis von d.r. 80:20 (*syn/anti*) erhalten. Außerdem wurde eine Enantioselektivität von >99% *ee* gefunden. Diese Reaktion wurde im Folgenden weiter optimiert und im größeren Maßstab durchgeführt.

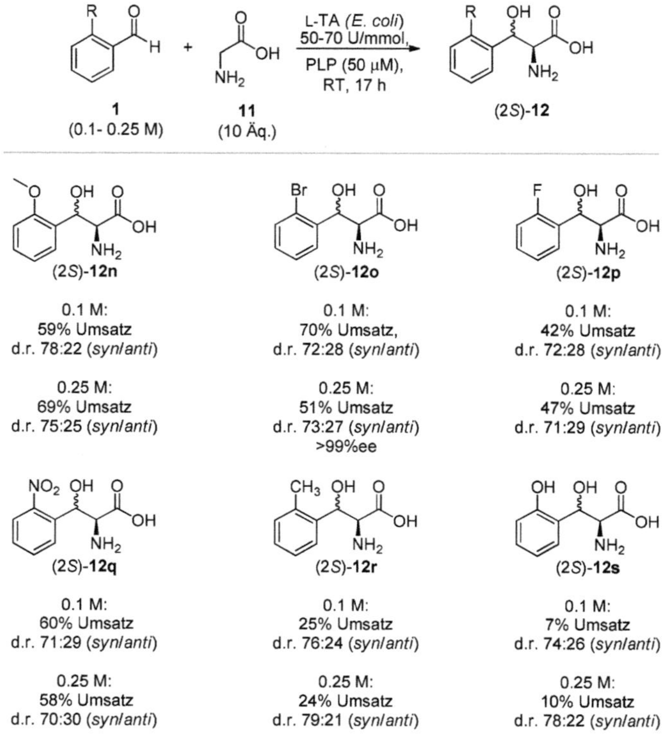

ENZYMATISCHE ALDOLREAKTION

Abbildung 4.49. Enzymatische Synthese o-substituierter β-Hydroxy-α-aminosäuren (2S)-**12**

Reaktionsschema: **1** (0.1–0.25 M) + **11** (10 Äq.) → (2S)-**12**, Bedingungen: L-TA (*E. coli*) 50–70 U/mmol, PLP (50 µM), RT, 17 h.

(2S)-12n (R = OMe):
0.1 M: 59% Umsatz, d.r. 78:22 (*syn/anti*)
0.25 M: 69% Umsatz, d.r. 75:25 (*syn/anti*)

(2S)-12o (R = Br):
0.1 M: 70% Umsatz, d.r. 72:28 (*syn/anti*)
0.25 M: 51% Umsatz, d.r. 73:27 (*syn/anti*), >99%ee

(2S)-12p (R = F):
0.1 M: 42% Umsatz, d.r. 72:28 (*syn/anti*)
0.25 M: 47% Umsatz, d.r. 71:29 (*syn/anti*)

(2S)-12q (R = NO$_2$):
0.1 M: 60% Umsatz, d.r. 71:29 (*syn/anti*)
0.25 M: 58% Umsatz, d.r. 70:30 (*syn/anti*)

(2S)-12r (R = CH$_3$):
0.1 M: 25% Umsatz, d.r. 76:24 (*syn/anti*)
0.25 M: 24% Umsatz, d.r. 79:21 (*syn/anti*)

(2S)-12s (R = OH):
0.1 M: 7% Umsatz, d.r. 74:26 (*syn/anti*)
0.25 M: 10% Umsatz, d.r. 78:22 (*syn/anti*)

4.4.8 Optimierung der enzymatischen Synthese von (2S)-12i

Zur Optimierung der enzymatischen Umsetzung von **1i** mit einer Substratkonzentration von 0.25 M wurde die Reaktion bei einer konstanten Temperatur von 25 °C durchgeführt. Des Weiteren wurde die Glycinmenge von einem zehnfachen auf einen achtfachen Überschuss reduziert. Außerdem musste die Reaktion mit einer geringeren Enzymmenge von 44 U/mmol durchgeführt werden, da das Volumen des eingesetzten Rohextraktes genau dem des Reaktionsvolumens entsprach und die Enzymaktivität geringer war (Abbildung 4.50). Nach einer Reaktionszeit von 20 h konnte ein vollständiger Umsatz und ein Diastereomerenverhältnis von d.r. 79:21 (*syn/anti*) erzielt werden.

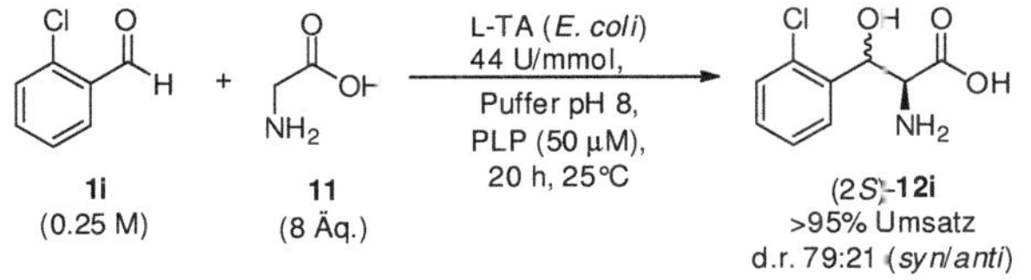

ENZYMATISCHE ALDOLREAKTION

Abbildung 4.50. Optimierte enzymatische Synthese von (2S)-**12i**

4.4.8.1 Untersuchung des Reaktionsverlaufs

Um den genauen Reaktionsverlauf zu untersuchen wurde die Synthese in einem 10 mL-Maßstab durchgeführt und nach verschiedenen Reaktionszeiten Proben zur Umsatzbestimmung entnommen. Nach 3 h wurde bereits eine Produktbildung von über 90% beobachtet, die danach nur noch geringfügig anstieg (Abbildung 4.51, vgl. Abschnitt 8.2.2.8.1).

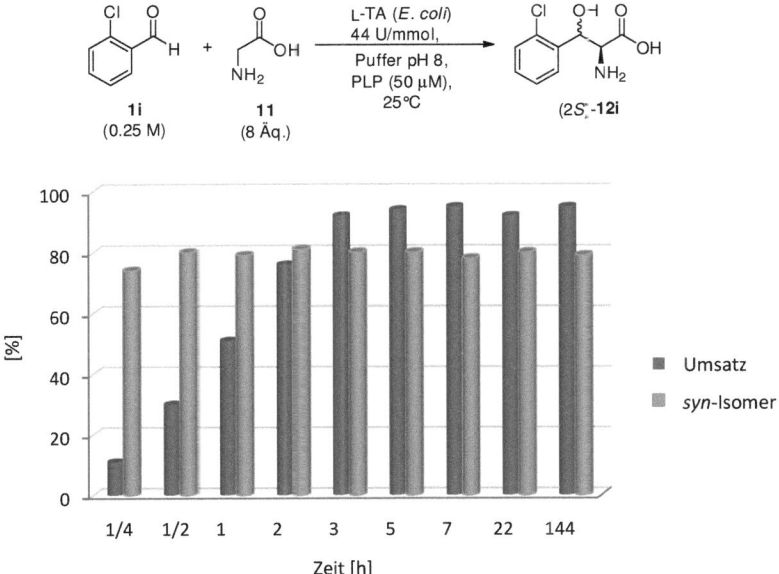

Abbildung 4.51. Reaktionsverfolgung der enzymatischen Synthese von (2S)-**12i**

ENZYMATISCHE ALDOLREAKTION

Das Diastereomerenverhältnis lag nach einer halben Stunde konstant zwischen d.r. 78:22 und d.r. 80:20 (*syn/anti*). Die unterschiedlichen Werte sind auf Schwankungen zurückzuführen, die bei der Auswertung durch Hintergrundrauschen der Baseline ausgelöst werden. Aufgrund dieser Ergebnisse wurde ein analoger Versuch in 0.5 mL-Maßstab durchgeführt und nach 6 Stunden abgebrochen. Bei einem Umsatz von >95% wurde ein Diastereomerenverhältnis von d.r. 80:20 (*syn/anti*) erhalten und ein Enantiomerenüberschuss von >99% *ee* mittels chiraler HPLC nachgewiesen (vgl. Abschnitt 8.2.2.8.2).

Als nächstes sollte das Reaktionsvolumen auf 100 mL erhöht und (2S)-**12i** möglichst diastereomerenrein isoliert werden. Aufgrund der erhaltenen Ergebnisse wurde die Reaktion nach den optimierten Bedingungen durchgeführt und nach 7 h beendet.

4.4.8.2 Vergleichsversuch mit Benzaldehyd als Substrat

Um die optimierte Reaktion mit **1i** als Substrat mit dem Standardsubstrat **1e** vergleichen zu können, wurde Benzaldehyd unter den optimierten Bedingungen mit Glycin (**11**) enzymatisch umgesetzt (Abbildung 4.52).

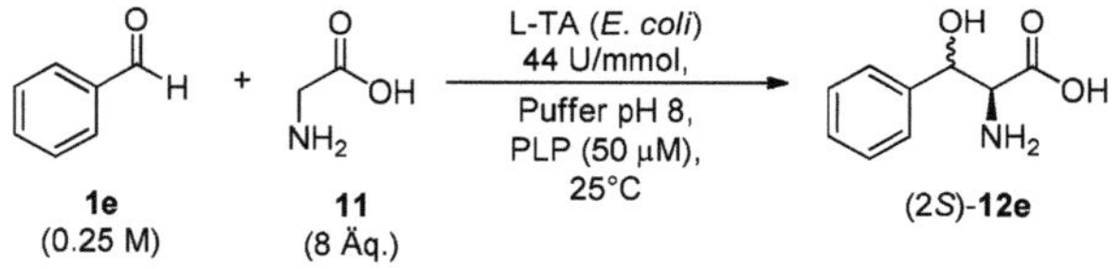

Abbildung 4.52. Synthese von (2S)-**12e** unter optimierten Bedingungen

Die Reaktionsverfolgung ist in Abbildung 4.53 dargestellt und es ist deutlich zu erkennen, dass unter diesen Bedingungen mit **1e** als Substrat lediglich ein maximaler Umsatz von 72% erzielt werden konnte (vgl. Abschnitt 8.2.2.8.4). Das Diastereomerenverhältnis lag wie erwartet in einem Bereich von d.r. 65:35 (*syn/anti*). Die optimierte Synthese kann also nicht ohne Weiteres auf andere Substrate angewendet werden. Mit *o*-Chlorbenzaldehyd (**1i**) als Ausgangsverbindung konnte der höchste Umsatz (>95%) und das beste Diastereomerenverhältnis (d.r. 80:20 *syn/anti*) bei der Umsetzung mit der L-TA aus *E. coli* erzielt werden.

ENZYMATISCHE ALDOLREAKTION

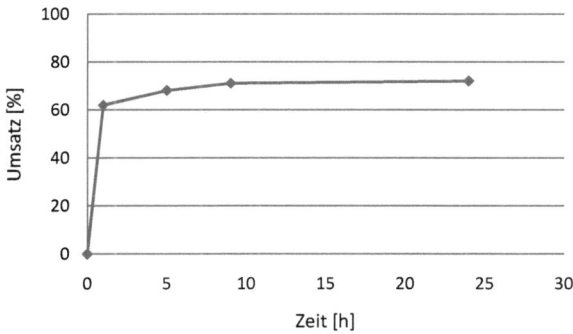

Abbildung 4.53. Vergleichsversuch unter optimierten Bedingungen mit **1e** als Substrat

4.4.8.3 Cofaktor-Abhängigkeit

Es sollte weiterhin untersucht werden, ob bei der enzymatischen Reaktion die Zugabe von Cofaktor PLP (50 µM) notwendig ist. Deshalb wurde die Reaktionsverfolgung nochmals ohne Cofaktor durchgeführt (Abbildung 4.54, vgl. Abschnitt 8.2.2.8.4).

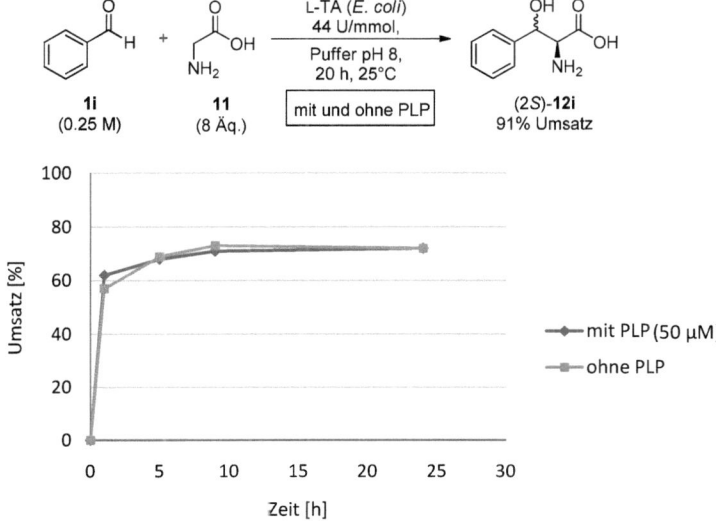

Abbildung 4.54. Vergleich der enzymatischen Reaktion mit und ohne Cofaktor PLP

ENZYMATISCHE ALDOLREAKTION

Bei der graphischen Auftragung der Ergebnisse der beiden Versuchsreihen wird deutlich, dass eine Zugabe von PLP nicht notwendig ist. Offensichtlich ist im Rohextrakt genügend Cofaktor enthalten um die Reaktion zu katalysieren.

Analog wurde auch die Synthese von (2S)-**12i** ohne Cofaktor durchgeführt. Unter den optimierten Bedingungen wurden nach 7 h ein Umsatz von 91% und ein Diastereomerenverhältnis von d.r. 78:22 (*syn/anti*) erhalten. Dies entspricht ebenfalls den Ergebnissen der Versuche mit Zugabe von PLP.

4.4.8.4 Scale-up und Isolierung des Produkts (2S)-12i

Das Reaktionsvolumen wurde zuerst auf 12.5 mL erhöht und verschiedene Aufarbeitungsabläufe unter Verwendung eines Ionenaustauschers und Kristallisation getestet. Die enzymatische Reaktion wurde nach 7 h durch Erniedrigung des pH-Werts auf 1 gestoppt und anschließend wieder neutralisiert. Durch Zugabe von Ethanol (ca. 90 Vol%) wurde der Großteil des überschüssigen Glycins ausgefällt. Mittels Filtration konnte **11** und ausgefälltes Protein vom Rohprodukt getrennt werden.

Durch Einengen des Filtrats auf etwa ein Zehntel des Volumens wurde (2S)-**12i** ausgefällt und abfiltriert. Anfangs stand für die Synthese nur Enzymrohextrakt zur Verfügung, der mit Glycerin verdünnt war, welches im erhaltenen Produkt noch mit etwa 10% enthalten war. Durch mehrmaliges Umkristallisieren in Wasser konnte schließlich vollständig reines Produkt (2S)-**12i** isoliert werden, allerdings nur in einer Ausbeute von 38%. Auch der Versuch das Glycerin unter Verwendung des Kationenaustauscher Dowex 50W X8 abzutrennen, brachte keine wesentliche Verbesserung der Ausbeute. Zwar konnte das Glycerin vollständig abgetrennt werden, aufgrund noch enthaltener Glycinreste und Verunreinigungen aus dem Enzymrohextrakt musste allerdings weiter umkristallisiert werden. Um die Zahl der Aufreinigungsschritte zu verringern und den Verlust an Produkt zu minimieren wurde auf einen unverdünnten Rohextrakt zurückgegriffen. (2S)-**12i** wurde wieder nach Abfiltrieren des Glycins beim Einengen des Filtrats ausgefällt. Der Niederschlag wurde abgetrennt und mit Wasser/Ethanol (1:4) gewaschen.

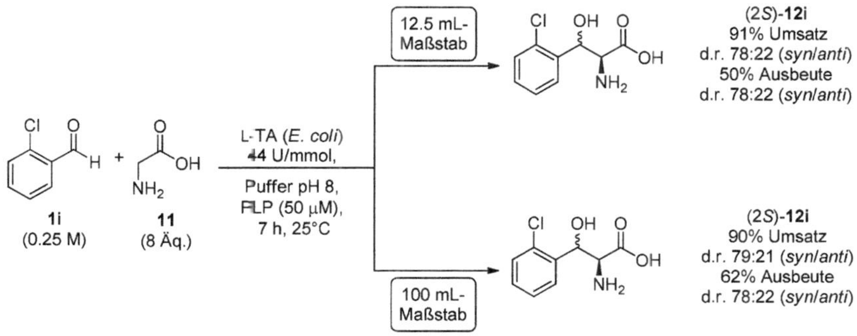

ENZYMATISCHE ALDOLREAKTION

Abbildung 4.55. Scale-up der enzymatischen Reaktion und Isolierung von (2S)-12i

Auf diesem Weg konnte reines Produkt in einer Ausbeute von 50% und einem Diastereomerenverhältnis von d.r. 78:22 (*syn/anti*) erhalten werden. Wegen der geringeren Zahl an Aufreinigungsschritten konnte die Ausbeute stark verbessert werden. Durch die Erhöhung des Reaktionsvolumens auf 100 mL konnte zudem eine höhere Ausbeute von 62% bei einem Diastereomerenverhältnis von d.r. 78:22 (*syn/anti*) erzielt werden (Abbildung 4.55, vgl. Abschnitt 8.2.2.8 5).

4.4.8.4.1 Trennung der racemischen Diastereomere von *rac*-12i

Ein weiteres Ziel war die Isolierung des diastereomerenreinen Produkts (2S,3R)-12i aus der enzymatischen Umsetzung unter Verwendung industriell anwendbarer Methoden. Die literaturbekannten Verfahren beruhen meist auf aufwendigen und kostenintensiven säulenchromatographischen Wegen.[105,109] Beispielsweise ist eine Trennung über Silicagel mit einem Lösungsmittelgemisch aus CH_2Cl_2, Methanol und Ammoniak möglich.[109] Dieses Verfahren ist allerdings nicht im Grammmaßstab anwendbar.

Zuerst wurde die Trennung mittels Ionenaustauscher (Dowex 50W X8) untersucht. Dazu wurde das Hydrochlorid von *rac*-12i (d.r. 82:18 *syn/anti*) auf eine mit Ionenaustauscher gefüllte Säule aufgetragen und mit 0.1 M Ammoniaklösung eluiert. Mit Hilfe von Dünnschichtchromatographie sollte die Trennung verfolgt werden. Es konnte lediglich eine minimale Anreicherung der Isomere auf d.r. 86:14 (*syn/anti*) bei geringer Ausbeute (16%)

ENZYMATISCHE ALDOLREAKTION

erzielt werden. Aufgrund dessen wurde diese Methode zur Diastereomerentrennung verworfen.

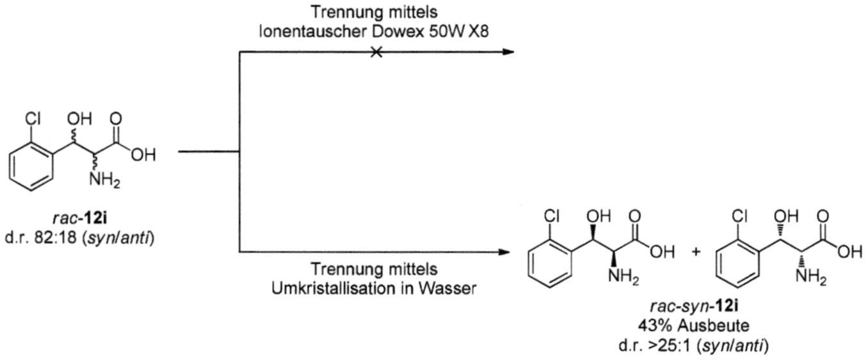

Abbildung 4.56. Trennung der Diastereomere von *rac*-12i

Als nächstes wurde versucht, das gewünschte *syn*-12i durch Umkristallisation in Wasser zu erhalten. Dazu wurde *rac*-12i (d.r. 82:18 *syn/anti*) unter Sieden in Wasser gelöst. Der beim Abkühlen entstandene Niederschlag wurde abfiltriert und es konnte reines *syn*-12i in einer Ausbeute von 43% isoliert werden (Abbildung 4.56). Diese Methode sollte nun auf das enantiomerenreine Produktgemisch aus der enzymatischen Umsetzung angewendet werden.

4.4.8.4.2 Trennung der enantiomerenreinen Diastereomere von (2S)-12i

Nach Isolierung des reinen Produkts (2S)-12i als Diastereomerengemisch aus der enzymatischen Aldolreaktion wurde dieses in Wasser umkristallisiert, um das gewünschte *syn*-Isomer zu erhalten. Leider konnte hierbei keine Verbesserung des Diastereomerenverhältnisses festgestellt werden. Die enantiomerenreine Verbindung weist hier andere Fällungseigenschaften als das Racemat auf.

Anschließend wurde untersucht, ob das gewünschte Isomer unter Verwendung anderer Lösungsmittel oder Lösungsmittelgemische abgetrennt werden kann. Es wurde beobachtet, dass bevorzugt das *anti*-Isomer ausgefällt wird und es somit nur zu einer Anreicherung des

ENZYMATISCHE ALDOLREAKTION

gewünschten (2S,3R)-**12i** im Filtrat kommt. So wurde zu einer wässrigen Lösung von (2S)-**12i** (d.r. 78:22 *syn/anti*) so lange Aceton zugegeben, bis sich ein Niederschlag bildete. Der Niederschlag wies ein Diastereomerenverhältnis von d.r. 68:32 (*syn/anti*) auf, während das des Filtrats bei d.r. 87:13 (*syn/anti*) lag. In Bezug auf das eingesetzte (2S)-**12i** wurde 41% Produkt beim Filtrieren wiedergewonnen und beim Abziehen des Lösungsmittel aus dem Filtrat 44% (2S)-**12i**. Der Verlust lag bei etwa 15% (Abbildung 4.57).

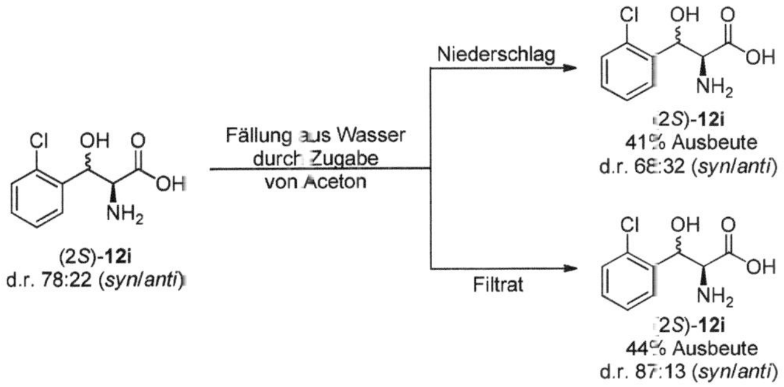

Abbildung 4.57. Trennung der Diastereomere durch Ausfällen aus Wasser mit Aceton

Durch wiederholte Ausfällung konnte keine weitere Verbesserung des Diastereomerenverhältnisses erreicht werden. Die Ausbeute des Diastereomerengemisches nach der enzymatischen Reaktion lag bei 62%. Durch Trennung der Diastereomere auf eben beschriebene Weise ist lediglich eine Anreicherung des *syn*-Isomers bei einer Ausbeute von 44% möglich. Somit wurde die Gesamtausbeute halbiert und trotzdem nur ein Diastereomerenverhältnis von d.r. 87:13 (*syn/anti*) erhalten.

4.4.9 Racematspaltung

Darüber hinaus wurde als Alternative zur Synthese enantiomerenreiner β-Hydroxy-α-aminosäuren die Racematspaltung untersucht. Bei der Spaltung von *rac-syn*-**12**, welches leicht hergestellt werden kann (vgl. Abschnitt 4.4.1.1), ist eine Trennung der Diastereomere nicht notwendig, da nur das *syn*-Isomer eingesetzt wird. Allerdings kann nur eine maximale Ausbeute von 50% erzielt werden.

ENZYMATISCHE ALDOLREAKTION

4.4.9.1 Spaltung von *rac-syn*-12e

Zuerst wurde die Spaltung des Standardsubstrats Phenylserin (*rac-syn*-**12e**), welches käuflich erwerbbar ist, untersucht. Dazu wurden verschiedene Konzentrationen an **12e** und verschiedene Enzymaktivitäten eingesetzt (Tabelle 4.5).

Tabelle 4.5. Racematspaltung von *rac-syn*-**12e**

Eintrag[1]	*rac-syn*-12e [M]	Enzymaktivität [U/mmol]	Enzym [mL]	Puffer pH 8 [mL]	Umsatz 11 [%]	Umsatz *anti*-12e [%]
1	0.2	68	0.125	0.125	47	4
2	0.1	135	0.25	0.25	51	3
3	0.2	27	0.05	0.2	46	5
4	0.1	54	0.1	0.4	50	5

[1] vgl. Abschnitt 8.2.2.1.1

Ein vollständiger Umsatz wurde bei einer Substratkonzentration von 0.1 M erzielt. Dabei war eine Enzymaktivität von 54 U/mmol ausreichend (Tabelle 4.5, Eintrag 4). Es wurden bei allen Versuchen kleine Mengen von *anti*-**12e** nachgewiesen, was darauf zurückzuführen ist, dass auch die Bindungsknüpfung stattfindet.

Um die Anwendbarkeit der Methode zu untersuchen wurde die Reaktion in größerem Maßstab (25 mL, analog Tabelle 4.5, Eintrag 4) durchgeführt. Bei vergleichbaren Ergebnissen von Umsatz und Diastereomerenverhältnis konnte kein Produkt isoliert werden.

4.4.9.2 Spaltung von rac-syn-12i

Die Racematspaltung der chlorsubstituierten Verbindung **12i** wurde ebenfalls durchgeführt. Auch hier wurde die Substratkonzentration und die Enzymaktivität variiert (Tabelle 4.6).

Tabelle 4.6. Racematspaltung von rac-syn-**12i**

Eintrag[1]	rac-syn-**12i** [M]	Enzymaktivität [U/mmol]	Enzym [mL]	Puffer pH 8 [mL]	Umsatz **11** [%]	Umsatz anti-**12i**[2] [%]
1	0.5	54	0.1	0	9	n.d.
2	0.2	135	0.25	0	20	n.d
3	0.1	270	0.5	0	36	n.d
4	0.067	270	0.5	0.25	44	5
5	0.05	270	0.5	0.5	48	5
6	0.05	540	1	0	50	5
7	0.05	54	0.1	0.9	46	5

[1] vgl. Abschnitt 8.2.2.1.2; [2] n.d.: nicht detektierbar

Lediglich bei einer Substratkonzentration von 0.05 M wurden gute Umsätze erzielt (Tabelle 4.6, Eintrag 5-7). Die Enzymmenge konnte ebenfalls auf 54 U/mmol gesenkt werden (Tabelle 4.6, Eintrag 7). Der Anteil an gebildetem Glycin (**11**) lag bei 46%, wobei 5% des anti-Isomers nachgewiesen werden konnten.

Unter diesen Bedingungen wurde der Ansatz in einem 50 mL-Maßstab durchgeführt. Durch die Vergrößerung des Reaktionsvolumens wurde keine Beeinträchtigung des Umsatzes

ENZYMATISCHE ALDOLREAKTION

beobachtet (Abbildung 4.58, vgl. Abschnitt 8.2.2.1.4). Allerdings konnte nur etwa 10% Produkt isoliert werden, welches noch Verunreinigungen (30%) enthielt.

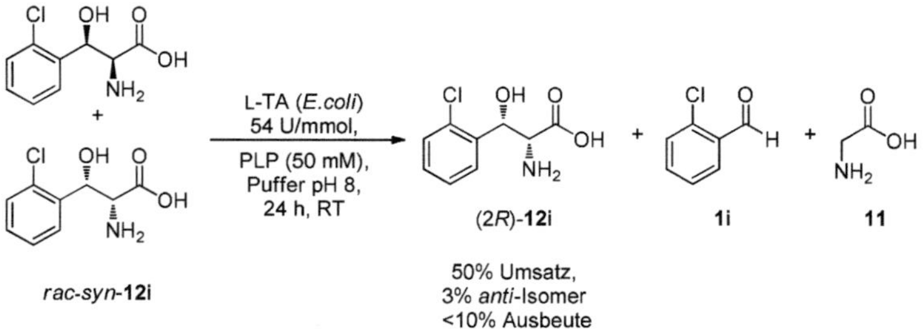

Abbildung 4.58. Racematspaltung von rac-syn-12i in 50 mL-Maßstab

Aufgrund der schlechten Ergebnisse bei der Racematspaltung, bezogen auf Substratkonzentration und Ausbeute, stellt dies kein geeignetes Verfahren zur diastereomerenreinen Herstellung von **12i** dar.

4.5 Zusammenfassung

Im Vordergrund dieses Abschnitts stand die Optimierung der enzymkatalysierten Aldolreaktion mit der zur Verfügung stehenden L-selektiven Threoninaldolase aus *E. coli*. Es wurden zwei Methoden zur Umsatzbestimmung entwickelt, einmal mittels NMR-Standard und einmal mittels Derivatisierung. Nach Etablierung der Standardreaktion mit Benzaldehyd (**1e**) wurde der Einfluss der verschiedenen Reaktionsparameter genau untersucht. So wurde die Abhängigkeit von der Reaktionszeit und der Enzymmenge analysiert. Auch das Konzentrationsverhältnis der Edukte **1e** und **11** zueinander wurde variiert. Die Substratkonzentration des Aldehyden **1e** konnte ohne größere Umsatzeinbußen von 0.1 M auf 0.25 M erhöht werden, wohingegen ein hoher Überschuss an Glycin (**11**) für eine gute Produktbildung notwendig war. Die optimierte Standardreaktion ist in Abbildung 4.59 dargestellt.

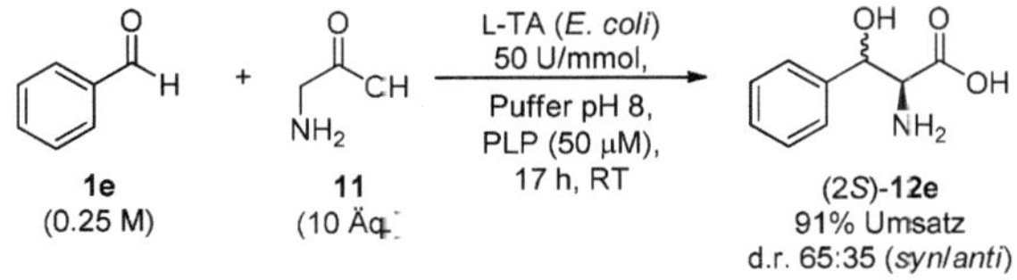

ENZYMATISCHE ALDOLREAKTION

Abbildung 4.59 Optimierte Standardreaktion

Des Weiteren wurden verschieden substituierte Benzaldehyde eingesetzt und der Einfluss des Substitutionsmusters auf Umsatz und Diastereomerenverhältnis untersucht. Dabei wurde festgestellt, dass o-substituierte Benzaldehyde die besten Ergebnisse vor allem in Hinblick auf die Diastereoselektivität lieferten. Als bestes Substrat erwies sich o-Chlorbenzaldehyd (**1i**). Die entsprechende β-Hydroxy-α-aminosäure (2S)-**12i** wurde mit einem Diastereomerenverhältnis von d.r. 80:20 (syn/anti) bei einem Umsatz von 90% erhalten. Mit diesem Substrat wurde nochmals eine Optimierung der Reaktion durchgeführt, wodurch ein vollständiger Umsatz, bei geringerer Enzymmenge und lediglich 8 Äquivalenten Glycin erzielt werden konnte (Abbildung 4.60).

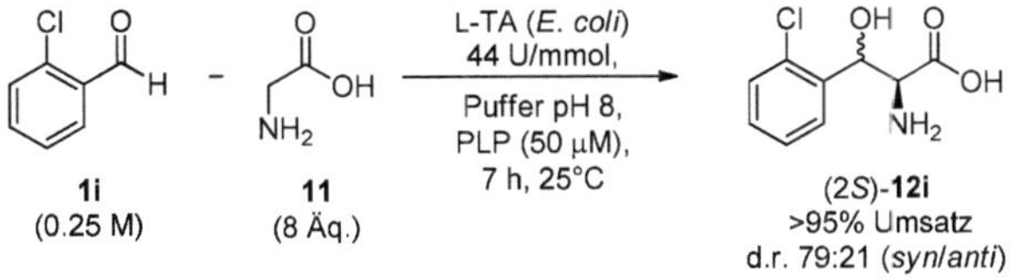

Abbildung 4.60. Optimierte enzymatische Reaktion mit **1j** als Substrat

Unter diesen Bedingungen wurde die Reaktion in größerem Maßstab (bis zu 100 mL) durchgeführt und (2S)-**12i** isoliert. Durch Fällung konnte das gewünschte Produkt als Diastereomerengemisch in einer Ausbeute von 62% erhalten werden (Abbildung 4.61).

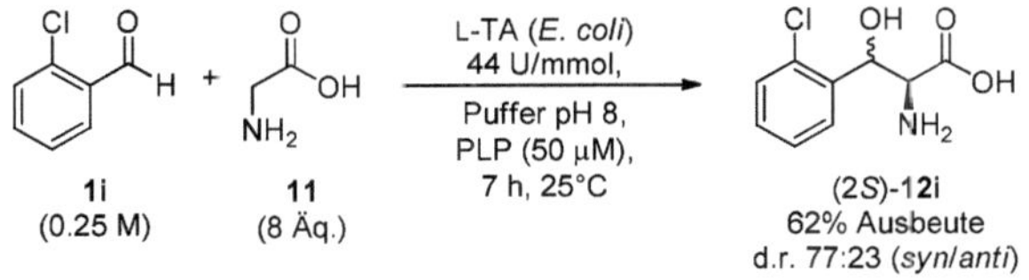

Abbildung 4.61. Optimierte Reaktion in 100 mL-Maßstab

ENZYMATISCHE ALDOLREAKTION

Verschiedene Versuche zur Trennung der Diastereomere schlugen leider fehl. Auch die alternative Route der Racematspaltung brachte keine nutzbaren Ergebnisse, da bei sehr geringer Substratkonzentration nur schlechte Ausbeuten erzielt werden konnten.

Dennoch konnte ein guter Synthese-Prozess mit hoher volumetrischer Produktivität etabliert werden. Die Durchführung der Reaktion bei der hohen Substratkonzentration von 0.25 M stellt eine Verbesserung der Syntheseroute dar und auch die Anwendung in großem Maßstab wurde bisher noch nicht gezeigt.

5. Epoxidsynthese ausgehend von β-Hydroxy-α-aminosäuren

5.1 Einleitung

Chirale Epoxide sind sehr wichtige Bausteine zur Herstellung pharmazeutisch relevanter Verbindungen. Vor allem die katalytische asymmetrische Synthese wird sowohl in der Akademia, als auch in der Industrie für diese Zwecke verwendet.[121] 2001 wurde der Nobelpreis an Sharpless für seine herausragenden Ergebnisse auf dem Gebiet der asymmetrischen Epoxidierung verliehen.[122]

Die von Sharpless entwickelte katalytische asymmetrische Synthese von Epoxiden[123] findet beispielsweise in der Herstellung des Leukotrien-Antagonisten **87** Verwendung (Abbildung 5.1). Diese Verbindung hemmt die Wirkung von Leukotrienen, die Entzündungen und allergische Reaktionen, einschließlich Asthma, hervorrufen.[124]

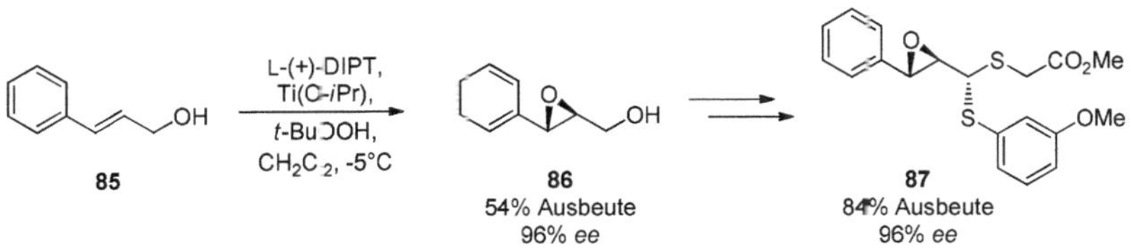

Abbildung 5.1. Synthese eines Leukotrien-Antagonisten **87**[124]

Bei leicht zugänglichen chiralen Ausgangsverbindungen bietet sich auch eine einfache Substitutionsreaktion zum Erhalt enantiomerenreiner Epoxide an. Analog zu dem entsprechenden Zwischenschritt der Darzens-Glycidester-Kondensation[1], können aus enantiomerenreinen Halohydrinen **20** unter basischen Bedingungen Epoxide **21** erhalten werden (Abbildung 5.2).[125]

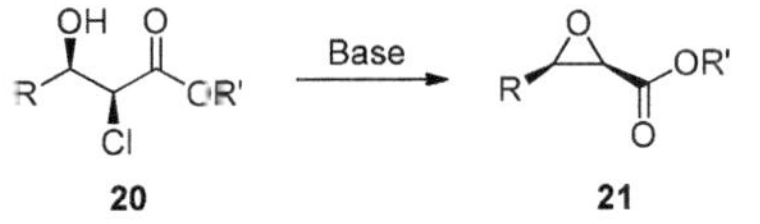

Abbildung 5.2. Synthese von Epoxiden **21** ausgehend von Halohydrinen **20**

EPOXIDSYNTHESE AUSGEHEND VON β-HYDROXY-α-AMINOSÄUREN

5.2 Stand der Wissenschaft

5.2.1 Katalytische asymmetrische Epoxidierung

Es gibt viele verschiedene Methoden zur asymmetrischen Synthese von Epoxiden. Von besonderer Bedeutung ist hierbei sicherlich die Entwicklung chiraler Katalysatoren zur selektiven Oxidation von Alkenen. Im Laufe der Zeit haben sich mehrere Systeme etabliert, die dann entsprechend weiterentwickelt wurden.[121]

Ein Beispiel ist die bereits erwähnte Sharpless-Epoxidierung,[123] bei der Allylakohole mit hoher Enantioselektivität epoxidiert werden können. Als Katalysator dient Titan(IV)-isopropylat und als Epoxidierungsreagenz *tert*-Butylhydroperoxid. Die Selektivität wird durch Zugabe von Weinsäureethylester (DET) erreicht. Während der Reaktion sind alle Reagenzien über ihre Sauerstoffatome an das Metall komplexiert und daher können lediglich Allylalkohole mit dieser Methode epoxidiert werden. Wichtig ist es zudem unter Feuchtigkeitsausschluss zu arbeiten, da dies ansonsten zu einer Verschlechterung der *ee*-Werte von 99% auf 48% führt.[126]

Die Jacobsen-Katsuki-Epoxidierung bietet eine Erweiterung auf nicht funktionalisierte Olefine.[1,127] Mit den höchsten Enantiomerenüberschüssen werden *cis*-Alkene wie **88** von Mangan-Salen-Komplexen **90** als Katalysator umgesetzt. Beispielsweise kann mit Hilfe dieser Methode **88** mit sehr guten Enantioselektivitäten von 92% *ee* zum Epoxid **89** umgesetzt werden (Abbildung 5.3).[128]

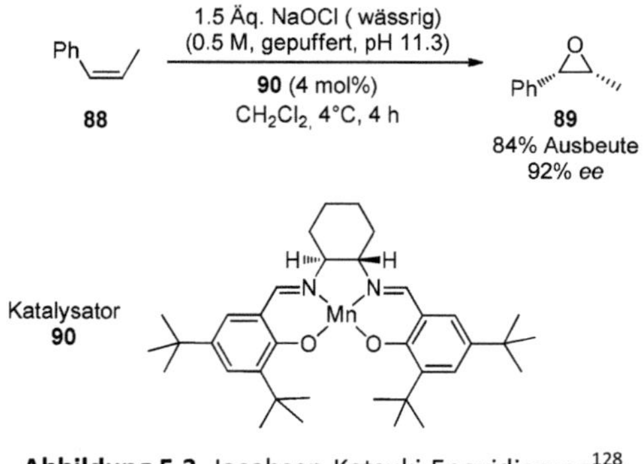

Abbildung 5.3. Jacobsen-Katsuki-Epoxidierung[128]

EPOXIDSYNTHESE AUSGEHEND VON β-HYDROXY-α-AMINOSÄUREN

Zur katalytischen asymmetrischen Epoxidierung stehen noch weitere Katalysatorsysteme zur Verfügung, wie beispielsweise La(BINOL)-Komplexe, die von Shibasaki zur Epoxidierung von Enonen eingesetzt wurden.[121] Dioxirane, die aus chiralen Ketonen und Oxon *in situ* hergestellt werden, werden bei der Sh -Epoxidierung eingesetzt.[129]

Ein Nachteil dieser homogenen Systeme ist die aufwändige Aufarbeitung und Rückgewinnung der Katalysatoren. Aus diesem Grund wurden bereits viele verschiedene heterogene Katalysatoren entwickelt, die jedoch eine geringere Aktivität aufweisen und schwieriger in der Herstellung sind.[121] Die bekannten Katalysatoren müssen im Hinblick auf Syntheseaufwand und damit verbundenen Kosten optimiert werden. Außerdem ist bei allen Methoden die Enantio- und Chemoselektivität noch ausbaufähig.

5.2.2 Synthese und Anwendung von Glycidestern

In der Totalsynthese verschiedener pharmazeutisch relevanter Verbindungen kommen enantiomerenreine Glycidester zum Einsatz.[130,131] Beispielsweise können asymmetrische Syntheseverfahren,[130] aber auch Racematspaltungen[131,132] angewendet werden.

Diltiazem (**92**) ist ein typischer Calciumkanalblocker, der zur Behandlung koronarer Herzkrankheiten, Herzrhythmusstörungen und Bluthochdruck eingesetzt wird. Ein Baustein zur Herstellung dieses Arzneimittels ist ein *trans*-Methylglycidester **91** (Abbildung 5.4), der schon auf verschiedene Weisen hergestellt wurde. Jedoch sind diese Prozesse in Bezug auf Ausbeute, Enantioselektivität und Katalysatormenge noch optimierbar.[132] Beispielsweise konnte **91** auch mittels Jacobsen-Epoxidierung hergestellt werden, allerdings mit einem Enantiomerenüberschuss von lediglich 86%.[133]

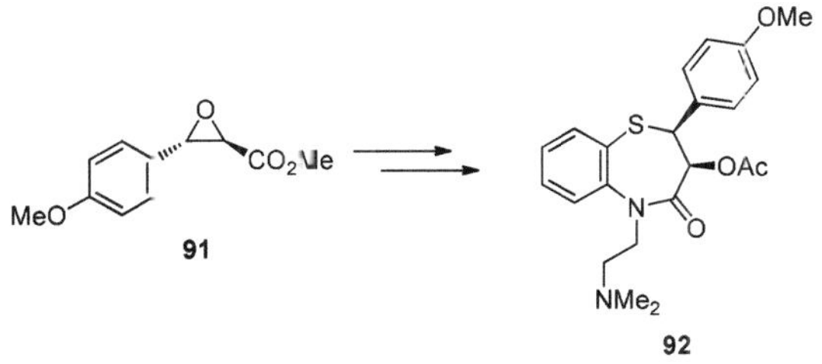

Abbildung 5.4. Glycidester **91** als Synthesebaustein für Diltiazem (**92**)[132]

EPOXIDSYNTHESE AUSGEHEND VON β-HYDROXY-α-AMINOSÄUREN

Eine Methode zur Synthese des gewünschten Glycidesters verläuft über eine metallkatalysierte dynamisch kinetische Racematspaltung (Abbildung 5.5).[132] Unter Verwendung eines chiralen Rutheniumkatalysators wird die Ketogruppe von **93** selektiv zum Alkohol **94** reduziert. Der anschließende Ringschluss erfolgt im Basischen unter Inversion der Konfiguration aber unter Erhalt des Enantiomerenüberschusses. Auf diese Weise konnte das Epoxid **91** mit einer Enantioselektivität von 95% *ee* isoliert werden.

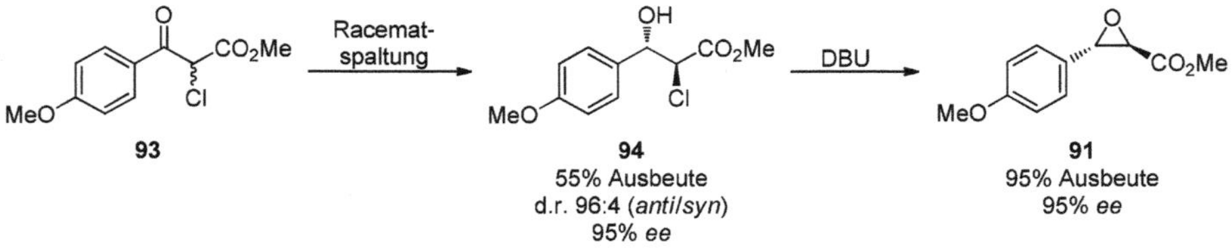

Abbildung 5.5. Synthese des Glycidester **91**[132]

Kuroda *et al.* entwickelten eine Route zu **94** *via* einer Mukaiyama-Aldolreaktion (Abbildung 5.6).[130] Das Zwischenprodukt **97** kann mit einer Ausbeute von 83% und einem Enantiomerenüberschuss von 96% erhalten werden. Der *ee*-Wert konnte durch anschließende Umkristallisation auf >99% gesteigert werden. Nach Reduktion zu Monochlorhydrin und Cyclisierung unter basischen Bedingungen wird das gewünschte Produkt **91** ebenfalls mit >99% *ee* erhalten.

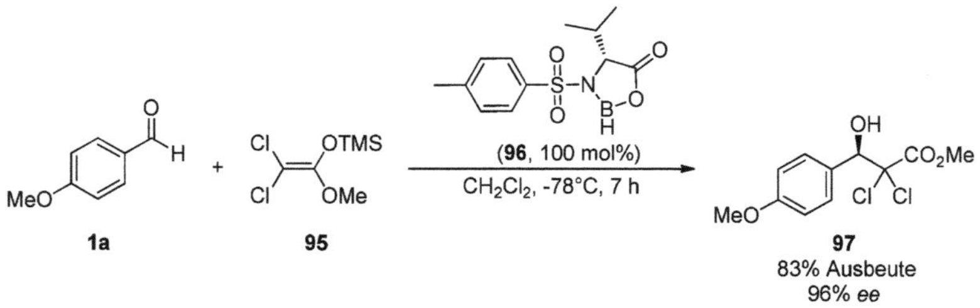

Abbildung 5.6. Synthese des Zwischenprodukts **96** über Mukaiyama-Aldolreaktion[130]

Eine Verbesserung der Herstellung von Glycidestern ist weiter erforderlich. Die beiden vorgestellten Methoden verlaufen über mehrere aufwändige Stufen, bei denen entweder die Enantioselektivität verbesserungswürdig ist oder der Katalysator in stöchiometrischen Mengen eingesetzt werden muss.

5.3 Ziel der Arbeit

In diesem Teil sollte ausgehend von enantiomerenreinem o-Chlorphenylserin (2S)-**12i** aus der optimierten enzymatischen Umsetzung (Abschnitt 4.4.8.4) das entsprechende Epoxid **21i** hergestellt werden. Im ersten Schritt sollte die Aminogruppe durch Chlor substituiert werden und anschließend das so erhaltene Halohydrin **20i** mittels Ringschluss zum Epoxid **21i** umgesetzt werden (Abbildung 5.7).

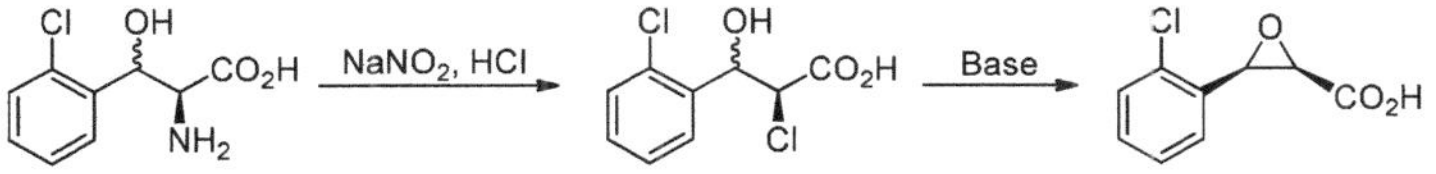

Abbildung 5.7. Synthese von Epoxiden **21i** ausgehend von β-Hydroxy-α-aminosäuren (2S)-**12i**

Da die entsprechenden Reaktionen unter Erhalt bzw. Inversion der Konfiguration ablaufen,[125,134,135] sollte auf diesem Weg das gewünschte Epoxid enantiomerenrein erhalten werden.

5.4 Eigene Ergebnisse und Diskussion

5.4.1 Halohydrinsynthese

Die Halohydrinsynthese wurde zuerst anhand der racemischen syn-Verbindung **12e** untersucht. Anschließend wurden die chlorsubstituierten Verbindungen rac-syn-**12i** und (2S)-**12i** eingesetzt (vgl. Abschnitt 8.2.3 1).

5.4.1.1 Synthese von rac-syn-3-Hydroxy-3-phenylpropansäure rac-syn-**20e**

Die Synthese des Halohydrins rac-syn-**20e** erfolgte analog der von Whitesides et al. beschriebenen Methode.[125] Die β-Hydroxy-α-aminosäure rac-syn-**12e** wurde mit $NaNO_2$ in

EPOXIDSYNTHESE AUSGEHEND VON β-HYDROXY-α-AMINOSÄUREN

HCl zu *rac-syn*-**20e** umgesetzt. Das gewünschte Produkt konnte nach Umkristallisation in CH$_2$Cl$_2$/Hexan mit einer Ausbeute von 29% isoliert werden (Abbildung 5.8).

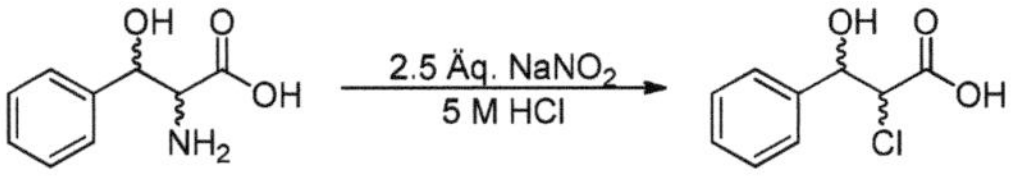

rac-syn-**12e** (0.5 M) → 2.5 Äq. NaNO$_2$, 5 M HCl → *rac-syn*-**20e** 29% Ausbeute

Abbildung 5.8. Synthese von *rac-syn*-**20h**

5.4.1.2 Synthese der chlorsubstituierten Halohydrinverbindung (2S)-20i

Analog wurden anschließend auch die chlorsubstituierte β-Hydroxy-α-aminosäure (2S)-**12i** (d.r. 76:24 *syn/anti*) mit NaNO$_2$ umgesetzt. Es konnte das gewünschte Halohydrin (2S)-**20i** mit einer Ausbeute von 20% isoliert und charakterisiert werden (Abbildung 5.9). Bei der Isolierung wurde eine Anreicherung des Überschussisomers beobachtet.

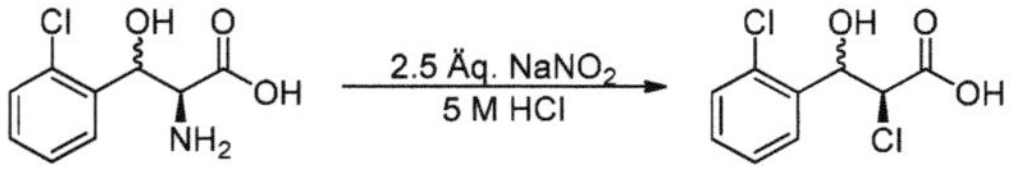

(2S)-**12i** d.r. 76:24 (*syn/anti*) (0.3 M) → 2.5 Äq. NaNO$_2$, 5 M HCl → (2S)-**20i** 20% Ausbeute d.r. 90:10 (*syn/anti*)

Abbildung 5.9. Synthese von (2S)-**20j**

5.4.2 Synthese des Epoxids 21i durch Ringschluss

Die Synthese des Epoxids **21i** erfolgte direkt aus den chlorsubstituierten β-Hydroxy-α-aminosäuren *rac-syn*-**12i** und (2S)-**12i** über zwei Stufen ohne Isolierung der Zwischenstufe **20i**. Aufgrund der geringen Ausbeuten bei der Isolierung von *rac-syn*-**20e** und (2S)-**20i** wurde das Rohprodukt direkt umgesetzt. Da eine Analyse der Konfiguration bei der offenkettigen Verbindung **20** nicht möglich war, wurde diese anhand des Epoxids *rac-syn*-**21i** durchgeführt (vgl. Abschnitt 8.2.3.2).

5.4.2.1 Synthese des racemischen Epoxids rac-syn-21i

Die Synthese des Halohydrins rac-syn-20i wurde analog Abschnitt 5.4.1 durchgeführt. Der Umsatz (74%) wurde mittels ^{1}H-NMR-Spektroskopie aus dem Rohprodukt bestimmt. Anschließend erfolgte der Ringschluss mit Hilfe von tert-Butanolat als Base und das gewünschte Epoxid rac-syn-21i konnte mit einer Ausbeute von 34% isoliert werden (Abbildung 5.10). Dazu wurde die Säure rac-syn-21i in MTBE gelöst und durch Zugabe von ethanolischer NaOH ausgefällt. Nach anschließender Neutralisation und Extraktion konnte (2R,3R)-21i bzw. (2S,3S)-21i erhalten und vollständig charakterisiert werden.

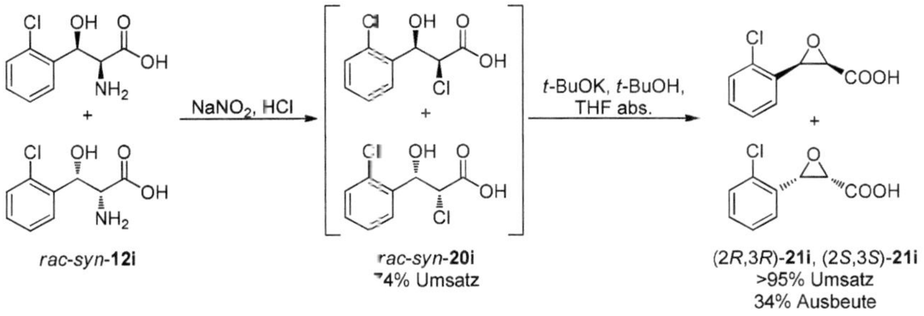

Abbildung 5.10. Synthese des racemischen Epoxids 21i

In der Literatur wurde bereits beschrieben, dass bei der Substitution einer Aminogruppe durch ein Chloridion die bestehende Konfiguration erhalten bleibt.[125] Beim Ringschluss dieser Halohydrinverbindungen 20 kommt es durch eine intramolekulare S_N2 Reaktion zur Inversion des Stereozentrums in α-Position.[134,135] Die Überprüfung dieser Daten erfolgte mittels Kernresonanzspektroskopie. Durch sogenannte ^{1}H-NOESY-Aufnahmen kann durch Nutzung des Kern-Overhauser-Effekts eine Aussage über die räumliche Nähe von Kernen getroffen werden.[136] Eine solche Bestimmung kann allerdings nur bei den starren Ringsystemen 21 sinnvoll durchgeführt werden. Bei den offenkettigen Verbindungen ist die Rotation um die Einfachbindungen zu schnell.

In Abbildung 5.11 **A** ist das ^{1}H-NMR-Spektrum des Epoxids mit Zuordnung der einzelnen Signale gezeigt. Abbildung 5.11 **B** und **C** zeigen die entsprechenden NOESY-Aufnahmen. Hierbei wird ein Proton in seiner Frequenz angestrahlt und erscheint im Spektrum als negatives Signal. Die Intensität der Signale der restlichen Protonen zeigt im Vergleich zum

EPOXIDSYNTHESE AUSGEHEND VON β-HYDROXY-α-AMINOSÄUREN

Spektrum **A** die räumliche Nähe der Kerne an. Je weiter die Kerne voneinander entfernt sind, desto schwächer wird die Intensität der Signale. Die Schwächung der Peakintensität ist deutlich im aromatischen Bereich sichtbar. Es kann hier auch die Aussage getroffen werden, welches der beiden H-Atome sich an C2- bzw. C3-Position befindet.

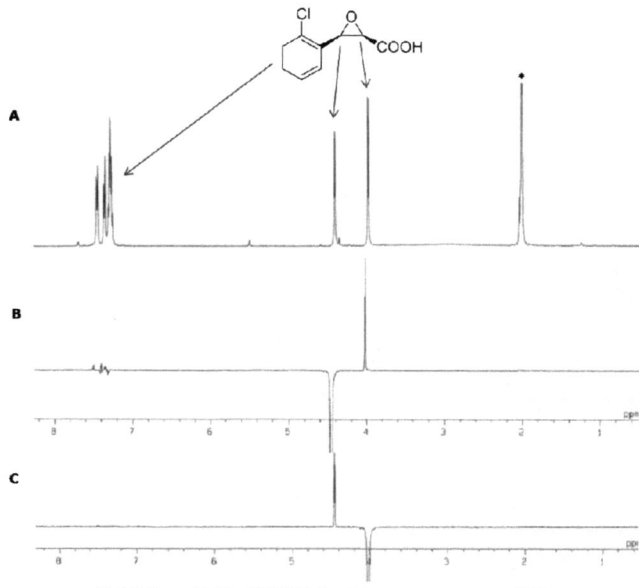

Abbildung 5.11. NOESY-Spektren von *rac-syn*-**21i**

Da die Signale des entsprechenden anderen Protons am Oxiran keine Intensitätsverringerung aufweisen, müssen sich die beiden Protonen in *syn*-Position befinden, da bei einer *anti*-Stellung die Peakhöhen deutlich niedriger wären. Diese Konfiguration stimmt auch mit der in der Literatur beschriebenen Retention bzw. Inversion der Konfiguration währen der beiden Reaktionsschritte überein.[125,134,135] Mit Hilfe der ¹H-NOESY-Spektroskopie konnte bewiesen werden, dass das erhaltenen Epoxid **21i** die Konfiguration (2*R*,3*R*) bzw. (2*S*,3*S*) aufweist.

EPOXIDSYNTHESE AUSGEHEND VON β-HYDROXY-α-AMINOSÄUREN

5.4.2.2 Reaktion des enantiomerenreinen Halohydrins (2S)-20i zum Epoxid 21i

Als nächstes wurde das Epoxid ausgehend von der enantiomerenreinen β-Hydroxy-α-aminosäure (2S)-12i aus der enzymatischen Synthese hergestellt. Dabei wurde (2S)-12i mit einem Diastereomerenverhältnis von d.r. 78:22 (syn/anti) eingesetzt. Das Halohydrin (2S)-20i wurde mit einem Umsatz von über 70% und einem Diastereomerenverhältnis von d.r. 80:20 (syn/anti) erhalten. Bei der anschließenden Umsetzung mit tert-Butanolat wurde ein vollständiger Umsatz erzielt. Zur Aufreinigung wurde das Rohprodukt in MTBE gelöst und durch Zugabe von ethanolischer NaOH ausgefällt. Nach anschließender Neutralisation konnten 30% Produkt mit einem Diastereomerenverhältnis von d.r. 82:18 (syn/anti) erhalten werden. Durch weitere Zugabe von ethanolischer NaOH und MTBE zum Filtrat kam es zu einer zweiten Fällung, hier betrug die Ausbeute 22% (2R)-21i und das Diastereomerenverhältnis d.r. 95:5 (syn/anti) (Abbildung 5.12). Beim Ringschluss wurde keine bevorzugte Bildung des syn- oder anti-Isomers aus sterischen Gründen beobachtet.

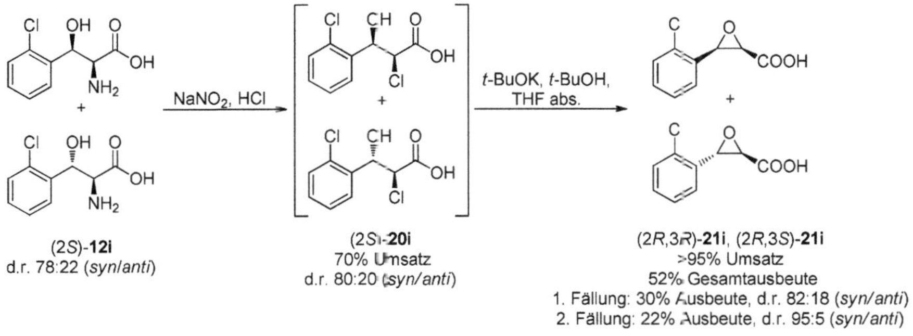

Abbildung 5.12. Synthese von (2R)-21i

Anschließend wurde der Enantiomerenüberschuss des Epoxids (2R)-21i mittels chiraler HPLC bestimmt, um eine Racemisierung während der Reaktion auszuschließen. In Abbildung 5.13 **A** ist das Chromatogramm der racemischen Verbindung (2R,3R)-21i bzw. (2S,3S)-21i gezeigt. Die Peaks der beiden Enantiomere konnten deutlich getrennt werden. Das Spektrum der enantiomerenreinen Verbindung (Abbildung 5.13 **B**) zeigt ebenfalls zwei Signale, wobei ein Peak eine deutlich abweichende Retentionszeit aufweist. Daraus ließ sich schließen, dass es sich um die enantiomerenreinen Verbindungen (2R,3R)-21i bzw. (2R,3S)-21i handelt. Um das Ergebnis zu verifizieren, wurde eine Mischung aus der racemischen syn-Verbindung

(2R,3R)-**21i**, (2S,3S)-**21i** und der enantiomerenreinen Verbindung (2R)-**21i** vermessen. In Abbildung 5.13 **C** sind deutlich drei Signale zu sehen. Somit kann für (2R,3R)-**21i** ein ee-Wert von >99% angegeben werden.

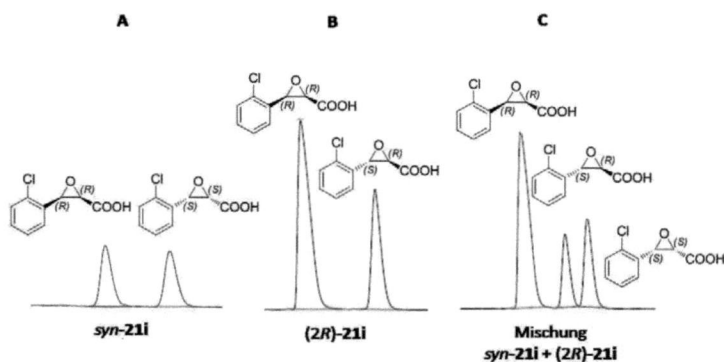

Abbildung 5.13. HPLC-Analytik zur ee-Wertbestimmung von **21i**

5.4.3 Zusammenfassung

In diesem Anschnitt wurde die Synthese von Epoxiden **21** ausgehend von enantiomerenreinen β-Hydroxy-α-aminosäuren **12** untersucht. Dabei wurde auf eine Route in Anlehnung an die Darzens-Reaktion[1] zurückgegriffen. rac-syn-**12e**, rac-syn-**12i** und (2S)-**12i** wurden dabei zum entsprechenden Halohydrin **20** umgesetzt und teilweise isoliert. Die Halohydrine **20i** wurden anschließend direkt im Basischen zum Epoxid **21i** umgesetzt. Zur Untersuchung der Stereoselektivität der Reaktionen wurde das Produkt (2R,3R)-**21i** bzw. (2S,3S)-**21i** mittels ^{1}H-NOESY-Spektroskopie analysiert und es konnte eine syn-Konfiguration der beiden Protonen am Oxiran festgestellt werden. Mittels chiraler HPLC wurde außerdem eine Racemisierung während der beiden Reaktionsschritte ausgeschlossen.

In Abbildung 5.14 ist exemplarisch die Synthese von (2R)-**21i** aus der enantiomerenreinen β-Hydroxy-α-aminosäure (2S)-**12i** gezeigt. Über zwei Stufen konnte das gewünschte Epoxid in einer Ausbeute von 52% isoliert werden. Es konnte sogar eine Anreicherung des Überschussisomers (2R,3R)-**21i** auf d.r. 95:5 (syn/anti) beobachtet werden.

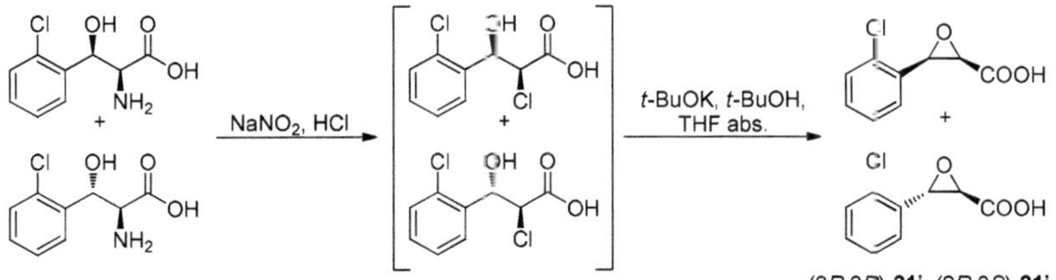

(2*S*)-**12i**
d.r. 78:22 (*syn*/*anti*)

(2*S*)-**20i**
70% Umsatz
d.r. 80:20 (*syn*/*anti*)

(2*R*,3*R*)-**21i**, (2*R*,3*S*)-**21i**
>95% Umsatz
52% Gesamtausbeute
>99% *ee* (*syn*)
1. Fällung: 30% Ausbeute, d.r. 82:18 (*syn*/*anti*)
2. Fällung: 22% Ausbeute, d.r. 95:5 (*syn*/*anti*)

Abbildung 5.14. Synthese von (2*R*)-**21i**

Die gezeigte Syntheseroute bietet einen einfachen Zugang zu enantiomerenreinen Epoxiden (2*R*)-**21i**. Ausgehend von der im 100 mL-Maßstab enzymatisch leicht herzustellenden β-Hydroxy-α-aminosäure (2*S*)-**12i** (Abschnitt 4.4.8.4) konnte das Epoxid (2*R*)-**21i** über zwei Stufen in einer Gesamtausbeute von 52% isoliert werden. Außerdem wurde eine Anreicherung des Überschussisomers (2*R*,3*R*)-**21i** erzielt.

6. Zusammenfassung

Ziel dieser Arbeit war die Entwicklung und Verbesserung von Syntheserouten zur Herstellung pharmazeutisch relevanter Bausteine im Hinblick auf einen umweltfreundlichen, effizienten und industriell anwendbaren Prozess. Die Konzepte sollten jeweils C-C-Bindungsknüpfungen mittels Aldolreaktionen beinhalten und unter Verwendung verschiedener Biokatalysatoren durchgeführt werden, wie beispielsweise Aldolasen und Alkoholdehydrogenasen.

Synthese von 1,3-Diolen 17[80]

Zur Synthese von 1,3-Diolen **17** wurden zuerst β-Hydroxyketone **5** mittels organo-katalytischer Aldolreaktion enantioselektiv hergestellt und anschließend mit Hilfe von zwei unterschiedlich selektiven Alkoholdehydrogenasen (ADHs) reduziert.

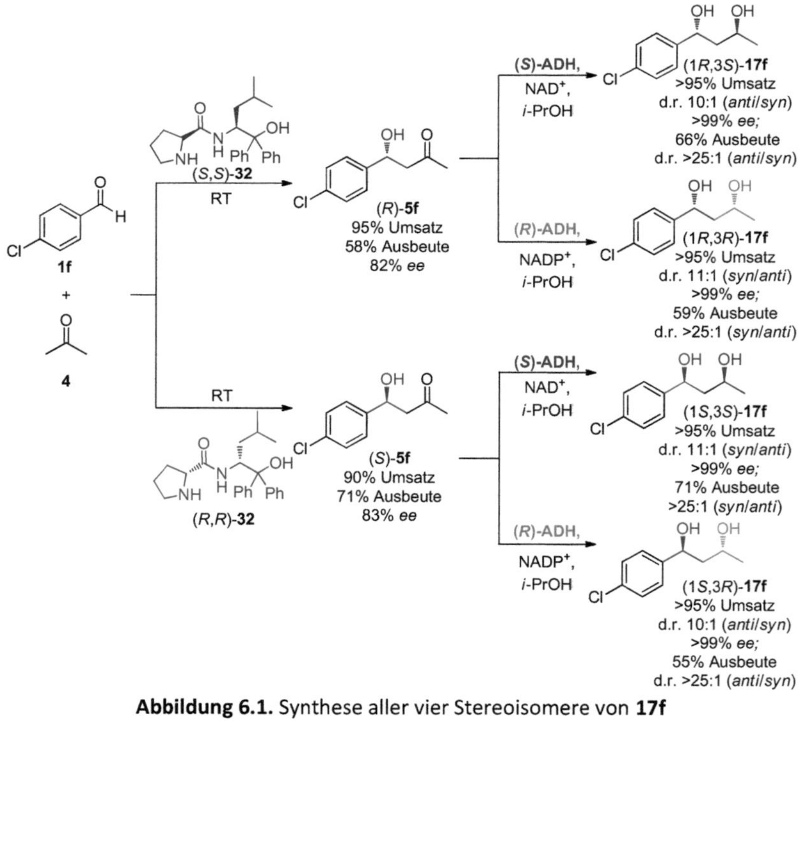

Abbildung 6.1. Synthese aller vier Stereoisomere von **17f**

ZUSAMMENFASSUNG

Durch dieses Konzept können die entsprechenden Stereozentren selektiv aufgebaut werden und alle vier möglichen Stereoisomere mit der gleichen Methode synthetisiert werden. Die Ergebnisse der sequentiellen Synthese der 1,3-Diole **17f**, bei der die organokatalytische Aldolreaktion mit einem Überschuss von Aceton (**4**) durchgeführt wurde, sind in Abbildung 6.1 dargestellt. Über zwei Schritte konnten die jeweiligen 1,3-Diole **17f** in einer Gesamtausbeute von 34-50% enantiomerenrein isoliert werden.

Des Weiteren wurde die Organokatalyse in wässrigem Medium mit Substrat **1f** durchgeführt. Es wurden deutlich höhere Enantiomerenüberschüsse von 92% *ee* (82% *ee* in organischem Medium) in diesem Lösungsmittel bei einem Umsatz von 90% erhalten. Die organokatalytische Aldolreaktion in wässrigem Medium wurde außerdem in einer Eintopfreaktion mit der enzymatischen Reduktion kombiniert. Auf diesem Weg wurde unter anderem (1*R*,3*S*)-**17f** in einem sehr guten Diastereomerenverhältnis (d.r. >25:1 *anti/syn*) erhalten und konnte in einer Ausbeute von 73% isoliert werden (Abbildung 6.2).

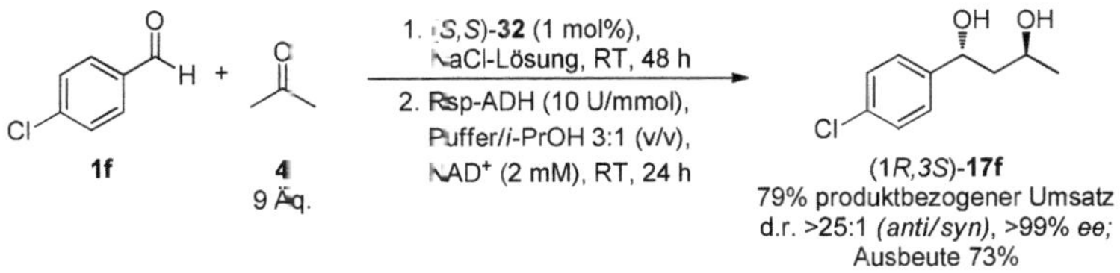

Abbildung 6.2. Eintopfsynthese von (1*R*,3*S*)-**17f**

Diese Syntheseroute, bei der die beiden Stereozentren sequentiell aufgebaut werden, ist ein effizientes Verfahren zur enantiomerenreinen Synthese von 1,3-Diolen **17**. Prinzipiell können alle vier möglichen Enantiomere über die gezeigte Eintopfreaktion hochselektiv und in hoher Ausbeute hergestellt werden.

Synthese von β-Hydroxy-α-aminosäuren 12[115]

Die enantionselektive Synthese von β-Hydroxy-α-aminosäuren wurde mit Hilfe einer zur Verfügung stehenden L-Threoninaldolase (L-TA) aus *E. coli* durchgeführt und genau analysiert, sowie anschließend optimiert. Nach Etablierung zweier Methoden zur Umsatzbestimmung wurde der Einfluss der verschiedenen Reaktionsparameter untersucht. Die Abhängigkeit des Umsatzes und des Diastereomerenverhältnisses von der Reaktionszeit, sowie der Enzymmenge wurde ebenfalls analysiert. Durch Variation des Konzentrationsverhältnisses der Edukte zueinander wurde die Notwendigkeit des hohen Überschusses an Glycin (**11**) gezeigt. Die Substratkonzentration des Aldehyds konnte ohne größere Umsatzeinbußen von 0.1 M auf 0.25 M erhöht werden. Die optimierte Standardreaktion ist in Abbildung 6.3 dargestellt.

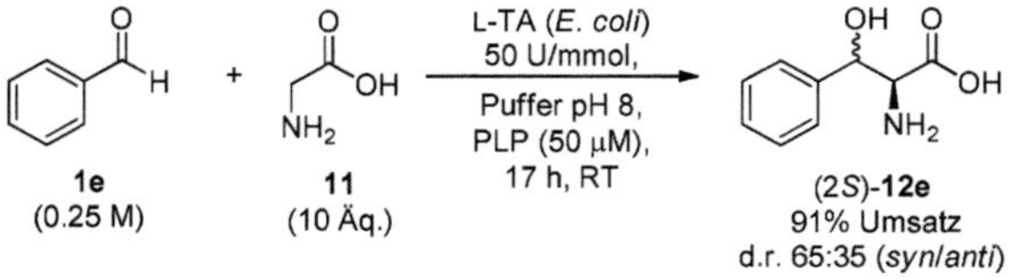

Abbildung 6.3. Optimierte Standardreaktion

Zur Erweiterung der Substratbreite wurden verschieden substituierte Benzaldehyde eingesetzt und der Einfluss des Substitutionsmusters auf Umsatz und Diastereomerenverhältnis untersucht. Dabei wurde festgestellt, dass o-substituierte Benzaldehyde vor allem in Hinblick auf die Diastereoselektivität (d.r. >70:30 *syn/anti*) die besten Ergebnisse lieferten. Als vielversprechendstes Substrat erwies sich *o*-Chlorbenzaldehyd (**1i**). Die entsprechende β-Hydroxy-α-aminosäure (2*S*)-**12i** wurde mit einem Diastereomerenverhältnis von d.r. 80:20 (*syn/anti*) bei einem Umsatz von 90% erhalten. Mit diesem Substrat wurde eine Optimierung der Reaktion durchgeführt, wodurch ein vollständiger Umsatz, bei geringerer Enzymmenge erzielt werden konnte (Abbildung 6.4).

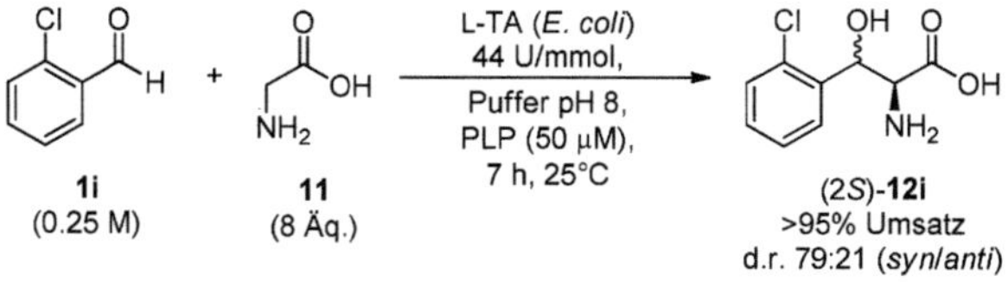

Abbildung 6.4. Optimierte enzymatische Reaktion mit **1i** als Substrat

Unter diesen Bedingungen wurde anschließend die Reaktion in größerem Labormaßstab (bis zu 100 mL) durchgeführt und (2*S*)-**12i** isoliert. Verschiedene Versuche zur Trennung der Diastereomere schlugen fehl. Zur enantio- und diastereomerenreinen Synthese von **12i** wurde deshalb eine Racematspaltung durchgeführt. Allerdings konnte nur eine geringe Ausbeute (10%) bei niedriger Substratkonzentration (0.05 M) erhalten werden. Somit stellt dieses Verfahren keine Alternative zur synthetischen Route dar. Bei dieser konnte durch Fällung das reine Produkt als Diastereomerengemisch (d.r. 78:22 syn/anti) in einer Ausbeute von 62% (3.3 g) erhalten werden (Abbildung 6.5). Somit konnte ein Prozess mit hoher volumetrischer Produktivität etabliert werden.

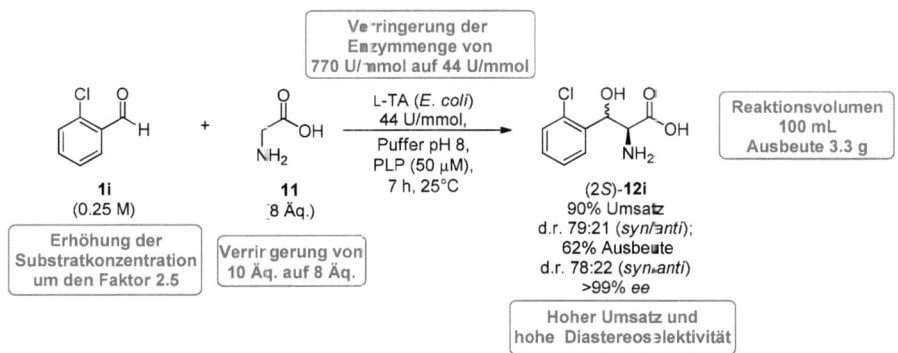

Abbildung 6.5. Optimierte Reaktion in 100 mL-Maßstab

Synthese von Epoxiden 21

Ausgehend von der enantiomerenreinen β-Hydroxy-α-aminosäure (2S)-**12i** aus der enzymatischen Synthese wurde das Epoxid (2R)-**21i** in nur zwei Schritten synthetisiert. Zunächst wurde das Halohydrin **20i** durch Substitution der Aminogruppe durch Chlor mit einem Umsatz von 70% hergestellt. Der Ringschluss erfolgte ohne Isolierung von **20i** mit tert-Butanolat als Base. Bei der Synthese von (2R)-**21i** konnte eine Gesamtausbeute von 52% erzielt werden. Außerdem wurde eine Anreicherung des Diastereomerenverhältnisses von d.r. 78:22 auf d.r. 95:5 (syn/anti) beobachtet (Abbildung 6.6).

Eine Analyse der Konfiguration mittels ^{1}H-NOESY-Spektroskopie zeigte, dass sich aus rac-syn-**12i** das syn-Epoxid (2R,3R)-**21i** bzw. (2S,3S)-**21i** bildet. Eine Racemisierung der enantiomerenreinen Ausgangsverbindung (2S)-**12i** während der zwei Reaktionsschritte wurde mittels chiraler HPLC ausgeschlossen. Es konnte somit eine einfache Synthese von enantiomerenreinen Epoxiden (2R)-**21i** gezeigt werden. Ausgehend von der im 100 mL-Maßstab enzymatisch einfach herzustellenden β-Hydroxy-α-aminosäure (2S)-**12i** konnte über zwei Stufen das gewünschte Epoxid (2*R*)-**21i** mit einer Gesamtausbeute von 52% erhalten werden.

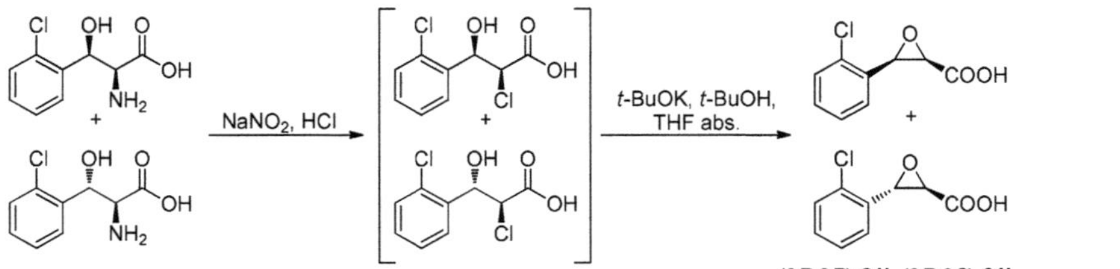

(2*S*)-**12i**
d.r. 78:22 (*syn*/*anti*)

(2*S*)-**20i**
70% Umsatz
d.r. 80:20 (*syn*/*anti*)

(2*R*,3*R*)-**21i**, (2*R*,3*S*)-**21i**
>95% Umsatz
52% Gesamtausbeute
>99% *ee* (*syn*)
1. Fällung: 30% Ausbeute, d.r. 82:18 (*syn*/*anti*)
2. Fällung: 22% Ausbeute, d.r. 95:5 (*syn*/*anti*)

Abbildung 6.6. Synthese von (2*R*)-**21i**

Insgesamt konnten verschiedene effiziente Synthesemethoden zur Herstellung pharmazeutisch relevanter Verbindungen **12**, **17** und **21** etabliert werden. 1,3-Diole **17f** konnten in einer wässrigen Eintopfsynthese hochselektiv in sehr guter Ausbeute hergestellt werden. Bei der Synthese von β-Hydroxy-α-aminosäuren **12** gelang die Entwicklung eines Prozesses mit hoher volumetrischer Produktivität. Es konnte ebenfalls eine Folgechemie der enantiomerenreinen Verbindung (2*S*)-**12i** zu Epoxiden (2*R*)-**21i** gezeigt werden.

SUMMARY

7. Summary

The aim of this thesis was the development and improvement of synthetic routes for the production of pharmaceutical compounds with regard to an environmentally compatible, efficient and industrial applicable process. The concept included C-C bond formations based on aldol reactions and different types of biocatalysts, like aldolases and alcohol dehydrogenases.

Synthesis of 1,3-diols 17[137]

For the synthesis of 1,3-diols **17** as a first step β-hydroxyketones **5** were produced enantioselectively via an organocatalytic aldol reaction, followed by reduction of the carbonyl group applying two different selective alcohol dehydrogenases (ADH) (Scheme 7.1).

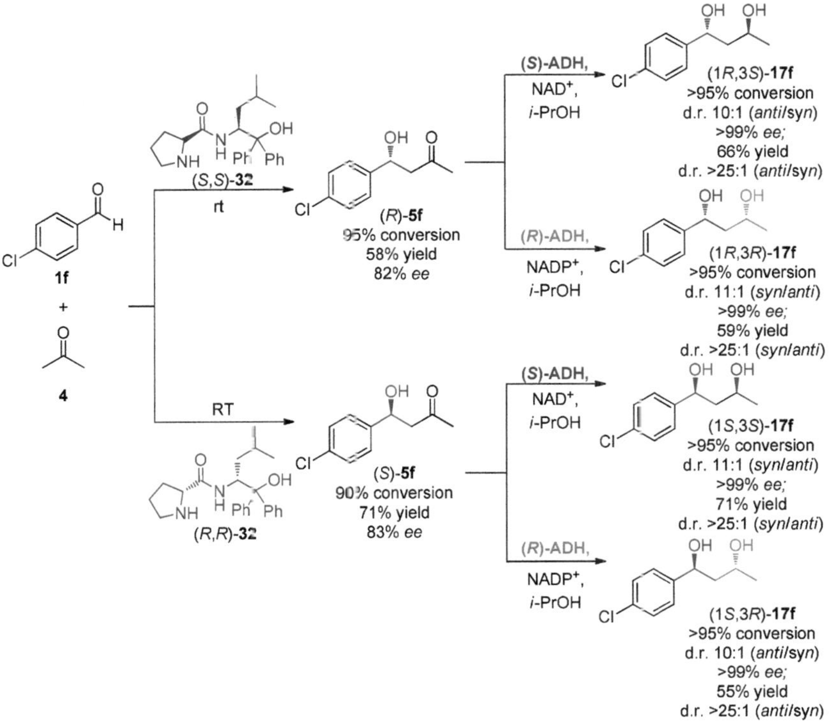

Scheme 7.1. Synthesis of all possible stereoisomers of **17f**

SUMMARY

By means of this concept, the stereogenic centers were formed selectively and furthermore the synthesis of all four possible isomers was feasible using the same synthetic route. Scheme 6.1 depicts the results of the sequential forming of 1,3-diols **17f**. At this the organocatalytic aldol reaction was carried out in an excess of acetone (**4**). After two reaction steps, the 1,3-diols **17f** were isolated in an enantiomerically pure form with an overall yield of 34-50%.

Moreover, the organocatalytic aldol reaction was carried out in water instead of acetone applying substrate **1f**. Thereby, a considerable higher enantiomeric excess of 92% (82% *ee* in organic solvent) in combination with a conversion of 90% was yielded. Due to these improvements the organocatalytic aldol reaction in aqueous medium was combined with the enzymatic reduction in an one-pot process. Thus, (1*R*,3*S*)-**17f** amongst others was achieved with a very high diastereomeric ratio (d.r. >1:25 *syn/anti*) and a yield of 73% (Scheme 7.2).

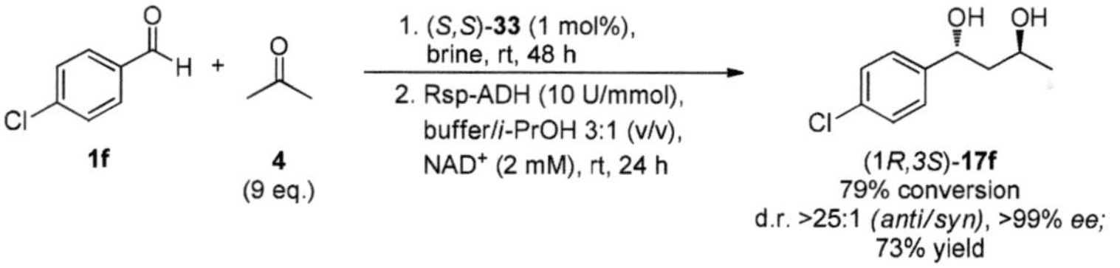

Scheme 7.2. One-pot synthesis of (1*R*,3*S*)-**17f**

This synthetic route, containing a sequential forming of the two stereogenic centers, demonstrates an efficient process for the synthesis of enantiomerically pure 1,3-diols. It is feasible to produce all four possible isomers with an aforementioned excellent enantioselectivity and a high yield, using the shown one-pot process.

Synthesis of β-hydroxy-α-amino acids 12[138]

The enantioselective synthesis of β-hydroxy-α-amino acids was carried out by means of an available L-threonin aldolase (L-TA) from *E. coli*. An explicit analysis of the process and optimization was carried out. Afterwards the conversion and diastereomeric ratio according to reaction time and amount of used biocatalyst were investigated. The necessity of the high excess of glycin (**11**, 10 eq.) was proofed by variation of the ratio of substrate concentration

SUMMARY

(**11**:**1e**). The concentration of aldehyde **1** could be easily raised from 0.1 M to 0.25 M without appreciable loss of conversion. The optimized standard reaction is depicted in Scheme 7.3.

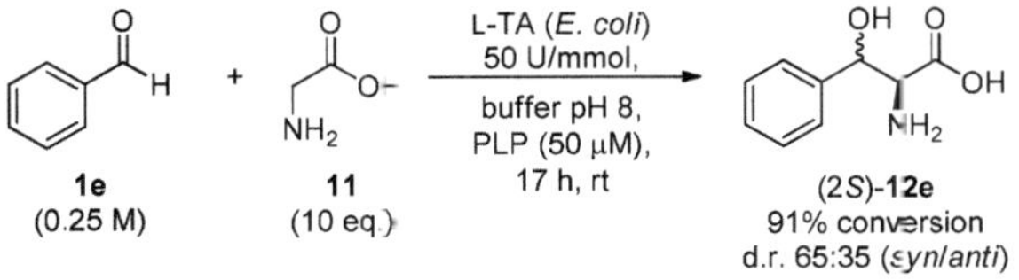

Scheme 7.3. Optimized standard reaction

The substrate range was expanded by using different substituted benzaldehydes **1**. Furthermore, the possible influence of the substitution pattern was analyzed. Best results related to diastereoselectivity were found by using o-substituted benzaldehydes (d.r. >70:30 syn/anti). In particular, o-chlorobenzaldehyde (**1i**) revealed to be the most promising substrate, achieving the β-hydroxy-α-amino acid (2S)-**12i** in a diastereomeric ratio of d.r. 80:20 (syn/anti) and a conversion of 90%. Employing this substrate a further optimization of the reaction process was carried out, whereby the attaching of lower amount of biocatalyst (44 U/mmol) and a lower excess of glycine (8 eq.) was found to lead to a complete conversion (Scheme 7.4).

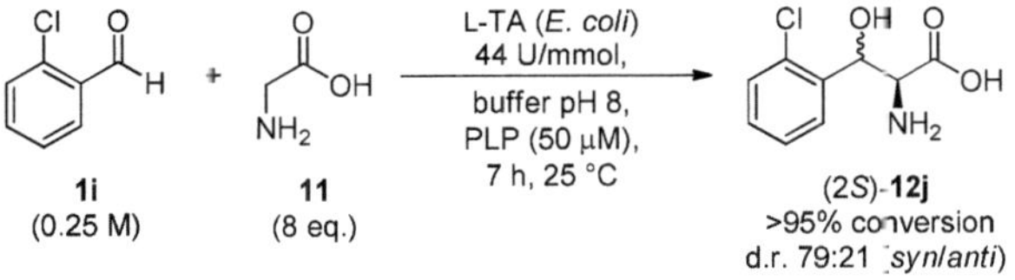

Scheme 7.4. Optimized enzymatic reaction using **1i** as a substrate

Increasing the scale to 100 mL by usage of the same reaction conditions product (2S)-**12i** could be isolated. Different experiments were conducted for separating the diasteromers, leading to no realization. Therefore a resolution was used to synthesize **12i** diastereo- and enantiopure. However, the desired product was isolated in a low yield of 10% applying a meanly substrate concentration (0.05 M). Due to this fact, this procedure offers no practical

SUMMARY

alternative compared to the synthetic route. At this, the pure product in a diastereomeric ratio of d.r. 78:22 (syn/anti) was achieved in an isolated yield of 62% (3.3 g) by precipitation (Scheme 7.5). Therefore, a process including a high volumetric productivity was established.

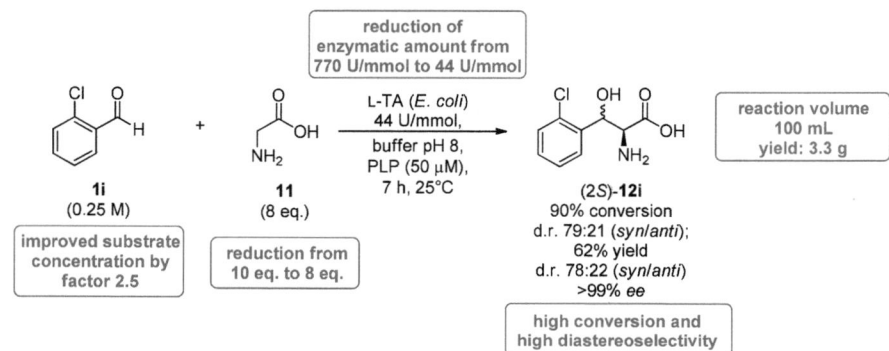

Scheme 7.5. Optimized reaction with a reaction volume of 100 mL

Synthesis of epoxides 21

Based on the aforementioned enzymatically formed enantiomerically β-hydroxy-α-amino acid (2S)-**12i** epoxides **21i** were synthesized in two steps. The first step included the formation of a halohydrin compound by substitution of the amino group, receiving **20i** in a conversion of 70%. The ring closing took place without isolation of **20i** using tert-butanolate as a base. The desired product (2R)-**21i** was achieved in an overall yield of 52%. In addition an enrichment of the diastereomeric ratio from d.r. 78:22 to 95:5 (syn/anti) was found (Scheme 7.6). Furthermore, the configuration of the epoxide **21i** was analyzed by ^{1}H-NOESY-spectroscopy. It was established that rac-syn-**12i** was converted to the syn-epoxide (2R,3R)-**21i** and (2S,3S)-**21i**, respectively. A racemisation of the starting compound (2S)-**12i** during two reaction steps could be excluded by chiral HPLC. Therefore, a simple synthesis of enantiopure epoxides **21** was shown. Based on the enzymatic production of the β-hydroxy-α-amino acid (2S)-**12i** in a 100 mL-scale, the desired epoxide (2R)-**21i** was received in an overall yield of 52% using two reaction steps.

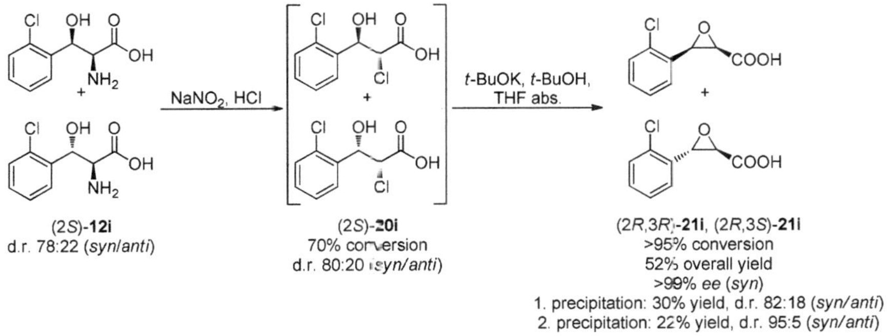
NaNO$_2$, HCl
t-BuOK, *t*-BuOH, THF abs.
(2*S*)-**12i**
d.r. 78:22 (*syn*/*anti*)
(2*S*)-**20i**
70% conversion
d.r. 80:20 (*syn*/*anti*)
(2*R*,3*R*)-**21i**, (2*R*,3*S*)-**21i**
>95% conversion
52% overall yield
>99% *ee* (*syn*)
1. precipitation: 30% yield, d.r. 82:18 (*syn*/*anti*)
2. precipitation: 22% yield, d.r. 95:5 (*syn*/*anti*)

Scheme 7.6. Synthesis of (2*R*)-**21i**

Taken altogether, different efficient synthetic routes for the preparation of building blocks for pharmaceutical compounds **17**, **12** and **21** were displayed. 1,3-diols **17f** were produced high enantioselectively and in very good yields in an aqueous one-pot process. The development of a process for the formation of β-hydroxy-α-amino acids **12i** with high volumetric productivity was realized. Furthermore, the reaction of the enantiomerically compound **12i** to epoxides (2*R*)-**21i** was demonstrated.

8. Experimenteller Teil

8.1 Verwendete Chemikalien und Geräte

Chemikalien:

Die für diese Doktorarbeit verwendeten käuflichen Chemikalien wurden von Acros Organics®, Sigma-Aldrich®, ABCR®, Fisher Scientific® oder Fluka® bezogen und ohne weitere Reinigung eingesetzt. Das Lösungsmittel MTBE wurde als Hochschulspende von der Evonik Degussa GmbH zur Verfügung gestellt. Alle verwendeten Lösungsmittel, außer MTBE, wurden vor Gebrauch am Rotationsverdampfer destilliert.

Enzyme:

Die verwendeten Enzyme wurden im Rahmen folgender Zusammenarbeiten erhalten: Alkoholdehydrogenasen aus *Lactobacillus kefir* (LK-ADH) [W. Hummel, M.-R. Kula (FZ Jülich GmbH), *EP 456107*; **1991**. A. Weckbecker, W. Hummel, *Biocat. Biotrans.* **2006**, *24*, 380-389.] und *Rhodococcus* sp. (Rsp-ADH) wurden im Arbeitskreis von Herrn Prof. Dr. W. Hummel (Universität Düsseldorf, Institut für molekulare Enzymtechnologie, Forschungszentrum Jülich) entwickelt und für diese Arbeit zur Verfügung gestellt. Diese ADHs sind ebenfalls käuflich erwerbbar bei evocatal GmbH.

Die Cofaktoren NAD(P)H und NAD(P)$^+$ wurden von Oriental Yeast Co. Ltd. bezogen.

Die L-Threoninaldolase aus *E. coli* wurde zu Beginn der Arbeit von Prof. Dr. W. Hummel, (Universität Düsseldorf, Institut für molekulare Enzymtechnologie, Forschungszentrum Jülich) und später in größeren Mengen von evocatal GmbH zur Verfügung gestellt. Es wurde die vom Hersteller angegeben Aktiviät zur Berechnung der Enzymmenge herangezogen.

Dünnschichtchromatographie (DC):

Es wurden DC-Platten mit Kieselgel 60 F$_{254}$ auf Aluminiumträgerfolie von Merck® verwendet. Zum Nachweis der Substanzzonen diente die Fluoreszenzlöschung bei 254 nm Wellenlänge.

Säulenchromatographie:

Die säulenchromatographische Reinigung wurde mit SiO$_2$ als stationärer Phase durchgeführt, dafür wurde Merck® Silikagel 60 (0.04-0.063 nm) der Firma ICN Biomedicals GmbH verwendet.

NMR-Spektroskopie:

Die Spektren wurden auf einem JEOL JNM GX 400, JEOL JNM EX 400 oder Bruker Avance 300 oder 400 NMR-Spektrometer aufgenommen. Alle Spektren wurden bei Raumtemperatur gemessen. Die chemischen Verschiebungen der ^{1}H-NMR- und ^{13}C-NMR-Spektren sind in ppm angegeben. Spinmultiplizitäten werden als s (Singulett), d (Dublett), dd (dupliziertes Dublett), t (Triplett), q (Quartett) und m (Multiplett) angegeben. Die erhaltenen Daten wurden mit der Software Delta (4.3.6) bearbeitet.

Massenspektrometrie (FAB-MS, EI-MS, MALDI):

Die Massenspektrometrie wurde am Micromass Zabspec-Spektrometer im FAB-Modus mit *m*-Nitrobenzylalkohol (NBA) als Matrix, am Finnigan MAT 95 XP-Spektrometer im EI-Modus der Firma Thermo Electron Corporation® oder am Biotech Axima Confidence Gerät der Firma Shimadzu im MALDI-Modus mit Sinapnsäure (sin) und 2,5-Dihydroxybenzoesäure (dhb) als Matrix gemessen.

IR-Spektroskopie (IR):

Die Infrarotspektren wurden mit einem ASI React IR®-1000-Spektrometer bzw. mit einem Nicolet IR 100 FT-IR Spektrometer der Firma Thermo Scientific® aufgenommen. Die Absorption wird in Wellenzahl $\tilde{\nu}$ [cm^{-1}] angegeben.

Elementaranalyse (EA):

Die Elementaranalyse wurde am Gerät EA 1119 CHNS, CE Instruments durchgeführt.

Schmelzpunkt:

Die Schmelzpunktbestimmung wurde an einem Schmelzpunktbestimmer Appendix B IA 9100 der Firma Electrothermal durchgeführt.

Drehwertmessung:

Die Drehwertbestimmung wurde an einem Polarimeter, Model 341 der Firma Perkin Elmer mit einer Na-Lampe (λ = 589 nm) durchgeführt.

EXPERIMENTELLER TEIL

UV/Vis-Spektroskopie:

Die UV/Vis-spektroskopischen Messungen wurden an einem SPEKOL® 1300 UV/Vis-Spektrophotometer der Firma analytikjena durchgeführt und mit dem Programm WinASPECT 2.2.6.0 (mit Zuhilfenahme des Moduls „Kinetik Programms") bearbeitet.

HPLC:

Die Spektren wurden mit einem LC-Net II/ADC Gerät und Pumpen (PU-1587 Intelligent Prep. Pump und PU 987 Intelligent Prep. Pump) der Firma JASCO oder mit einem Gerät CBM-10A und Pumpe (LC-10AT Liquid Chromatograph) der Firma Shimadzu aufgenommen. Die Trennungen erfolgten an den Säulen Daicel Chiralpak® AD-H bzw. Daicel Chiralcel® OJ-H.

8.2 Synthesen und spektroskopische Daten

8.2.1 Kombination von organokatalytischer Aldolreaktion und enzymatischer Reduktion

8.2.1.1 Synthese von (S)-1-(4-Chlorphenyl)-1-hydroxybutan-3-on (S)-5f mittels organokatalytischer Aldolreaktion

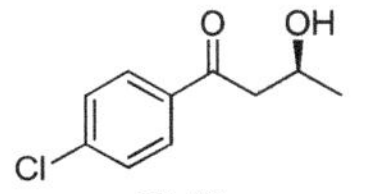

(S)-5f
$C_{10}H_{11}ClO_2$
M = 198.56 g/mol

p-Chlorbenzaldehyd (1f, 2 mmol, 282 mg) und 5 mol% Organokatalysator (R,R)-32 (0.1 mmol, 39 mg) wurden in Aceton (4, 8 mmol, 588 µL) gelöst und 16 h gerührt. Nach Ablauf der Reaktionszeit wurde 1 mL NaCl-Lösung zugegeben und dreimal mit EtOAc (3 x 5 mL) extrahiert. Die vereinigten organischen Phasen wurden über MgSO$_4$ getrocknet und das Lösungsmittel im Vakuum entfernt. Nach säulenchromatrographischer Aufarbeitung (Hexan/EtOAc 5:1 (v/v), R$_F$ = 0.08) wurde das gewünschte Produkt (S)-5f als gelbliches Öl in einer Ausbeute von 71% (Auswaage 282 mg) und einer Enantioselektivität von 83% ee erhalten (AD-H, Eluent: Hexan/i-PrOH 95:5, flow 0.8 mL/min, 220 nm; t$_r$(R) = 16.77 min. t$_r$(S) = 18.39 min). ^{1}H-NMR (400 MHz, CDCl$_3$) δ (ppm) = 2.17 (s, 3H, CH$_3$), 2.79 (m, 2H, CH$_2$), 3.40 (br s, 1H, OH), 5.09 (dd, 1H, ^{3}J = 8.3 Hz, 3.9 Hz, CH), 7.25-7.30 (m, 4H, H-aromat.). Die spektroskopischen Daten stimmen mit den in der Literatur angegebenen Daten überein.[39]

8.2.1.2 Allgemeine Arbeitsvorschrift 1 (AAV 1): Isolierung der vier Isomere aus der enzymatischen Reduktion

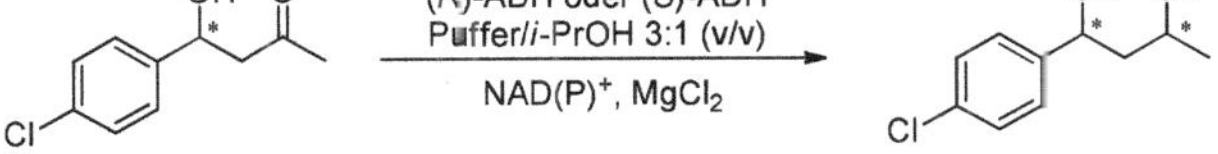

Abbildung 8.1. Enzymatische Reduktion der β-Hydroxyketone 5f

Das isolierte Aldolprodukt 5f (0.5 mmol) wurde in iso-Propanol (2.5 mL) gelöst. Anschließend wurde Phosphatpuffer (pH 7, 50 mM, 0.1 M, 7.5 mL), MgCl$_2$ (1 mM, nur bei Verwendung der

EXPERIMENTELLER TEIL

(R)-ADH aus *Lactobacillus kefir*), NAD(P)$^+$ (0.02 mmol) und die entsprechende Alkoholdehydrogenase aus *Rhodococcus* sp. oder *Lactobacillus kefir* (40-100 U/mmol) zugegeben. Das Reaktionsgemisch wurde 18-67 h bei RT gerührt. Anschließend wurde mit EtOAc extrahiert (3 x 25 mL) und die vereinigten organischen Phasen über MgSO$_4$ getrocknet. Nach Entfernen des Lösungsmittels im Vakuum wurde das Rohprodukt **17f** mittels Säulenchromatographie (Hexan/EtOAc 4:1, v/v) gereinigt und das gewünschte Produkt erhalten.

8.2.1.2.1 Synthese von (1S,3R)-1-(4-Chlorphenyl)-1,3-butandiol (1S,3R)-17f

Die Synthese von (1S,3R)-**17f** wurde analog AAV 1 durchgeführt. Es wurde (S)-**5f** (0.5 mmol, 99 mg) und die (R)-selektive ADH aus *Lactobacillus kefir* (150 µL, 100 U/mmol), sowie der Cofaktor NADP$^+$ (0.02 mmol, 15 mg) eingesetzt. Es wurde ein Umsatz von >95%, ein Diastereomerenverhältnis von d.r. 10:1 (*anti/syn*) und eine Enantioselektivität von >99% *ee* erhalten. Nach säulenchromatographischer Reinigung (Hexan/EtOAc 4:1 (v/v), R$_F$ = 0.09) wurde das gewünschte Produkt (1S,3R)-**17f** als farbloses Öl mit einer Ausbeute von 55% (Auswaage 55 mg) isoliert. AD-H-Säule, Eluent: Hexan/*i*-PrOH 97:3, flow 0.8 mL/min, 220 nm; t$_r$ = 46.51 min; [a]$_D^{25}$ = -68 (c 0.5, CH$_2$Cl$_2$); ^{1}H-NMR (400 MHz, CDCl$_3$) δ (ppm) = 1.23 (d, 3H, ^{3}J = 6.1 Hz, CH$_3$), 1.81-1.86 (m, 2H, CH$_2$), 2.17 (s, 1H, OH), 3.15 (s, 1H, OH), 4.00-4.08 (m, 1H, CHCH$_3$), 5.02 (dd, 1H, ^{3}J = 7.3 Hz, 3.9 Hz, CHCH$_2$), 7.26-7.31 (m, 4H, H-aromat.); ^{13}C-NMR (100 MHz, CDCl$_3$) δ (ppm) = 23.63 (CH$_3$), 46.02 (CH$_2$), 65.49 (CHCH$_3$), 71.17 (CHCH$_2$), 126.97, 128.56, 132.97, 143.01 (C-aromat.); MS (FAB) m/z = 183 (M-H$_2$O)$^+$; IR ṽ (cm^{-1}): 3366, 3300, 2988, 2961, 2926, 2856, 1486, 1444, 1401, 1374, 830, 807; Elementaranalyse (C$_{10}$H$_{13}$ClO$_2$): Berechnet: C: 59.86, H: 6.53; Gefunden: C: 59.03, H: 6.51.

8.2.1.2.2 Synthese von (1R,3R)-1-(4-Chlorphenyl)-1,3-butandiol (1R,3R)-17f

Die Synthese von (1R,3R)-**17f** wurde analog AAV 1 durchgeführt. Es wurde (R)-**5f** (0.5 mmol, 99 mg) und die (R)-selektive ADH aus *Lactobacillus kefir* (150 µL, 100 U/mmol), sowie der Cofaktor NADP$^+$ (0.02 mmol, 15 mg) eingesetzt. Es wurde ein Umsatz von >95%, ein

Diastereomerenverhältnis von d.r. 11:1 (*syn/anti*) und eine Enantioselektivität von >99% *ee* erhalten. Nach säulenchromatographischer Reinigung (Hexan/EtOAc 4:1 (v/v), R_F = 0.11) wurde das gewünschte Produkt (1*R*,3*R*)-**17f** als farbloses Öl mit einer Ausbeute von 59% (Auswaage 59 mg) isoliert. AD-H-Säule, Eluent: Hexan/*i*-PrOH 97:3, flow 0.8 mL/min, 220 nm; t_r = 35.71 min; $[\alpha]_D^{25}$ = +40 (c 0.5, CH_2Cl_2); ^{1}H-NMR (400 MHz, $CDCl_3$) δ (ppm) = 1.20 (d, 3H, ^3J = 6.1 Hz, C$\underline{H}_3$), 1.66-1.81 (m, 2H, C$\underline{H}_2$), 2.95 (s, 1H, O$\underline{H}$), 3.66 (s, 1H, O$\underline{H}$), 4.07-4.15 (m, 1H, C$\underline{H}$CH$_3$), 4.88 (dd, 1H, ^3J = 10.0 Hz, 3.2 Hz, C$\underline{H}$CH$_2$), 7.25-7.30 (m, 4H, H-aromat.); ^{13}C-NMR (100 MHz, $CDCl_3$) δ (ppm) = 24.17 ($\underline{C}H_3$), 47.01 ($\underline{C}H_2$), 68.82 ($\underline{C}HCH_3$), 74.47 ($\underline{C}HCH_2$), 127.03, 128.56, 133.15, 142.95 (C-aromat.); MS (FAB) m/z = 183 (M-H$_2$O)$^+$; IR $\tilde{\nu}$ (cm^{-1}): 3293, 3223, 2980, 2937, 2914, 2853, 1486, 1451, 1409, 1366, 849, 826; Elementaranalyse ($C_{10}H_{13}ClO_2$): Berechnet: C: 59.86, H: 6.53; Gefunden: C: 59.25, H: 6.70.

8.2.1.2.3 Synthese von (1*S*,3*S*)-1-(4-Chlorphenyl)-1,3-butandiol (1*S*,3*S*)-17f

Die Synthese von (1*S*,3*S*)-**17f** wurde analog AAV 1 durchgeführt. Es wurde (*S*)-**5f** (0.5 mmol, 99 mg) und die (*S*)-selektive ADH aus *Rhodococcus* sp. (50 µL, 40 U/mmol), sowie der Cofaktor NAD$^+$ (0.02 mmol, 13 mg) eingesetzt. Es wurde ein Umsatz von >95%, ein Diastereomerenverhältnis von d.r. 11:1 (*syn/anti*) und eine Enantioselektivität von >99% *ee* erhalten. Nach säulenchromatographischer Reinigung (Hexan/EtOAc 4:1 (v/v), R_F = 0.11) wurde das gewünschte Produkt (1*S*,3*S*)-**17f** als farbloses Öl mit einer Ausbeute von 71% (Auswaage 71 mg) isoliert. AD-H-Säule, Eluent: Hexan/*i*-PrOH 97:3, flow 0.8 mL/min, 220 nm; t_r = 38.73 min; $[\alpha]_D^{25}$ = −40 (c 0.5, CH_2Cl_2); ^{1}H-NMR (400 MHz, $CDCl_3$) δ (ppm) = 1.19 (d, 3H, ^3J = 6.2 Hz, C$\underline{H}_3$), 1.67-1.81 (m, 2H, C$\underline{H}_2$), 2.95 (s, 1H, O$\underline{H}$), 3.66 (s, 1H, O$\underline{H}$), 4.08-4.14 (m, 1H, C$\underline{H}$CH$_3$), 4.88 (dd, 1H, ^3J = 9.9 Hz, 3.1 Hz, C$\underline{H}$CH$_2$), 7.25-7.30 (m, 4H, H-aromat.). Die spektroskopischen Daten stimmen mit denen des (1*R*,3*R*)-Stereoisomers (vgl. 8.2.1.2.2) überein.

EXPERIMENTELLER TEIL

8.2.1.2.4   Synthese von (1R,3S)-1-(4-Chlorphenyl)-1,3-butandiol (1R,3S)-17f

(1R,3S)-17f
$C_{10}H_{13}ClO_2$
M = 200.66 g/mol

Die Synthese von (1R,3S)-**17f** wurde analog AAV 1 durchgeführt. Es wurde (R)-**5f** (0.5 mmol, 99 mg) und die (S)-selektive ADH aus *Rhodococcus* sp. (50 µL, 40 U/mmol), sowie der Cofaktor NAD$^+$ (0.02 mmol, 13 mg) eingesetzt. Es wurde ein Umsatz von >95%, ein Diastereomerenverhältnis von d.r. 10:1 (*anti/syn*) und eine Enantioselektivität von >99% ee erhalten. Nach säulenchromatographischer Reinigung (Hexan/EtOAc 4:1 (v/v), R$_F$ = 0.09) wurde das gewünschte Produkt (1R,3S)-**17f** als farbloses Öl mit einer Ausbeute von 66% (Auswaage 66 mg) isoliert. AD-H-Säule, Eluent: Hexan/*i*-PrOH 97:3, flow 0.8 mL/min, 220 nm; t$_r$ = 43.47 min; [a]$_D^{25}$ = +68 (c 0.5, CH$_2$Cl$_2$); ^{1}H-NMR (400 MHz, CDCl$_3$) δ (ppm) = 1.23 (d, 3H, ^{3}J = 6.3 Hz, CH$_3$), 1.81-1.86 (m, 2H, CH$_2$), 2.18 (s, 1H, OH), 3.15 (s, 1H, OH), 4.02-4.08 (m, 1H, CHCH$_3$), 5.02 (dd, 1H, ^{3}J = 7.2 Hz, 4.1 Hz, CHCH$_2$), 7.26-7.31 (m, 4H, H-aromat.). Die spektroskopischen Daten stimmen mit denen des (1S,3R)-Stereoisomers (vgl. 8.2.1.2.1) überein.

8.2.1.3   Organokatalytische Aldolreaktion in wässrigem Medium

(R)-5f
$C_{10}H_{11}ClO_2$
M = 198.56 g/mol

p-Chlorbenzaldehyd (**1f**, 0.5 mmol, 70 mg) und die entsprechende Menge Organokatalysator (S,S)-**32** (0.5-1 mol%) wurden in Aceton (**4**, 4.5 mmol, 330 µL) gelöst. Nach Zugabe von gesättigter NaCl-Lösung (330 µL) wurde das Reaktionsgemisch gerührt. Nach Ablauf der Reaktionszeit wurde mit CH$_2$Cl$_2$ (3 x 5 mL) extrahiert, die vereinigten organischen Phasen über MgSO$_4$ getrocknet und das Lösungsmittel im Vakuum entfernt. Das Rohprodukt wurde als rötliches Öl erhalten. ^{1}H-NMR (400 MHz, CDCl$_3$) δ (ppm) = 2.17 (s, 3H, CH$_3$), 2.79 (m, 2H, CH$_2$), 3.40 (br s, 1H, OH), 5.09 (dd, 1H, ^{3}J = 8.3 Hz, 3.9 Hz, CH), 7.25-7.30 (m, 4H, H-aromat.). ee-Wertbestimmung mittels HPLC: AD-H-Säule, Eluent: Hexan/*i*-PrOH 95:5, flow 0.8 mL/min, 220 nm; t$_r$(R) = 16.77 min, t$_r$(S) = 18.39 min. Die spektroskopischen Daten stimmen mit den in der Literatur angegebenen Daten überein.[139] Die Ergebnisse der Reaktionsoptimierung sind in Tabelle 8.1 dargestellt.

Tabelle 8.1. Optimierung der organokatalytischen Aldolreaktion

Eintrag	c(**32**) [mol%]	t [h]	Umsatz [%][1]	ee [%][2]
1	0.5	24	58 (P), 39 (A), 1 (K), 1 (D)	n.b.
2	0.5	32	61 (P), 36 (A), 2 (K), 1 (D)	95
3	0.5	48	70 (P), 26 (A), 2 (K), 2 (D)	95
4	1	24	82 (P), 14 (A), 2 (K), 2 (D)	92
5	1	48	90 (P), 6 (A), 2 (K), 2 (D)	92

[1] (P): Produkt **5f**, (A): Aldehyd **1f**, (K): Kondensationsprodukt, (D): Dimer; [2] n.b. nicht bestimmt

8.2.1.4 Allgemeine Arbeitsvorschrift 2 (AAV 2): Eintopfreaktion

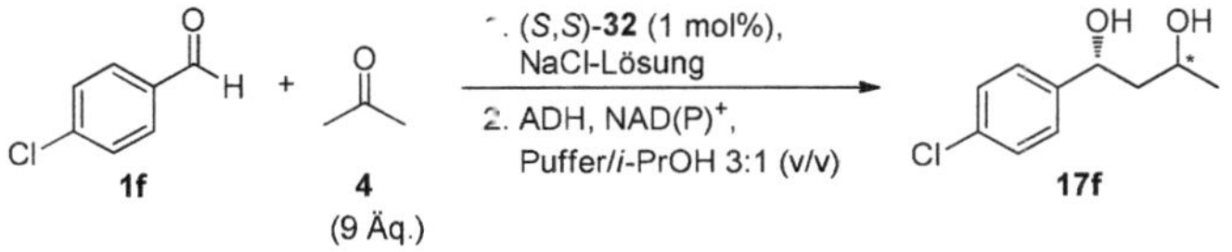

Abbildung 8.2. Eintopfreaktion

p-Chlorbenzaldehyd (**1f**, 0.5 mmol) und der Organokatalysator (*S*,*S*)-**32** (1 mol%) wurden in Aceton (**4**, 4.5 mmol) gelöst. Nach Zugabe von gesättigter NaCl-Lösung (330 µL) wurde das Reaktionsgemisch 48 h gerührt. Anschließend wurde Phosphatpuffer (pH 7, 50 mM, 0.1 M, 7.5 mL), *iso*-Propanol (2.5 mL), $MgCl_2$ (1 mM, nur bei Verwendung der (*R*)-ADH aus *Lactobacillus kefir*), Cofaktor NAD^+ oder $NADP^+$ (0.02 mmol) und die entsprechende Alkoholdehydrogenase aus *Rhodococcus* sp. oder *Lactobacillus kefir* (10-960 U/mmol) zugegeben. Das Reaktionsgemisch wurde 24-48 h gerührt und anschließend mit Dichlormethan (3 x 5 mL) extrahiert. Die vereinigten organischen Phasen wurden über $MgSO_4$ getrocknet und das Lösungsmittel am Rotationsverdampfer (max. 600 mbar) entfernt. Anschließend wurden der Umsatz und das Diastereomerenverhältnis mittels ^{1}H-NMR-Spektroskopie und der *ee*-Wert mittels chiraler HPLC bestimmt. Das Rohprodukt wurde säulenchromatographisch gereinigt (Hexan/EtOAc 4:1, v/v) und das gewünschte Produkt erhalten.

8.2.1.4.1 Synthese von (1R,3R)-1-(4-Chlorphenyl)-1,3-butandiol (1R,3R)-17f

(1R,3R)-17f
$C_{10}H_{13}ClO_2$
M = 200.66 g/mol

Die Synthese von (1R,3R)-17f erfolgte analog AAV 2. Es wurde 1f (0.5 mmol, 70 mg) und (S,S)-32 (1 mol%, 5 µmol, 2 mg) in 4 gelöst (4.5 mmol, 330 µL). Nach Zugabe von 330 µL NaCl-Lösung wurde 48 h gerührt. Für die Enzymreaktion wurde Puffer (7.5 mL), i-PrOH (2.5 mL), die (R)-selektive ADH aus *Lactobacillus kefir* (600 µL, 960 U/mmol), sowie der Cofaktor $NADP^+$ (0.02 mmol, 15 mg) zugegeben und 48 h gerührt. Der produktbezogene Umsatz betrug 67%, das Diastereomerenverhältnis d.r. >25:1 (*syn/anti*). Nach säulenchromatographischer Reinigung (Hexan/EtOAc 4:1, v/v, R_F = 0.11) wurde das gewünschte Produkt (1R,3R)-17f als gelbliches Öl mit einer Ausbeute von 58% (Auswaage 58 mg) und einer Enantioselektivität von >99% *ee* erhalten (AD-H, Eluent: Hexan/i-PrOH 97:3, flow 0.8 mL/min, 220 nm; t_r = 35.71 min). ^{1}H-NMR (400 MHz, CDCl$_3$) δ (ppm) = 1.23 (d, 3H, ^3J = 8.0 Hz, CH$_3$), 1.71-1.77 (m, 2H, CH$_2$), 4.08-4.16 (m, 1H, CHCH$_3$), 4.90 (dd, 1H, ^3J = 9.7 Hz, 3.4 Hz, CHCH$_2$), 7.25-7.32 (m, 4H, H-aromat.). Die spektroskopischen Daten stimmen mit denen aus Abschnitt 8.2.1.2.2 überein.

8.2.1.4.2 Synthese von (1R,3S)-1-(4-Chlorphenyl)-1,3-butandiol (1R,3S)-17f

(1R,3S)-17f
$C_{10}H_{13}ClO_2$
M = 200.66 g/mol

Die Synthese von (1R,3S)-5f erfolgte analog AAV2. Es wurde 1f (0.5 mmol, 70 mg) und (S,S)-32 (1 mol%, 5 µmol, 2 mg) in 4 gelöst (4.5 mmol, 330 µL). Nach Zugabe von 330 µL NaCl-Lösung wurde 48 h gerührt. Für die Enzymreaktion wurde Puffer (7.5 mL), i-PrOH (2.5 mL), und die (S)-selektive ADH aus *Rhodococcus* sp. (150 µL, 10 U/mmol), sowie der Cofaktor NAD^+ (0.02 mmol, 13 mg) eingesetzt und 24 h gerührt. Der produktbezogene Umsatz betrug 79%, das Diastereomerenverhältnis d.r. >25:1 (*anti/syn*). Nach säulenchromatographischer Reinigung (Hexan/EtOAc 4:1, v/v, R_F = 0.09) wurde das gewünschte Produkt (1R,3S)-7f als gelbliches Öl mit einer Ausbeute von 73% (Auswaage 73 mg) und einer Enantioselektivität von >99% *ee* erhalten (AD-H-Säule, Eluent: Hexan/i-PrOH 97:3, flow 0.8 mL/min, 220 nm; t_r = 43.47 min). ^{1}H-NMR (400 MHz, CDCl$_3$) δ (ppm) = 1.18 (d, 3H, ^3J = 6.3 Hz, CH$_3$), 1.68-1.83 (m, 2H, CH$_2$), 3.96-4.11 (m, 1H, CHCH$_3$), 4.95 (dd, 1H, ^3J = 6.9 Hz, 4,0 Hz, CHCH$_2$), 7.21-7.28 (m, 4H, H-aromat.). Die spektroskopischen Daten stimmen mit denen aus Abschnitt 8.2.1.2.4 überein.

8.2.2 Enzymatische Aldolreaktion

8.2.2.1 Allgemeine Arbeitsvorschrift 3 (AAV 3): Synthese der racemischen β-Hydroxy-α-aminosäuren[116]

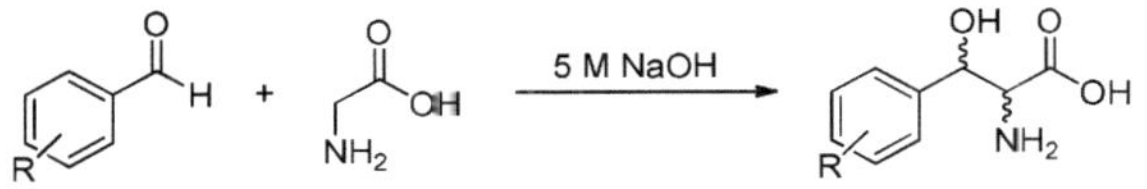

Abbildung 8.3. Racematsynthese der β-Hydroxy-α-aminosäuren **12**

Glycin (**11**, 6.7 mol) wurde in 5 M NaOH (2.5-10 mL) gelöst, anschließend wurde der entsprechende Aldehyd **1** (6.7-13.4 mmol) langsam zugegeben. Das Reaktionsgemisch wurde so lange bei 0-35°C gerührt bis sich ein Feststoff bildete. Anschließend wurde 5 M HCl zugegeben bis pH 1 erreicht wurde. Nachdem sich der Feststoff gelöst hatte, wurde die wässrige Phase mit CH_2Cl_2 (2 x 50 mL) extrahiert, um den überschüssigen Aldehyden zu entfernen. Die wässrige Phase wurde am Rotationsverdampfer eingeengt und der pH-Wert mit 1 M NaOH so weit erhöht bis sich ein Niederschlag bildete (pH 7-8). Zur Vervollständigung der Kristallisation wurde die Mischung über Nacht bei 4°C gelagert. Der entstandene Niederschlag wurde abfiltriert und im Vakuum getrocknet. Gegebenenfalls wurde durch erneutes einengen wiederholt ausgefällt.

8.2.2.1.1 Synthese von rac-p-Methylthiophenylserin *rac*-12d

rac-**12d**
$C_{10}H_{13}NO_3S$
M = 227.28 g/mol

Die Synthese erfolgte analog AAV 3. Es wurden 6.7 mmol Glycin (**11**, 0.5 g), 6.7 mmol *p*-Methylthiobenzaldehyd (**1d**, 877 µL) und 5 mL NaOH (5 M) eingesetzt. Die Reaktionsmischung wurde bei 0°C für 26 h gerührt. Das gewünschte Produkt wurde als gelblicher Feststoff mit einer Ausbeute von 26% (Auswaage 396 mg) und mit einem Diastereomerenverhältnis von d.r. >25 1 (*syn/anti*) erhalten. ^{1}H-NMR (400 MHz, D_2O) δ (ppm) = 2.48 (s, 3H, SC$\underline{H}_3$), 3.35 (d, 1H, ^3J = 4.4 Hz, *syn*-C$\underline{H}$NH$_2$), 5.22 (d, 1H, ^3J = 4.6 Hz, *syn*-C$\underline{H}$OH), 7.34-7.39 (m, 4H, H-aromat.); ^{13}C-NMR (100 MHz, D_2O) δ (ppm) = 14.83 (S$\underline{C}$H$_3$), 61.13 ($\underline{C}$HNH$_2$), 71.42 ($\underline{C}$HOH), 126.88, 126.94, 136.59, 138.25 (C-aromat.), 172.43 ($\underline{C}$OOH); MS

(MALDI, Matrix: dhb) m/z = 228 (M-H)⁺. Die spektroskopischen Daten stimmen mit den in der Literatur angegeben Daten überein.[140]

8.2.2.1.2 Synthese von *rac*-Phenylserin *rac*-12e

rac-12e
$C_9H_{11}NO_3$
M = 181.19 g/mol

Die Synthese erfolgte analog AAV 3. Es wurden 6.7 mmol Glycin (**11**, 0.5 g), 13.4 mmol Benzaldehyd (**1e**, 1.35 µL) und 2.5 mL NaOH (5 M) eingesetzt. Die Reaktion wurde bei 35 °C für 48 h und bei 0 °C für 4 h durchgeführt. Das gewünschte Produkt wurde als farbloser Feststoff erhalten. Die Reaktion bei 35 °C ergab ausschließlich *syn*-**12e** in einer Ausbeute von 40% (Auswaage 486 mg), wohingegen die Reaktion bei 0 °C eine Mischung der beiden Diastereomere von d.r. 56:44 (*syn*/*anti*) mit einer Ausbeute von 46% (Auswaage 558 mg) ergab. ^{1}H-NMR (400 MHz, D$_2$O): δ (ppm) = 3.91 (d, 1H, ^3J = 4.4 Hz, *syn*-CHNH$_2$), 4.08 (d, 1H, ^3J = 4.2 Hz, *anti*-CHNH$_2$), 5.30 (d, 1H, ^3J = 4.4 Hz, *syn*-CHOH), 5.35 (d, 1H, ^3J = 4.2 Hz, *anti*-CHOH), 7.28-7.46 (m, 4H, H-aromat.); ^{13}C-NMR (100 MHz, D$_2$O) δ (ppm) = 60.43, 60.91 (CHNH$_2$), 72.38, 72.59 (CHOH), 125.46, 126.05, 127.75, 127.99, 128.09, 128.25, 137.50, 139.32 (C-aromat.), 172.41, 174.41 (COOH). Die spektroskopischen Daten stimmen mit den in der Literatur angegebenen Daten überein.[116,141]

8.2.2.1.3 Synthese von *rac*-*p*-Chlorphenylserin *rac*-12f

rac-12f
$C_9H_{10}ClNO_3$
M = 215.63 g/mol

Die Synthese erfolgte analog AAV 3. Es wurden 6.7 mmol Glycin (**11**, 0.5 g), 13.4 mmol *p*-Chlorbenzaldehyd (**1f**, 1.88 g) und 10 mL NaOH (5 M) eingesetzt. Die Reaktionsmischung wurde bei 0 °C für 24 h gerührt. Das gewünschte Produkt wurde als farbloser Feststoff mit einer Ausbeute von 36% (Auswaage 520 mg) und mit einem Diastereomerenverhältnis von d.r. 79:21 (*syn*/*anti*) erhalten. ^{1}H-NMR (400 MHz, D$_2$O) δ (ppm) = 4.07 (d, 1H, ^3J = 4.0 Hz, *syn*-CHNH$_2$), 4.21 (d, 1H, ^3J = 4.3 Hz, *anti*-CHNH$_2$), 5.35 (d, 1H, ^3J = 4.6 Hz, *syn*-CHOH), 5.38 (d, 1H, ^3J = 4.6 Hz, *anti*-CHOH), 7.38-7.50 (m, 4H, H-aromat.); ^{13}C-NMR (100 MHz, D$_2$O) δ (ppm) = 60.09, (*anti*-CHNH$_2$), 60.45 (*syn*-CHNH$_2$), 70.77 (*anti*-CHOH), 70.86 (*syn*-CHOH), 127.84, 128.11, 129.08, 129.24, 134.08, 134.28, 136.05, 137.84 (C-aromat.), 170.63 (*anti*-COOH) 171.49 (*syn*-COOH); MS (MALDI, Matrix: dhb) m/z =

216 (M-H)⁺. Die spektroskopischen Daten stimmen mit den in der Literatur angegebenen Daten überein.[109]

8.2.2.1.4 Synthese von rac-o-Chlorphenylserin rac-12i

rac-12i
C₉H₁₀ClNO₃
M = 215.63 g/mol

Die Synthese erfolgte analog AAV 3. Es wurden 6.7 mmol Glycin (11, 0.5 g), 13.4 mmol o-Chlorbenzaldehyd (1i, 1.5 mL) und 2.5 mL NaOH (5 M) eingesetzt. Die Reaktionsmischung wurde bei RT für 1 h gerührt. Das gewünschte Produkt wurde als farbloser Feststoff mit einer Ausbeute von 38% (Auswaage 549 mg) und mit einem Diastereomerenverhältnis von d.r. 82:18 (syn/anti) erhalten. ¹H-NMR (400 MHz, D₂O) δ (ppm) = 4.08-4.09 (m, 2H, CHNH₂), 5.49 (d, 1H, ³J = 3.4 Hz, anti-CHOH), 5.67 (d, 1H, ³J = 3.7 Hz, syn-CHOH), 7.35-7.64 (m, 4H, H-aromat.); ¹³C-NMR (100 MHz, D₂O) δ (ppm) = 58.00 (anti-CHNH₂), 58.46 (syn-CHNH₂), 68.51 (syn-CHOH), 68.98 (anti-CHOH), 127.46, 127.74, 127.90, 128.37, 129.65, 129.99, 130.19, 130.26, 131.53, 131.86, 136.54, 136.66 (C-aromat.), 170.93 (anti-COOH), 172.19 (syn-COOH); MS (MALDI, Matrix: sin) m/z = 216 (M-H)⁺. Die spektroskopischen Daten stimmen mit den in der Literatur angegebenen Daten überein.[109] Durch Umkristallisation in Wasser konnte reines syn-Isomer in einer Ausbeute von 5% (Auswaage 72 mg) erhalten werde. Durch wiederholtes Einengen der Lösung wurde reines anti-Isomer in einer Ausbeute von 1% (Auswaage 14 mg) erhalten. ¹H-NMR (400 MHz, D₂O) δ (ppm) = 4.08 (d, 1H, ³J = 3.6 Hz, syn-CHNH₂), 5.66 (d, 1H, ³J = 3.6 Hz, syn-CHOH), 7.35-7.64 (m, 4H, H-aromat.); ¹H-NMR (400 MHz, D₂O) δ (ppm) 4.14 (d, 1H, ³J = 3.5 Hz, anti-CHNH₂), 5.54 (d, 1H, ³J = 3.5 Hz, anti-CHOH), 7.37-7.62 (m, 4H, H-aromat.).

8.2.2.1.5 Synthese von rac-m-Bromphenylserin rac-12j

rac-12j
C₉H₁₀BrNO₃
M = 260.08 g/mol

Die Synthese erfolgte analog AAV 3. Es wurden 6.7 mmol Glycin (11, 6.7 mmol, 0.5 g), 6.7 mmol m-Brombenzaldehyd (1j, 785 µL) und 5 mL NaOH (5 M) eingesetzt. Die Reaktionsmischung wurde bei 0°C für 48 h gerührt. Das gewünschte Produkt wurde als gelblicher Feststoff mit einer Ausbeute von 11% (Auswaage 192 mg) und mit einem Diastereomerenverhältnis von d.r. 87:13 (syn/anti) erhalten. ¹H-NMR (400 MHz, D₂O) δ (ppm) = 3.87 (d, 1H, ^3J = 4.1 Hz, *syn*-C$\underline{H}$NH$_2$), 4.05 (d, 1H, ^3J = 3.8 Hz, *anti*-C$\underline{H}$NH$_2$), 5.25 (d, 1H, ^3J = 4.2 Hz, *syn*-C$\underline{H}$OH), 5.31 (d, 1H, ^3J = 4.0 Hz, *anti*-C$\underline{H}$OH) 7.31-7.65 (m, 4H, H-aromat.); ^{13}C-NMR (100 MHz, D$_2$O) δ (ppm) = 61.04 ($\underline{C}$HNH$_2$), 71.03 ($\underline{C}$HOH), 122.65, 125.14, 129.21, 131.00, 131.82, 142.07 (C-aromat.), 172.14 ($\underline{C}$OOH); MS (MALDI, Matrix: dhb) m/z = 259 (M-H)$^+$. Die spektroskopischen Daten stimmen mit den in der Literatur angegebenen Daten überein.[109]

8.2.2.1.6 Synthese von *rac-m*-Chlorphenylserin *rac*-12l

Die Synthese erfolgte analog AAV 3. Es wurden 6.7 mmol Glycin (**11**, 0.5 g), 13.4 mmol *m*-Chlorenzaldehyd (**1l**, 1.5 mL) und 5 mL NaOH (5 M) eingesetzt. Die Reaktionsmischung wurde bei RT für 2 h gerührt. Das gewünschte Produkt wurde als farbloser Feststoff mit einer Ausbeute von 52% (Auswaage 751 mg) und mit einem Diastereomerenverhältnis von d.r. 74:26 (*syn/anti*) erhalten. ^{1}H-NMR (400 MHz, D$_2$O) δ (ppm) = 3.67 (d, 1H, ^3J = 4.8 Hz, *syn*-C$\underline{H}$NH$_2$), 3.79 (d, 1H, ^3J = 4.1 Hz, *anti*-C$\underline{H}$NH$_2$), 5.10 (d, 2H, ^3J = 4.8 Hz, *syn*-C$\underline{H}$OH, *anti*-C$\underline{H}$OH), 7.30-7.47 (m, 4H, H-aromat.); ^{13}C-NMR (100 MHz, D$_2$O) δ (ppm) = 59.09, 59.59 ($\underline{C}$HNH$_2$), 71.06, 71.33 ($\underline{C}$HOH), 122.47, 123.08, 124.06, 124.56, 126.05, 126.28, 127.99, 128.16, 131.74, 131.87, 138.89, 140.57 (C-aromat.), 174.03 ($\underline{C}$OOH); MS (MALDI, Matrix: sin) m/z = 216 (M-H)$^+$. Die spektroskopischen Daten stimmen mit den in der Literatur angegebenen Daten überein.[109]

rac-12l
C$_9$H$_{10}$ClNO$_3$
M = 215.63 g/mol

8.2.2.1.7 Synthese von *rac-m*-Hydroxyphenylserin *rac*-12m

Die Synthese erfolgte analog AAV 3. Es wurden 6.7 mmol Glycin (**11**, 0.5 g), 6.7 mmol *m*-Hydroxybenzaldehyd (**1m**, 818 mg) und 5 mL NaOH (5 M) eingesetzt. Die Reaktionsmischung wurde bei 0°C für 48 h gerührt. Man erhielt das gewünschte Produkt als gelblichen Feststoff in einer Ausbeute von 7% (Auswaage 92 mg) und mit einem Diastereomerenverhältnis von d.r. >25:1 (*syn*/anti). ^{1}H-NMR (400 MHz, D$_2$O) δ (ppm) = 3.89 (d, 1H, ^3J = 3.8 Hz, *syn*-C$\underline{H}$NH$_2$), 5.26 (d, 1H, ^3J = 3.8 Hz, *syn*-C$\underline{H}$OH), 6.87-7.02 (m, 3H, H-aromat.), 7.31-7.37 (m, 1H, H-aromat.); ^{13}C-NMR (100 MHz, D$_2$O) δ (ppm) = 61.12 ($\underline{C}$HNH$_2$),

rac-12m
C$_9$H$_{11}$NO$_4$
M = 197.19 g/mol

71.35 (CHOH), 113.05, 115.71, 118.20, 130.76, 141.59, 156.21, (C-aromat.), 172.44 (COOH); MS (MALDI, Matrix: sin) m/z = 198 (M--)⁺. Die spektroskopischen Daten stimmen mit den in der Literatur angegebenen Daten überein.[109]

8.2.2.1.8 Synthese von *rac-o*-Methoxyphenylserin *rac*-12n

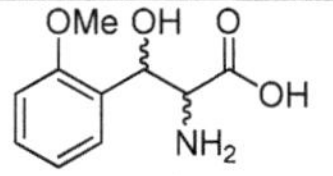

OMe OH O
OH
NH₂
rac-12n
$C_{10}H_{13}NO_4$
M = 211.21 g/mol

Die Synthese erfolgte analog AAV 3. Es wurden 6.7 mmol Glycin (**11**, 0.5 g), *o*-Methoxybenzaldehyd (**1n**, 13.4 mmol, 1.62 mL) und 5 mL NaOH (5 M) eingesetzt. Die Reaktionsmischung wurde bei RT für 3 h gerührt. Das gewünschte Produkt wurde als farbloser Feststoff mit einer Ausbeute von 23% (Auswaage 325 mg) und mit einem Diastereomerenverhältnis von d.r. 69:31 (syn/anti) erhalten. ¹H-NMR (400 MHz, D₂O) δ (ppm) = 3.85 (s, 3H, *syn*-OCH₃), 3.89 (s, 3H, *anti*-OCH₃), 4.03 (d, 1H, ³J = 4.6 Hz, *syn*-CHNH₂), 4.07 (d, 1H, ³J = 3.5 Hz, *anti*-CHNH₂), 5.42 (d, 1H, ³J = 4.6 Hz, *syn*-CHOH), 5.53 (d, 1H, ³J = 3.5 Hz, *anti*-CHOH), 7.05-7.50 (m, 4H, H-aromat.); ¹³C-NMR (100 MHz, D₂O) δ (ppm) = 55.60, 55.70 (OCH₃) 58.82, 59.40 (CHOH), 67.59, 68.43 (CHNH₂), 111.57, 121.20, 127.02, 127.20, 128.19, 130.24, 130.33, 156.38 (C-aromat.), 172.76, 172.89 (COOH); MS (MALDI, Matrix: dhb) m/z = 212 (M-H)⁺. Die spektroskopischen Daten stimmen mit den in der Literatur angegebenen Daten überein.[142]

8.2.2.2 Allgemeine Arbeitsvorschrift 4 (AAV 4): Derivatisierung der racemischen β-Hydroxy-α-aminosäuren mit Benzoylchlorid[116]

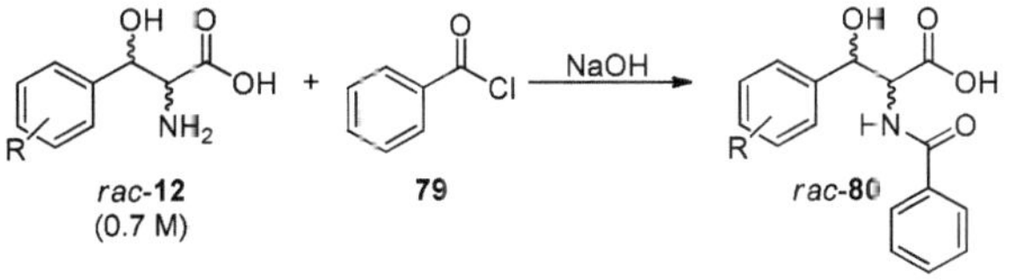

OH O
OH
NH₂
rac-12
(0.7 M)
+
O
Cl
79
NaOH →
OH O
OH
HN O
rac-80

Abbildung 8.4. Derivatisierung von *rac*-12

Die entsprechende β-Hydroxy-α-aminosäure **12** (0.4-1 mmol) wurde in Wasser (0.2-0.5 mL) und NaOH (0.4-1 mL) gelöst und auf 0°C gekühlt. Nach Zugabe von 1.2 Äq. Benzoylchlorid

(79) wurde 1 h bei 0°C und 2 h bei RT gerührt. Anschließend wurde der pH-Wert durch Zugabe von 1 M HCl auf den Wert 1 eingestellt und die wässrige Phase mit EtOAc (3 x 5 mL) extrahiert. Die vereinigten organischen Phasen wurden über MgSO₄ getrocknet. Nach Entfernen des Lösungsmittels im Vakuum wurde der erhaltene Rückstand umkristallisiert.

8.2.2.2.1 Synthese von rac-*N*-Benzoylamino-3-(4-methylthiophenyl)-3-hydroxypropionsäure rac-80d

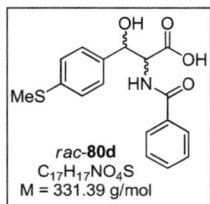

rac-80d
C₁₇H₁₇NO₄S
M = 331.39 g/mol

Die Synthese erfolgte analog AAV 4. Es wurden 0.4 mmol *p*-Methylthiophenylserin (rac-12d, d.r. >25:1 syn/anti, 91 mg), 0.2 mL Wasser und 0.4 mL NaOH (5 M), sowie 0.5 mmol 79 (55 µL) eingesetzt. Der erhaltene Rückstand wurde in Aceton aufgenommen und mit Petrolether ausgefällt. Das gewünschte Produkt wurde als farbloser Feststoff mit einer Ausbeute von 55% (Auswaage 73 mg) erhalten. ^{1}H-NMR (400 MHz, Aceton-d₆) δ (ppm) = 2.43 (s, 1H, SC$\underline{H}_3$), 4.13-4.14 (m, 1H, syn-C$\underline{H}$NH), 5.45 (d, 1H, ^3J = 3.0 Hz, syn-C$\underline{H}$OH), 7.19-7.51 (m, 9H, H-aromat.); ^{13}C-NMR (100 MHz, Aceton-d₆) δ (ppm) = 15.19 ($\underline{C}$H₃), 59.33 (syn-$\underline{C}$HOH), 73.18 (syn-$\underline{C}$HNH), 126.50, 127.40, 127.89, 129.04, 132.08, 135.10, 138.30, 139.33 (C-aromat.), 167.41 ($\underline{C}$OPh), 171.57 ($\underline{C}$OOH); MS (MALDI, Matrix: dhb) m/z = 332 (M-H)$^+$; IR ṽ (cm^{-1}): 3362, 3224, 1721, 1598, 1537, 1217, 825, 691; Elementaranalyse (C₁₇H₁₇NO₄S): Berechnet: C: 61.61, H: 5.17, N: 4.23, S: 9.68. Gefunden: C: 61.11, H: 5.19, N: 4.20, S: 9.47; Schmelzpunkt: 173°C.

8.2.2.2.2 Synthese von rac-*N*-Benzoylamino-3-hydroxy-3-phenylpropionsäure rac-80e

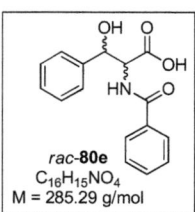

rac-80e
C₁₆H₁₅NO₄
M = 285.29 g/mol

Die Synthese erfolgte analog AAV 4. Es wurden 0.7 mmol rac-Phenylserin (rac-12e, d.r. >25:1 syn/anti, 127 mg), 0.5 mL NaOH (5 M), sowie 0.8 mmol 79 (92 µL) eingesetzt. Die Mischung wurde 2 h bei 0°C und 16 h bei RT gerührt. Die spektroskopische Analyse erfolgte aus dem Rohprodukt. ^{1}H-NMR (400 MHz, Aceton-d₆) δ (ppm) = 4.99-5.03 (m, 2H, C$\underline{H}$NH), 5.27 (d, 1H, ^3J = 6.0 Hz, anti-C$\underline{H}$OH), 5.50 (d, 1H, ^3J =

2.90 Hz, syn-C_HOH), 7.20-8.06 (m, 10H, H-aromat.). Die spektroskopischen Daten stimmen mit den Literaturdaten überein.[116]

8.2.2.2.3 Synthese von *rac*-N-Benzoylamino-3-(4-chlorphenyl)-3-hydroxy-propionsäure *rac*-80f

Die Synthese erfolgte analog AAV 4. Es wurden 0.9 mmol *p*-Chlorphenylserin (*rac*-12f, d.r. 72:28 syn/anti, 194 mg), 0.5 mL Wasser und 0.9 mL NaOH (5 M), sowie 1.1 mmol 79 (124 µL) eingesetzt. Der erhaltene Rückstand wurde in Aceton aufgenommen und mit Hexan ausgefällt. Das gewünschte Produkt wurde als farbloser Feststoff mit einer Ausbeute von 38% (Auswaage 109 mg) und einem Diastereomerenverhältnis von d.r. 85:15 (syn/anti) erhalten. ^{1}H-NMR (400 MHz, Aceton-d$_6$) δ (ppm) = 4.97 (d, 1H, ^3J = 6.0 Hz, syn-C_HNH), 5.00 (d, 1H, ^3J = 3.0 Hz, anti-C_HNH), 5.26 (d, 1H, ^3J = 5.8 Hz, syn-C_HOH), 5.49 (d, 1H, ^3J = 3.0 Hz, anti-C_HOH), 7.31-7.56 (m, 7H, H-aromat.), 7.79-7.83 (m, 2H, H-aromat.); ^{13}C-NMR (100 MHz, CD$_3$OD) δ (ppm) = 59.95 (syn-C_HOH), 60.01 (anti-C_HOH), 73.61 (syn-C_HNH), 74.28 (anti-C_HNH), 128.27, 128.31, 128.76, 129.22, 129.46, 129.56, 132.83, 134.26, 134.55, 135.10, 141.16, 141.51 (C-aromat.), 169.85, 170.17 (C_OPh), 173 19, 173.26 (C_OOH); MS (MALDI, Matrix: dhb) m/z = 320 (M-H)$^+$; IR ṽ (cm^{-1}): 3238, 1725, 1599, 1540, 1071, 828, 687; Elementaranalyse (C$_{16}$H$_{14}$ClNO$_4$): Berechnet: C: 60.10, H: 4.41, N: 4.38. Gefunden: C: 59.96, H: 4.36, N: 4.42; Schmelzpunkt: 171 °C.

8.2.2.2.4 Synthese von *rac-syn*-N-Benzoylamino-3-(2-chlorphenyl)-3-hydroxy-propionsäure *rac-syn*-80i

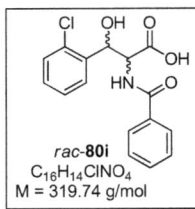

rac-80i
C$_{16}$H$_{14}$ClNO$_4$
M = 319.74 g/mol

Die Synthese erfolgt analog AAV 4. Es wurden 0.5 mmol *rac-syn-o*-Chlorphenylserin (*rac-syn*-12i, d.r. >25:1 syn/anti, 108 mg), 0.25 mL Wasser und 0.5 mL NaOH (5 M), sowie 0.6 mmol 79 (69 µL) eingesetzt. Der erhaltene Rückstand wurde in Dichlormethan gelöst und mit Petrolether ausgefällt. Das gewünschte Produkt wurde in einer Ausbeute von 20% (Auswaage 32 mg) erhalten. ^{1}H-NMR

(400 MHz, Aceton-d$_6$) δ (ppm) = 5.22-5.24 (m, 1H, syn-C$\underline{H}$NH), 5.86 (d, 1H, ^3J = 2.1 Hz, syn-C$\underline{H}$OH), 7.20-7.80 (m, 9H, H-aromat.); ^{13}C-NMR (100 MHz, Aceton-d$_6$) δ (ppm) = 56.59 (syn-$\underline{C}$HOH), 70.80 (syn -$\underline{C}$HNH), 127.43, 128.00, 129.15, 129.31, 129.65, 129.84, 131.99, 132.18, 135.18, 139.95 (C-aromat.), 167.42 ($\underline{C}$OPh), 171.65 ($\underline{C}$OOH); MS (MALDI, Matrix: dhb) m/z = 320 (M-H)$^+$; IR ṽ (cm^{-1}): 3276, 1704, 1636, 1548, 1073, 752, 696; Elementaranalyse (C$_{16}$H$_{14}$ClNO$_4$) Berechnet: C: 60.10, H: 4.41, N: 4.38. Gefunden: C: 60.17, H: 4.41, N: 4.37; Schmelzpunkt: 169°C.

8.2.2.2.5 Synthese von *rac-anti-N*-Benzoylamino-3-(2-chlorphenyl)-3-hydroxy-propionsäure *rac-anti*-80i

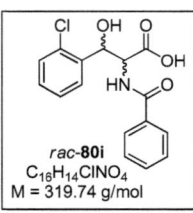

Die Synthese erfolgt analog AAV 4. Es wurden 0.6 mmol *rac-anti-o*-Chlorphenylserin (*rac-anti*-12i, d.r. >25:1 *anti/syn*, 129 mg), 0.3 mL Wasser und 0.6 mL NaOH (5 M), sowie 0.7 mmol **79** (83 µL) eingesetzt. Der erhaltene Rückstand wurde in Dichlormethan gelöst und mit Petrolether ausgefällt. Das gewünschte Produkt wurde mit einer Ausbeute von 10% (Auswaage 19 mg) erhalten. ^{1}H-NMR (400 MHz, Aceton-d$_6$) δ (ppm) = 5.12-5.16 (m, 1H, *anti*-C$\underline{H}$NH), 5.56 (d, 1H, ^3J = 5.2 Hz, *anti*-C$\underline{H}$OH), 7.25- 7.44 (m, 9H, H-aromat.); ^{13}C-NMR (100 MHz, Aceton-d$_6$) δ (ppm) = 58.00 (*anti*-$\underline{C}$HOH), 71.42 (*anti*-$\underline{C}$HNH), 127.60, 128.11, 129.24, 129.74, 129.81, 132.35, 132.80, 135.07 135.09, 139.65 (C-aromat.), 167.19 ($\underline{C}$OPh), 171.13 ($\underline{C}$OOH).

8.2.2.2.6 Synthese von *rac-N*-Benzoylamino-3-(3-bromphenyl)-3-hydroxy-propionsäure *rac*-80j

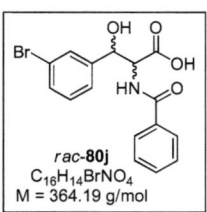

Die Synthese erfolgte analog AAV 4. Es wurden 0.4 mmol *m*-Bromphenylserin (*rac*-12j, d.r. 87:13 *syn/anti*, 104 mg) 0.2 mL Wasser und 0.4 mL NaOH (5 M), sowie 0.48 mmol **79** (55 µL) eingesetzt. Der erhaltene Rückstand wurde in Aceton aufgenommen und mit Petrolether ausgefällt. Das gewünschte Produkt wurde mit einer Ausbeute von 37% (Auswaage 47 mg) und einem Diastereomerenverhältnis von d.r. 87:13 (*syn/anti*) erhalten. ^{1}H-NMR (400 MHz, Aceton-d$_6$)

δ (ppm) = 4.96-5.03 (m, 2H, CHNH), 5.26 (d, 1H, ^3J = 5.7 Hz, *anti*-CHOH), 5.50 (d, 1H, ^3J = 2.9 Hz, *syn*-CHOH) 7.42-7.93 (m, 9H, H-aromat.); ^{13}C-NMR (100 MHz Aceton-d_6) δ (ppm) = 59.18 (*anti*-CHOH), 59.79 (*syn*-CHOH), 73.00 (*anti*-CHNH), 73.90 (*syn*-CHNH), 122.47, 122.55, 125.96, 126.39 128.07, 129.17, 129.24, 130.09, 130.46, 130.74, 130.78, 131.09, 131.21. 132.24, 132.39, 134.98 (C-aromat.), 145.17, 145.50 (CBr), 167.63 (COPh), 171.37 (COOH); MS (MALDI, Matrix: dhb) m/z = 364 (M-H)$^+$; IR ṽ (cm^{-1}): 3289, 1756, 1715, 1623, 1053, 763, 691; Elementaranalyse ($C_{16}H_{14}BrNO_4$): Berechnet: C: 52.77, H: 3.87, N: 3.85. Gefunden: C: 52.05, H: 3.62, N: 3.62. Schmelzpunkt: 154°C.

8.2.2.2.7 Synthese von *rac-N*-Benzoylamino-3-(3-chlorphenyl)-3-hydroxy-propionsäure *rac*-80l

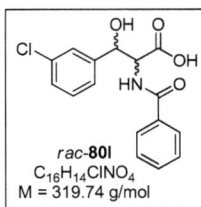

rac-80l
$C_{16}H_{14}ClNO_4$
M = 319.74 g/mol

Die Synthese erfolgte analog AAV 4. Es wurden 0.5 mmol *m*-Chlorphenylserin (*rac*-12l, d.r. 51:49 *syn/anti*, 108 mg), 0.25 mL Wasser und 0.5 mL NaOH (5 M), sowie 0.6 mmol **79** (69 µL) eingesetzt. Der erhaltene Rückstand wurde in Dichlormethan aufgenommen und mit Petrolether ausgefällt. Das gewünschte Produkt wurde als farbloser Feststoff mit einer Ausbeute von 55% (Auswaage 88 mg) und einem Diastereomerenverhältnis von d.r. 74:26 (*syn/anti*) erhalten. ^{1}H-NMR (400 MHz, Aceton-d_6) δ (ppm) = 4.99 (dd, 1H, ^3J = 8.2 Hz, 2.5 Hz, *syn*-CHNH), 5.04 (dd, 1H, ^3J = 9.1 Hz, 6.1 Hz, *anti*-CHNH), 5.28 (d, 1H, ^3J = 5.8 Hz, *syn*-CHOH), 5.52 (d, 1H, ^3J = 2.8 Hz, *anti*-CHOH), 7.22-7.83 (m, 9H, H-aromat.); ^{13}C-NMR (100 MHz, CD$_3$OD) δ (ppm) = 59.93 (*anti*-CHOH), 60.08 (*syn*-CHOH), 73.62 (*anti*-CHNH), 74.33 (*syn*-CHNH), 125.55, 126.19, 127.37, 128.00, 128.31, 128.34, 128.50, 128.85, 129.56, 130.67, 130.71, 132.87, 132.91, 135.09, 135.19, 144.87, 145.21 (C-aromat.), 169.90, 170.28, 173.17 (COPh, COOH); MS (MALDI, Matrix: dhb) m/z = 320 (M-H)$^+$; IR ṽ (cm^{-1}): 3276, 1706, 1637, 1530, 1041, 791, 688; Elementaranalyse ($C_{16}H_{14}ClNO_4$): Berechnet: C: 60.10, H: 4.41, N: 4.33. Gefunden: C: 60.25, H: 4.46, N: 4.08; Schmelzpunkt: 136°C.

8.2.2.2.8 Synthese von rac-N-Benzoylamino-3-(2-methoxyphenyl)-3-hydroxy-propionsäure rac-80n

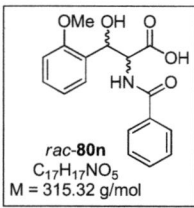

rac-80n
C$_{17}$H$_{17}$NO$_5$
M = 315.32 g/mol

Die Synthese erfolgte analog AAV 4. Es wurden 1 mmol o-Methoxyphenylserin (rac-**1n**, d.r. 69:31 syn/anti, 211 mg), 0.5 mL Wasser und 1 mL NaOH (5 M), sowie 1.2 mmol **79** (138 μL) eingesetzt. Der erhaltene Rückstand wurde in Aceton aufgenommen und mit Hexan ausgefällt. Das gewünschte Produkt wurde als farbloser Feststoff erhalten. Es konnte reines syn-Produkt in einer Ausbeute von 24% (Auswaage 76 mg) und ein Diastereomerengemisch (d.r. 10:90 syn/anti) in einer Ausbeute von 14% (Auswaage 44 mg) isoliert werden. ^{1}H-NMR (400 MHz, Aceton-d$_6$) δ (ppm) = 3.85, (s, 3H, syn-OC_H_$_3$) 3.90 (s, 3H, anti-OC_H_$_3$), 4.99 (dd, 1H, ^{3}J = 11.0 Hz, 5.8 Hz, syn-C_H_NH), 5.18 (dd, 1H, ^{3}J = 9.3 Hz, 2.5 Hz, anti-C_H_NH), 5.50 (d, 1H, ^{3}J = 5.5 Hz, anti-C_H_OH), 5.79 (d, 1H, ^{3}J = 5.8 Hz, syn-C_H_OH), 6.85-8.06 (m, 9H, H-aromat.); ^{13}C-NMR (100 MHz, Aceton-d$_6$) δ (ppm) = 55.69 (anti-C_H_$_3$), 55.82 (syn-C_H_$_3$), 57.17 (syn-C_HOH), 59.12 (anti-C_HOH), 69.01 (syn-C_HNH), 69.77 (anti -C_HNH), 111.01, 111.09, 120.78, 121.18, 127.72, 127.90, 127.92, 128.26, 129.14, 129.24, 129.47, 130.10, 130.59, 132.05, 132.28, 135.12, 135.49, (C-aromat.), 156.82, 157.21 (OC_H_$_3$) 167.23, 167.38 (C_OPh), 171.71, 172.14 (C_OOH); MS (MALDI, Matrix: dhb) m/z = 316 (M+H)$^+$; IR ṽ (cm^{-1}): 3350, 1695, 1638, 1527, 1031, 753, 688; Elementaranalyse (C$_{17}$H$_{17}$NO$_5$) Berechnet: C: 64.75, H: 5.43, N 4.44. Gefunden: C: 64.91, H: 5.47, N: 4.16. Schmelzpunkt: 177°C.

8.2.2.3 Untersuchung der Hintergrundreaktion

Abbildung 8.5. Aktivierung von Glycin

EXPERIMENTELLER TEIL

Zur Untersuchung, ob es zwischen Glycin und Benzaldehyd zur Iminbildung und somit zur Aktivierung von Glycin kommt, wurden verschiedene Mengen Glycin (**11**, 0.1-1 mmol) in Puffer (1 mL, Phosphatpuffer pH 7 oder Tris-HCl-Puffer pH 8, 0.1 M) gelöst und Benzaldehyd (**1e**, 0.1-1 mmol) zugegeben. Das Gemisch wurde 27 h gerührt. Es wurden Versuche mit und ohne Zugabe von Cofaktor PLP (50 µM) durchgeführt. Nach Entfernen des Lösungsmittels im Vakuum wurde der Rückstand mittels ^{1}H-NMR-Spektroskopie untersucht. ^{1}H-NMR (300 MHz, D$_2$O) δ (ppm) = 3.55 (s, 2H, CH$_2$-**11**). Die Ergebnisse der verschiedenen Versuche sind in Tabelle 8.2 gezeigt.

Tabelle 8.2. Untersuchung der Hintergrundreaktion

Eintrag	**11** [mmol]	**1e** [mmol]	pH	Cofaktor	Iminbildung[1]
1	1.0	0.1	8	ohne PLP	-
2	1.0	0.1	8	mit PLP	-
3	1.0	0.1	7	mit PLP	-
4	0.5	0.5	8	ohne PLP	-
5	0.5	0.5	8	mit PLP	-
6	0.5	0.5	7	mit PLP	-
7	0.1	1.0	8	ohne PLP	-
8	0.1	1.0	8	mit PLP	-
9	0.1	1.0	7	mit PLP	-

[1] Es konnte keine Iminbildung im ^{1}H-NMR-Spektrum beobachtet werden.

8.2.2.4 Untersuchung auf Epimerisierung

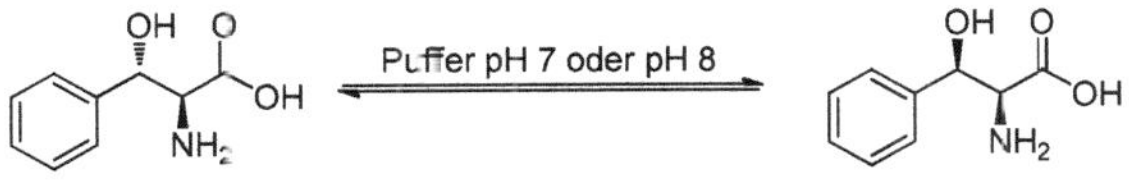

Abbildung 8.6. Untersuchung auf Epimerisierung

EXPERIMENTELLER TEIL

Zur Untersuchung, ob das Diastereomerenverhältnis von Phenylserin (**12e**) unter den Bedingungen der enzymatischen Reaktion konstant bleibt, wurde *rac*-Phenylserin (*rac*-**12e**, 0.1 mmol) in Puffer (1 mL, Phosphatpuffer pH 7 oder Tris-HCl-Puffer pH 8, 0.1 M) gelöst und 27 h gerührt. Anschließend wurde das Lösungsmittel im Vakuum entfernt und der Rückstand mittels ^{1}H-NMR-Spektroskopie untersucht. ^{1}H-NMR (400 MHz, D$_2$O) δ (ppm) = 3.91 (d, 1H, ^3J = 4.4 Hz, *syn*-C$\underline{H}$NH$_2$), 4.08 (d, 1H, ^3J = 4.2 Hz, *anti*-C$\underline{H}$NH$_2$), 5.30 (d, 1H, ^3J = 4.4 Hz, *syn*-C$\underline{H}$OH), 5.35 (d, 1H, ^3J = 4.2 Hz, *anti*-C$\underline{H}$OH), 7.28-7.46 (m, 4H, H-aromat.). Die Ergebnisse sind in Tabelle 8.3 gezeigt.

Tabelle 8.3. Untersuchung auf Epimerisierung

Eintrag	d.r. (*syn/anti*)	pH	d.r. (*syn/anti*) nach 27 h
1	>95:5	7	>25:1
2	>95:5	8	>25:1
3	56:44	7	56:44
4	56:44	8	56:44

8.2.2.5 Allgemeine Arbeitsvorschrift 5 (AAV 5) Photometertest zur Untersuchung der Enzymaktivität[117,118]

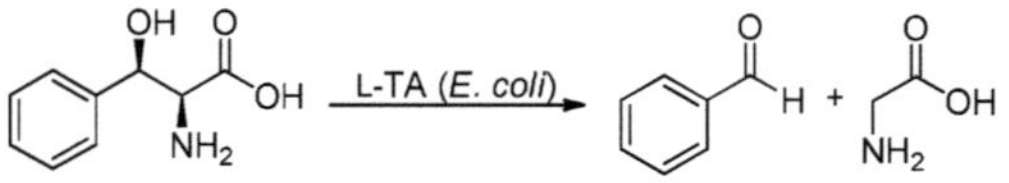

rac-syn-**12e**   **1e**   **11**

Abbildung 8.7. Direkte Aktivitätsbestimmung durch Verfolgung der Benzaldehydkonzentration

Zur Bestimmung der Enzymaktivität in U/mL (µmol min^{-1}mL^{-1}) wurde die Spaltung von *rac-syn*-**12e** in Benzaldehyd (**1e**) und Glycin (**11**) verfolgt. Die Änderung der Benzaldehydkonzentration kann bei 278 nm am Photometer beobachtet werden. In eine Küvette (d = 1 cm) wurden 730 µL Phosphatpuffer (pH 7, 50 mM), 150 µL *rac-syn*-**12e**-Lösung (0.1 M in Phosphatpuffer pH 7, 50 mM), 50 µL Na$_2$EDTA-Lösung (20 mM in Phosphatpuffer pH 7, 50 mM), 50 µL Na₂SO₄ (0.5 M in Phosphatpuffer pH 7, 50 mM) gegeben und gut durchmischt. Anschließend wurden 20 µL der entsprechend verdünnten Enzymlösung (Rohextrakt) zugegeben, nochmals gut durchmischt und die Messung sofort gestartet. Es wurde über 10 Minuten alle 5 Sekunden ein Messpunkt aufgenommen. Zur Berechnung der volumetrischen Enzymaktivität wird die Anfangssteigung der Absorptionskurve in folgende Gleichung (1) eingesetzt:

$$\frac{U}{mL} = \frac{\Delta E_{278nm} V_g f}{\varepsilon V_p t d} \qquad \text{Gleichung (1)}$$

Wobei $\Delta E_{278nm}/t$ die Anfangssteigung der Absorptionskurve in min^{-1}, V_g das Gesamtvolumen der Probe in mL, f der Verdünnungsfaktor des Rohextraktes, V_p das Enzymvolumen in mL, ε der Extinktionskoeffizient in $mM^{-1}cm^{-1}$ und d die Küvettendicke in cm ist. Der Extinktionskoeffizient wurde bei pH 7 und 8, sowie mit und ohne PLP bestimmt.

8.2.2.5.1 Bestimmung des Extinktionskoeffizienten

Zur Bestimmung des Extinktionskoeffizienten bei den verschiedenen Bedingungen wurde die Extinktion bei 278 nm für unterschiedliche Benzaldehydkonzentrationen in Puffer (pH 7 bzw. pH 8) und in An- bzw. Abwesenheit von PLP (Endkonzentration 50 µM) bestimmt. Es wurden jeweils zwei Messungen durchgeführt (E(1), E(2)) und der Mittelwert (E) berechnet (Tabelle 8.4). Aus der Steigung der Geraden (x-Achse: Benzaldehydkonzentration, y-Achse: Extinktion) wurde der Extinktionsfaktor berechnet.

Tabelle 8.4. Extinktion bei pH 7 und ohne Zugabe von PLP

c(1e) [mM]	E(1)	E(2)	E
0.05	0.100	0.100	0.100
0.1	0.162	0.156	0.159
0.25	0.136	0.136	0.136
0.5	0.188	0.186	0.187
1.0	0.364	0.363	0.364
2.0	0.425	0.418	0.421

Experimenteller Teil

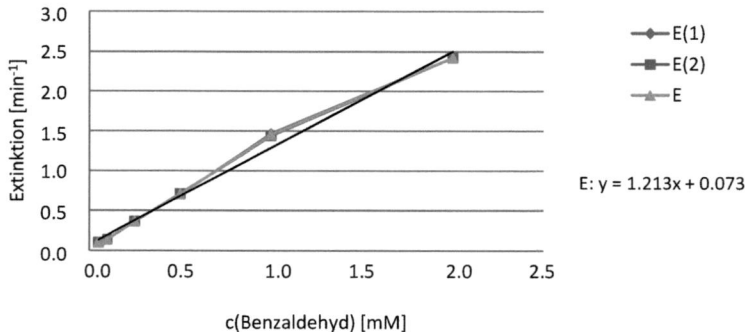

Abbildung 8.8. Extinktion bei pH 7, ohne PLP

Aus der Steigung der Geraden ergibt sich ein Durchschnittswert für den Extinktionskoeffizienten ε von 1.213 mM^{-1}cm^{-1} (Abbildung 8.8).

Tabelle 8.5. Extinktion bei pH 7 und Zugabe von PLP

c (**1e**) [mM]	E(1)	E(2)	E
0.05	0.162	0.156	0.159
0.1	0.136	0.136	0.136
0.25	0.188	0.186	0.188
0.5	0.364	0.363	0.364
1.0	0.425	0.418	0.421
2.0	0.701	0.707	0.704

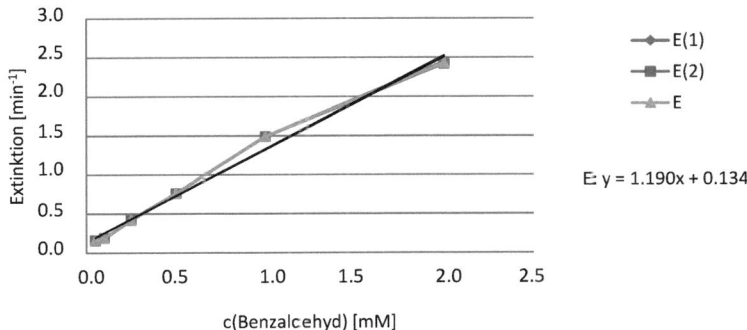

Abbildung 8.9. Extinktion bei pH 7, mit PLP

Aus der Steigung der Geraden ergibt sich ein Durchschnittswert für den Extinktionskoeffizienten ε von 1.19 $mM^{-1}cm^{-1}$ (Abbildung 8.9).

Tabelle 8.6. Extinktion bei pH 8 und ohne Zugabe von PLP

c (**1e**) [mM]	E(1)	E(2)	E
0.05	0.084	0.086	0.085
0.1	0.156	0.155	0.156
0.25	0.419	0.417	0.418
0.5	0.855	0.857	0.856
1.0	1.672	1.672	1.672
2.0	2.467	2.493	2.480

EXPERIMENTELLER TEIL

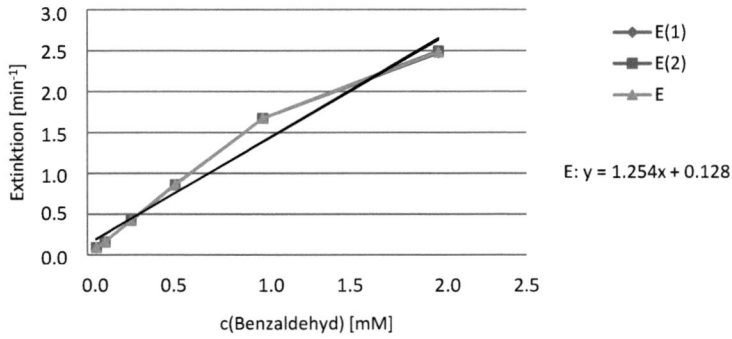

Abbildung 8.10. Extinktion bei pH 8, ohne PLP

Aus der Steigung der Geraden ergibt sich ein Durchschnittswert für den Extinktionskoeffizienten ε von 1.254 mM^{-1}cm^{-1} (Abbildung 8.10).

Tabelle 8.7. Extinktion bei pH 8 und Zugabe von PLP

c (**1e**) [mM]	E(1)	E(2)	E
0.05	0.188	0.184	0.186
0.1	0.261	0.251	0.256
0.25	0.522	0.506	0.514
0.5	0.955	0.942	0.949
1.0	1.758	1.743	1.750
2.0	2.521	2.521	2.521

EXPERIMENTELLER TEIL

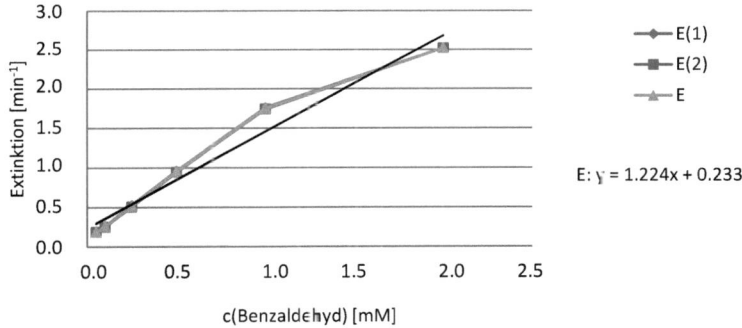

Abbildung 8.11. Extinktion bei pH 8, mit PLP

Aus der Steigung der Geraden ergibt sich ein Durchschnittswert für den Extinktionskoeffizienten ε von 1.224 mM^{-1}cm^{-1} (Abbildung 8.11).

8.2.2.5.2 Aktivitätsbestimmung für L-TA aus *E. coli*

Die Aktivitätsbestimmung erfolgte analog AAV 5. Es wurde die Aktivität bei unterschiedlichen pH-Werten getestet (pH 7, Phosphatpuffer, 50 mM; pH 8, Tris-HCl-Puffer, 50 mM). Die Durchführung ist in Tabelle 8.8 gezeigt.

Tabelle 8.8. Durchführung des Photometertests ohne Zugabe von PLP

Komponente	c (Stammlösung) [M]	Volumen [μL]	Endkonzentration [mM]
Puffer pH 7/8	0.05	730	-
rac-syn-**12e**	0.1	150	15
Na$_2$EDTA	0.02	50	1.0
Na$_2$SO$_4$	0.5	50	25
L-TA (*E. coli*)	-	20	-

EXPERIMENTELLER TEIL

Des Weiteren wurde die Aktivitätsänderung durch Zugabe von PLP (2.5 mM, gelöst in entsprechendem Puffer) untersucht. Bei Zugabe von 20 µL PLP-Lösung wurden 710 µL Pufferlösung zupipettiert, um das Gesamtvolumen von 1 mL beizubehalten (Tabelle 8.9).

Tabelle 8.9. Durchführung des Photometertest mit Zugabe von PLP

Komponente	c (Stammlösung) [mM]	Volumen [µL]	Endkonzentration [mM]
Puffer pH 7/8	50	710	-
rac-syn-**12e**	100	150	15
Na$_2$EDTA	20	50	1.0
Na$_2$SO$_4$	500	50	25
PLP	2.5	20	50
LTA (*E. coli*)	-	20	-

Die Ergebnisse der Versuche sind in Tabelle 8.10 dargestellt. Die Enzymlösung wurde 1:4 (v/v) verdünnt (entspricht f = 4, Gleichung (1)).

Tabelle 8.10. Ergebnisse des Photometertests

Eintrag	pH	Cofaktor	$\Delta E_{340nm}/t$ [1/min]	Aktivität [U/mL]	Relative Aktivität [%]
1	7	ohne PLP	0.0077	1.2	11
2	7	mit PLP	0.0272	4.3	39
3	8	ohne PLP	0.0155	2.4	22
4	8	mit PLP	0.0691	10.9	100

8.2.2.5.3 Inhibierungsversuche

Die Aktivitätsbestimmung erfolgte analog AAV 5. Es wurde Puffer pH 8 (Tris-HCl-Puffer, 50 mM) verwendet, sowie Cofaktor PLP (50 µM) zugegeben (vgl. Tabelle 8.9). Um die Substrat- und Produktinhibierung zu untersuchen wurde die Enzymaktivität bei verschiedenen Konzentrationen von Glycin (**11**) und Phenylserin (**12e**) bestimmt. Es wurde eine gesättigte Lösungen von Glycin (**11**, 2.1 M) und *rac-syn*-Phenylserin (*rac-syn*-**12e**,

0.19 M) in Puffer pH 8 (Tris-HCl-Puffer, 50 mM) verwendet und entsprechend verdünnt. Die Substratlösung wurde anstelle der Pufferkomponente zugegeben (vgl. Tabelle 8.9). Die Ergebnisse zur Substratinhibierung sind in Tabelle 8.11 gezeigt, die zur Produktinhibierung in Tabelle 8.12.

Tabelle 8.11. Einfluss von **11** auf die Enzymaktivität

Eintrag	11 [M]	$\Delta E_{340nm}/t$ [1/min]	Aktivität [U/mL]	Relative Aktivität [%]
1	0	0.0691	10.9	100
2	0.5	0.0060	9.8	90
3	1.0	0.0064	10.5	96
4	1.5	0.0041	6.7	61
5	2.1	0.0037	6.0	55

Tabelle 8.12. Einfluss von **12e** auf die Enzymaktivität

Eintrag	12e [mM]	$\Delta E_{340nm}/t$ [1/min]	Aktivität [U/mL]	Relative Aktivität [%]
1	0	0.0264	43.1	100
2	15	0.0180	29.4	67
3	50	0.0119	19.4	45
4	100	0.0092	15.1	35
5	150	0.0083	13.6	32

8.2.2.6 Umsatzbestimmung der L-TA-katalysierten Aldolreaktion

Da der Umsatz aufgrund von im Enzymrohextrakt enthaltenem Glycerin nicht direkt bestimmt werden konnte, wurden zwei Methoden zur Umsatzbestimmung entwickelt und auf ihre Genauigkeit überprüft. Anschließend wurden die beiden Methoden angewendet.

8.2.2.6.1 Überprüfung der Umsatzbestimmung mittels NMR-Standard

Es wurden verschiedene Mengen *rac-syn*-**12e** (0.006-0.025 mmol) in 111 µL Puffer (pH 8, Tris-HCl-Puffer, 0.1 M) gelöst und 139 µL inaktive L-TA zugegen. Anschließend wurden 25 µL einer 1 M *tert*-Leucin-Lösung zupipettiert und das Gemisch abzentrifugiert. Der Überstand

EXPERIMENTELLER TEIL

wurde in einen Kolben überführt und das Lösungsmittel im Vakuum entfernt. Danach wurde der erhaltene Rückstand in D_2O aufgenommen und das Verhältnis zwischen **12e** und *tert*-Leucin **83** mittels ^{1}H-NMR-Spektroskopie bestimmt. ^{1}H-NMR (400 MHz, D_2O): δ (ppm) = 1.08 (s, 9H, C$\underline{H}_3$-**83**), 3.91 (d, 1H, ^3J = 4.4 Hz, *syn*-C$\underline{H}$NH$_2$), 4.08 (d, 1H, ^3J = 4.2 Hz, *anti*-C$\underline{H}$NH$_2$), 5.30 (d, 1H, ^3J = 4.4 Hz, *syn*-C$\underline{H}$OH), 5.35 (d, 1H, ^3J = 4.2 Hz, *anti*-C$\underline{H}$OH), 7.28-7.46 (m, 4H, H-aromat.). Die spektroskopischen Daten stimmen mit den in der Literatur angegeben Daten überein.[116,141,143] Die Ergebnisse sind in Tabelle 8.13 dargestellt.

Tabelle 8.13. Überprüfung der Umsatzbestimmung mittels NMR-Standard

Eintrag	**12e** [mmol]	**83** [mmol]	theoretisches Verhältnis **12e:83**	Verhältnis **12e:83** aus NMR	Abweichung [%]
1	0.025	0.025	1:1	1:1.02	2
2	0.02	0.025	1:1.25	1:1.29	3
3	0.0175	0.025	1:1.4	1:1.37	2
4	0.015	0.025	1:1.67	1:1.61	2
5	0.0125	0.025	1:2	1:2.06	1
6	0.00625	0.025	1:4	1:3.72	2
7	0.0135	0.025	1:1.85	1:1.82	1

8.2.2.6.2 Überprüfung der Umsatzbestimmung mittels Derivatisierung

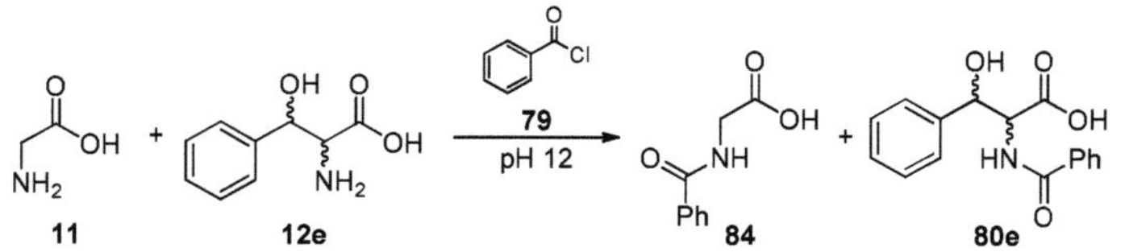

Abbildung 8.12. Umsatzbestimmung mittels Derivatisierung

rac-syn-**12e** (0.1-0.5 mmol) und **11** (0.5-1.9 mmol) wurden in 19 mL H_2O gelöst. Es wurde eine 2 mL-Probe entnommen und durch Zugabe von 1 M NaOH der pH-Wert auf pH 12 gebracht. Nach Zugabe von 1.2 Äq. Benzoylchlorid **79** wurde 2 h bei RT gerührt.

Anschließend wurde durch Zugabe von HCl der pH-Wert auf 1 eingestellt und mit EtOAc (3 x 5 mL) extrahiert. Die vereinigten organischen Phasen wurden über MgSO$_4$ getrocknet und das Lösungsmittel im Vakuum entfernt. Das Verhältnis von **80e** zu **84** wurde mittels ^{1}H-NMR-Spektroskopie bestimmt. ^{1}H-NMR (400 MHz, Aceton-d$_6$) δ (ppm) = 4.15 (d, 2H, ^{3}J = 5.8 Hz, CH$_2$-**84**) 4.99-5.03 (m, 2H, CHNH). 5.50 (d, 1H, ^{3}J = 2.90 Hz, CHOH), 7.20-8.06 (m, 10H, H-aromat.). Die spektroskopischen Daten stimmen mit den in der Literatur angegeben Daten überein.[116,141,144] Die Ergebnisse sind in Tabelle 8.14 dargestellt.

Tabelle 8.14. Überprüfung der Umsatzbestimmung mittels Derivatisierung

Eintrag	80e [mmol]	74 [mmol]	theoretisches Verhältnis 80e:84	Verhältnis 80e:84 aus NMR	Abweichung [%]
1	0.5	0.5	1:1	1:1.01	1
2	0.1	0.9	1:9	1:9.5	5
3	0.1	1.9	1:19	1:19.5	3

8.2.2.6.3 Umsatzbestimmung der L-TA-katalysierten Aldolreaktion

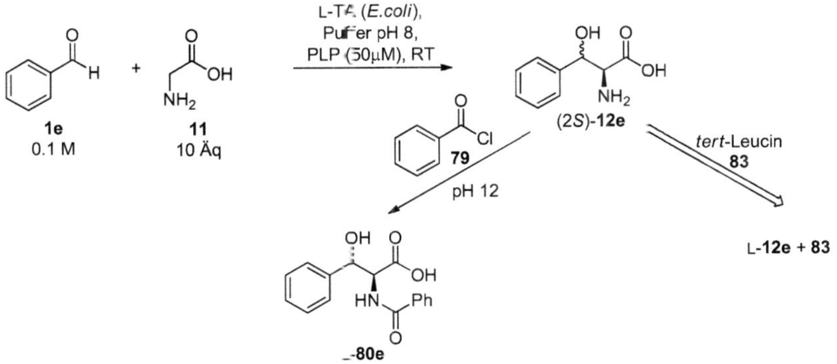

Abbildung 8.13. Umsatzbestimmung mittels Derivatisierung oder Zugabe eines NMR-Standards

EXPERIMENTELLER TEIL

8.2.2.6.3.1 Allgemeine Arbeitsvorschrift 6.1 (AAV 6.1) Umsatzbestimmung der L-TA-katalysierten Aldolreaktion mittels NMR-Standard

Glycin (**11**, 0.25 mmol, 19 mg) wurde in 139 µL Puffer (pH 8, Tris-HCl-Puffer, 0.1 M) gelöst. Nach Zugabe von PLP (50 µM), Benzaldehyd (**1e**, 0.025 mmol, 2.5 µL) und L-TA (139 µL, 70 U/mmol) wurde 17 h gerührt. Der pH-Wert des Reaktionsgemisches wurde nach Ablauf der Reaktionszeit zur Umsatzbestimmung durch Zugabe von HCl auf pH 1 gebracht. Nach Zugabe von 25 µL tert-Leucin (**83**) wurde das durch Ansäuern ausgefallene Protein abzentrifugiert, der Überstand abpipettiert und das Lösungsmittel im Vakuum entfernt. Der Rückstand wurde in D_2O aufgenommen und der Umsatz, sowie das Diastereomerenverhältnis mittels ^{1}H-NMR-Spektroskopie bestimmt.

8.2.2.6.3.2 Allgemeine Arbeitsvorschrift 6.2 (AAV 6.2): Umsatzbestimmung der L-TA-katalysierten Aldolreaktion mittels Derivatisierung

Glycin (**11**, 0.25 mmol, 19 mg) wurde in 139 µL Puffer (pH 8, Tris-HCl-Puffer, 0.1 M) gelöst. Nach Zugabe von PLP (50 µM), Benzaldehyd (**1e**, 0.025 mmol, 2.5 µL) und L-TA (139 µL, 70 U/mmol) wurde 17 h gerührt. Nach Ablauf der Reaktionszeit wurden zur Umsatzbestimmung 200 µL NaOH (5 M) und Benzoylchlorid (**79**, 1.2 Äq.) zugegeben. Das Reaktionsgemisch wurde 2 h bei RT gerührt. Anschließend wurde durch Zugabe von HCl der pH-Wert auf 1 gebracht und mit EtOAc (3 x 5 mL) extrahiert. Die vereinigten organischen Phasen wurden über $MgSO_4$ getrocknet und das Lösungsmittel im Vakuum entfernt. Der Umsatz, sowie das Diastereomerenverhältnis wurden mittels ^{1}H-NMR-Spektroskopie bestimmt.

8.2.2.6.3.3 Ergebnisse der Umsatzbestimmung

Die Reaktion wurde analog AAV 6.1 bzw. AAV 6.2 durchgeführt. Umsatzbestimmung mittels NMR-Standard: ^{1}H-NMR (400 MHz, D_2O): δ (ppm) = 1.08 (s, 9 H, CH_3-**83**), 3.91 (d, 1H, ^3J = 4.4 Hz, syn-C$\underline{H}$$NH_3^+$), 4.08 (d, 1H, ^3J = 4.2 Hz, anti-C$\underline{H}$$NH_3^+$), 5.30 (d, 1H, ^3J = 4.4 Hz, syn-C$\underline{H}$OH), 5.35 (d, 1H, ^3J = 4.2 Hz, anti-C$\underline{H}$OH), 7.28-7.46 (m, 4H, H-aromat.). Umsatzbestimmung mittels Derivatisierung: ^{1}H-NMR (400 MHz, Aceton-d_6) δ (ppm) = 4.15 (d, 2H, ^3J = 5.8 Hz, CH_2-**84**), 4.99-5.03 (m, 2H, C$\underline{H}$NH), 5.27 (d, 1H, ^3J = 6.0 Hz, anti-C$\underline{H}$OH),

5.50 (d, 1H, ^3J = 2.9 Hz, syn-C<u>H</u>OH), 7.20-8.06 (m, 10H, H-aromat.). Der ee-Wert des derivatisierten Produkts betrug >99% (OJ-H-Säule, Hexan/i-PrOH/FA 95:5:0.1, v/v, flow 0.8 ml/min, 230 nm, t_r ((2S,3R)-**12e**) = 43.94 min, t_r ((2S,3S)-**12e**) = 49.78 min). Die spektroskopischen Daten stimmen mit den in der Literatur angegeben Daten überein.[116,141,143,144] Die Ergebnisse der Umsatzbestimmung sind in Tabelle 8.15 gezeigt.

Tabelle 8.15. Umsatzbestimmung L-TA-katalysierten Aldo reaktion

Eintrag	Methode	Umsatz [%]	d.r. (syn/anti)
1	AAV 6.1	>95	62:38
2	AAV 6.2	91	65:35

8.2.2.7 Untersuchung der L-TA-katalysierten Aldolreaktion

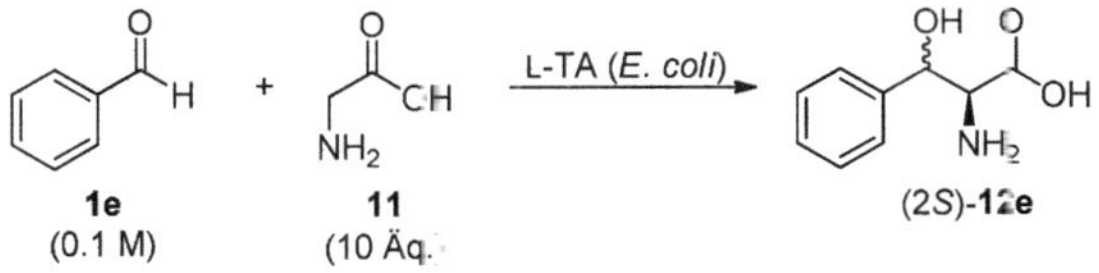

Abbildung 8.14. L-TA-katalysierten Aldolreaktion

Die enzymatische Reaktion wurde analog AAV 6.1 bzw. AAV 6.2 durchgeführt und verschiedene Parameter variiert.

8.2.2.7.1 Zeitabhängigkeit

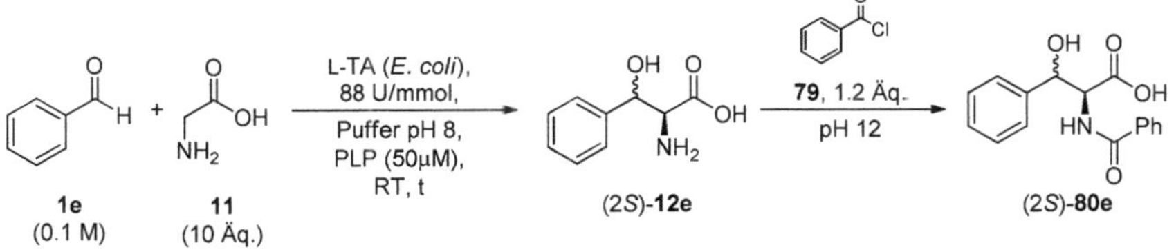

Abbildung 8.15. Untersuchung der Zeitabhängigkeit

EXPERIMENTELLER TEIL

Zur Untersuchung der Zeitabhängigkeit wurde die Reaktion analog AAV 6.2 durchgeführt. Es wurden 0.5 mmol Glycin (**11**, 38 mg), 0.05 mmol Benzaldehyd (**1e**, 5.1 µL) und PLP (50 µM) in 250 µL Puffer (pH 8, Tris-HCl-Puffer, 0.1 M) gelöst und 250 µL L-TA aus *E. coli* (88 U/mmol) zugegeben. Der Umsatz und das Diastereomerenverhältnis wurden zu verschiedenen Zeitpunkten (1 h, 8 h, 20 h) mittels Derivatisierung bestimmt. ^{1}H-NMR (400 MHz, Aceton-d$_6$) δ (ppm) = 4.15 (d, 2H, ^3J = 5.8 Hz, C$\underline{H}_2$-**84**), 4.99-5.03 (m, 2H, C$\underline{H}$NH), 5.27 (d, 1H, ^3J = 6.0 Hz, *anti*-C$\underline{H}$OH), 5.50 (d, 1H, ^3J = 2.9 Hz, *syn*-C$\underline{H}$OH), 7.20-8.06 (m, 10H, H-aromat.). Die spektroskopischen Daten stimmen mit den in der Literatur angegeben Daten überein.[116,144] Die Ergebnisse sind in Tabelle 8.16 dargestellt.

Tabelle 8.16. Zeitabhängigkeit der Enzymreaktion

Eintrag	t [h]	Umsatz [%]	d.r. (*syn/anti*)
1	1	20	44:56
2	8	41	68:32
3	20	91	65:35

8.2.2.7.2 Temperaturabhängigkeit

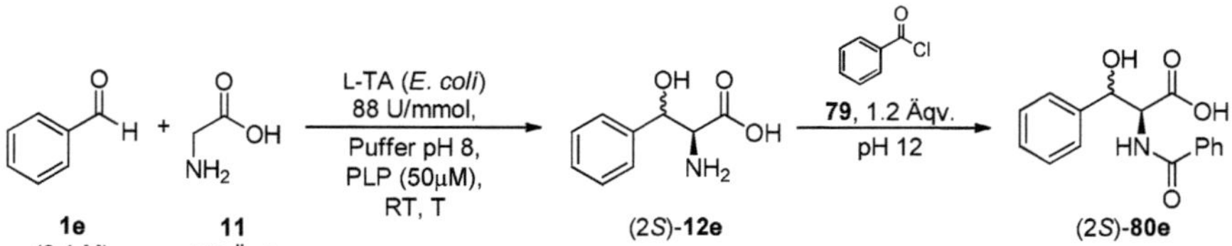

Abbildung 8.16. Untersuchung der Temperaturabhängigkeit

Zur Untersuchung der Temperaturabhängigkeit wurde die Reaktion analog AAV 6.2 bei 40°C durchgeführt. Es wurden 0.5 mmol Glycin (**11**, 38 mg), 0.05 mmol Benzaldehyd (**1e**, 5.1 µL) und PLP (50 µM) in 250 µL Puffer (pH 8, Tris-HCl-Puffer, 0.1 M) gelöst und 250 µL L-TA aus *E. coli* (88 U/mmol) zugegeben. Die Reaktionszeit betrug 8 h bzw. 20 h. ^{1}H-NMR (400 MHz, Aceton-d$_6$) δ (ppm) = 4.15 (d, 2H, ^3J = 5.8 Hz, C$\underline{H}_2$-**84**), 4.99-5.03 (m, 2H, C$\underline{H}$NH), 5.27 (d, 1H, ^3J = 6.0 Hz, *anti*-C$\underline{H}$OH), 5.50 (d, 1H, ^3J = 2.9 Hz, *syn*-C$\underline{H}$OH), 7.20-8.06 (m, 10H, H-aromat.). Die spektroskopischen Daten stimmen mit den in der Literatur angegeben Daten überein.[116,144] Die Ergebnisse sind in Tabelle 8.17 dargestellt.

Tabelle 8.17. Enzymreaktion bei 40°C

Eintrag	t [h]	Umsatz [%]	d.r. (syn/anti)
1	3	21	60:40
2	20	13	77:23

Ein weiterer Versuch wurde unter folgenden Bedingungen bei 4°C durchgeführt:
Zu Glycin (**11**, 0.313 mmol) und PLP (50 µM) wurde Benzaldehyd (**1e**, 0.0313 mmol) und L-TA (125 µL, 50 U/mmol) gegeben und 7 h bei ca. 4°C gerührt. Nach Ablauf der Reaktionszeit wurden zur Umsatzbestimmung 200 µL NaOH (5 M) und Benzoylchlorid (**79**, 1.2 Äq.) zugegeben. Das Reaktionsgemisch wurde 2 h bei RT gerührt. Anschließend wurde durch Zugabe von HCl auf pH 1 angesäuert und mit EtOAc (3 x 5 mL) extrahiert. Die vereinigten organischen Phasen wurden über $MgSO_4$ getrocknet und das Lösungsmittel im Vakuum entfernt. Es wurden ein Umsatz von 20% und ein Diastereomerenverhältnis von d.r. 46:54 (syn/anti) erhalten. ^{1}H-NMR (400 MHz, Aceton-d_6) δ (ppm) = 4.15 (d, 2H, ^3J = 5.8 Hz, C$\underline{H}_2$-**84**), 4.99-5.03 (m, 2H, C$\underline{H}$NH), 5.27 (d, 1H, ^3J = 6.0 Hz, anti-C$\underline{H}$OH), 5.50 (d, 1H, ^3J = 2.9 Hz, syn-C$\underline{H}$OH), 7.20-8.06 (m, 10H, H-aromat.). Die spektroskopischen Daten stimmen mit den in der Literatur angegeben Daten überein.[116,144]

8.2.2.7.3 Einfluss der Enzymmenge

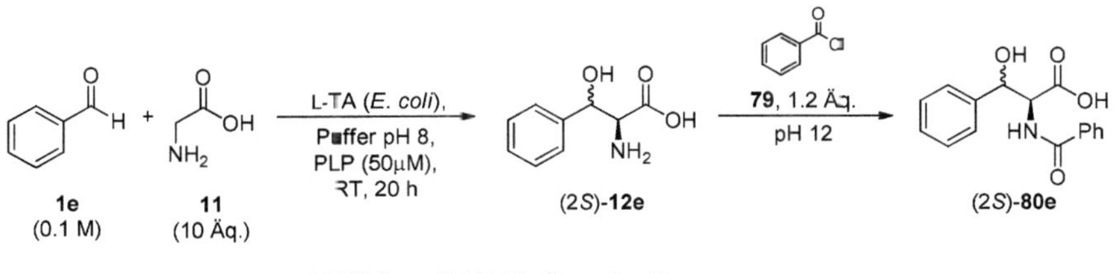

Abbildung 8.17. Einfluss der Enzymmenge

EXPERIMENTELLER TEIL

Zur Untersuchung des Einflusses der Enzymmenge wurde die Reaktion analog AAV 6.2 durchgeführt. Es wurden 0.5 mmol Glycin (**11**, 38 mg), 0.05 mmol Benzaldehyd (**1e**, 5.1 µL) und PLP (50 µM) eingesetzt. Desweiteren wurden entweder 250 µL Puffer (pH 8, Tris-HCl-Puffer, 0.1 M) und 250 µL L-TA aus *E. coli* (88 U/mmol) oder 500 µL L-TA aus *E. coli* (176 U/mmol) zugegeben. Der Umsatz und das Diastereomerenverhältnis wurde wieder zu verschiedenen Reaktionszeiten 1-20 h bestimmt. ^{1}H-NMR (400 MHz, Aceton-d$_6$) δ (ppm) = 4.15 (d, 2H, ^3J = 5.8 Hz, CH$_2$-**84**), 4.99-5.03 (m, 2H, CHNH), 5.27 (d, 1H, ^3J = 6.0 Hz, *anti*-CHOH), 5.50 (d, 1H, ^3J = 2.9 Hz, *syn*-CHOH), 7.20-8.06 (m, 10H, H-aromat.). Die spektroskopischen Daten stimmen mit den in der Literatur angegeben Daten überein.[116,144] Die Ergebnisse sind in Tabelle 8.18 dargestellt.

Tabelle 8.18. Einfluss der Enzymmenge

Eintrag	Enzymmenge [U/mmol]	t [h]	Umsatz [%]	d.r. (*syn/anti*)
1	88	1	20	44:56
2	88	8	41	68:32
3	88	20	91	65:35
4	176	1	63	67:33
5	176	3	79	67:33
6	176	20	91	68:32

8.2.2.7.4 Einfluss des Verhältnisses von Benzaldehyd zu Glycin

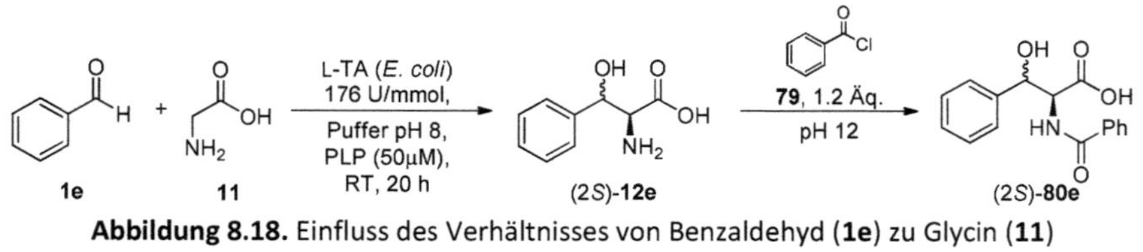

Abbildung 8.18. Einfluss des Verhältnisses von Benzaldehyd (**1e**) zu Glycin (**11**)

8.2.2.7.4.1 Einfluss der Glycinkonzentration

Zur Untersuchung des Einflusses der Glycinkonzentration auf den Umsatz wurde die Reaktion analog AAV 6.2 durchgeführt. Die Glycinkonzentration wurde von 1 M auf 0.1 M gesenkt während die Benzaldehydkonzentration konstant bei 0.1 M gehalten wurde. Die Enzymmenge betrug 176 U/mmol. Der Umsatz wurde jeweils nach 20 h bestimmt. ^{1}H-NMR (400 MHz, Aceton-d$_6$) δ (ppm) = 4.15 (d, 2H, ^{3}J = 5.8 Hz, C$\underline{H}_2$-**84**), 4.99-5.03 (m, 2H, C$\underline{H}$NH), 5.27 (d, 1H, ^{3}J = 6.0 Hz, *anti*-C$\underline{H}$OH), 5.50 (d, 1H, ^{3}J = 2.9 Hz, *syn*-C$\underline{H}$OH), 7.20-8.06 (m, 10H, H-aromat). Die spektroskopischen Daten stimmen mit den in der Literatur angegeben Daten überein.[116,144] Die Ergebnisse sind in Tabelle 8.19 dargestellt.

Tabelle 8.19. Einfluss des Glycinüberschusses

Eintrag	11 [M]	1e [M]	Umsatz [%]	d.r. (*syn/anti*)
1	1.0	0.1	91	68:32
2	0.5	0.1	44	70:30
3	0.2	0.1	28	65:35
4	0.1	0.1	8	73:27

8.2.2.7.4.2 Einfluss der Benzaldehydkonzentration

Zur Untersuchung des Einflusses der Benzaldehydkonzentration auf den Umsatz wurde die Reaktion analog AAV 6.2 durchgeführt. Die Benzaldehydkonzentration wurde von 0.1 M auf 1 M erhöht während die Glycinkonzentration konstant bei 1 M gehalten wurde. Da die Enzymaktivität in Abhängigkeit der Aldehydkonzentration eingesetzt wurde, musste bei Einhaltung der Substratkonzentration die Enzymmenge reduziert werden. Der Umsatz wurde jeweils nach 20 h bestimmt. ^{1}H-NMR (400 MHz, Aceton-d$_6$) δ (ppm) = 4.15 (d, 2H, ^{3}J = 5.8 Hz, C$\underline{H}_2$-**84**), 4.99-5.03 (m, 2H, C$\underline{H}$NH), 5.27 (d, 1H, ^{3}J = 6.0 Hz, *anti*-C$\underline{H}$OH), 5.50 (d, 1H, ^{3}J = 2.9 Hz, *syn*-C$\underline{H}$OH), 7.20-8.06 (m, 10H, H-aromat.). Die spektroskopischen Daten stimmen mit den in der Literatur angegeben Daten überein.[116,144] Die Ergebnisse sind in Tabelle 8.20 dargestellt.

EXPERIMENTELLER TEIL

Tabelle 8.20. Einfluss der Benzaldehydkonzentration

Eintrag	11 [M]	1e [M]	Enzymmenge [U/mmol]	Umsatz [%]	d.r. (syn/anti)
1	1.0	0.1	88	91	68:32
2	1.0	0.5	17	14	71:29
3	1.0	1.0	9	4	67:33

8.2.2.7.5 Erhöhung der Substratkonzentration

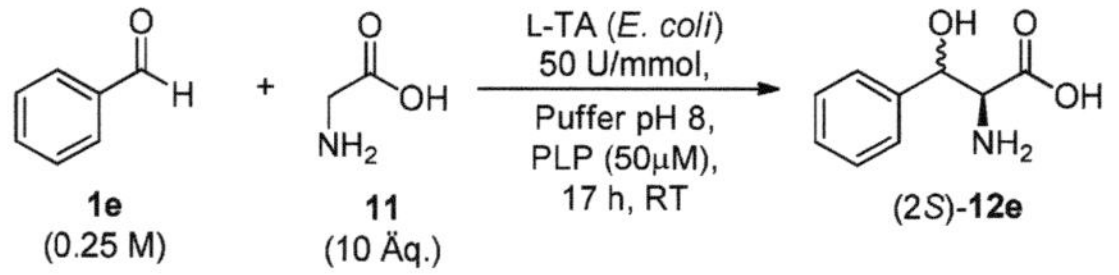

Abbildung 8.19. Erhöhung der Substratkonzentration auf 0.25 M

Um einen effizienteren Prozess zu entwickeln, wurde eine Erhöhung der Substratkonzentration von 0.1 M auf 0.25 M untersucht. Der Umsatz wurde mit Hilfe der beiden entwickelten Methoden bestimmt.

8.2.2.7.5.1 Allgemeine Arbeitsvorschrift 7.1 (AAV 7.1): Umsatzbestimmung durch NMR-Standard bei einer Substratkonzentration von 0.25 M

Zu Glycin (**11**, 0.313 mmol, 23 mg) und PLP (50 µM) wurde Benzaldehyd (**1e**, 0.0313 mmol, 3.2 µL) und L-TA (125 µL, 50 U/mmol) gegeben und 17 h gerührt. Der pH-Wert des Reaktionsgemisches wurde nach Ablauf der Reaktionszeit zur Umsatzbestimmung durch Zugabe von HCl auf pH 1 gebracht. Nach Zugabe von 31.3 µL *tert*-Leucin **83** wurde das durch Ansäuern ausgefallene Protein abzentrifugiert, der Überstand in einen Kolben pipettiert und das Lösungsmittel im Vakuum entfernt. Der Rückstand wurde in D_2O aufgenommen und der Umsatz, sowie das Diastereomerenverhältnis mittels ^{1}H-NMR-Spektroskopie bestimmt.

8.2.2.7.5.2 Allgemeine Arbeitsvorschrift 7.2 (AAV 7.2): Umsatzbestimmung durch Derivatisierung bei einer Substratkonzentration von 0.25 M

Zu Glycin (**11**, 0.313 mmol) und PLP (50 µM) wurde Benzaldehyd (**1e**, 0.0313 mmol, 3.2 µL) und L-TA (125 µL, 50 U/mmol) gegeben und 17 h gerührt. Nach Ablauf der Reaktionszeit wurden zur Umsatzbestimmung 200 µL 5 M NaOH und Benzoylchlorid (**79**, 1.2 Äq.) zugegeben. Das Reaktionsgemisch wurde 2 h bei RT gerührt. Anschließend wurde durch Zugabe von HCl auf pH 1 angesäuert und mit EtOAc (3 x 5 mL) extrahiert. Die vereinigten organischen Phasen wurden über $MgSO_4$ getrocknet und das Lösungsmittel im Vakuum entfernt. Der Umsatz, sowie das Diastereomerenverhältnis wurden mittels ^{1}H-NMR-Spektroskopie bestimmt.

8.2.2.7.5.3 Ergebnisse der Umsatzbestimmung (0.25 M)

Die Reaktion wurde analog AAV 7.1 bzw. AAV 7.2 durchgeführt. Umsatzbestimmung mittels NMR-Standard: ^{1}H-NMR (400 MHz, D_2O): δ (ppm) = 1.08 (s, 9 H, C$\underline{H}_3$-**83**) 3.91 (d, 1H, ^{3}J = 4.4 Hz, syn-C$\underline{H}$NH$_3^+$), 4.08 (d, 1H, ^{3}J = 4.2 Hz, anti-C$\underline{H}$NH$_3^+$), 5.30 (d, 1H, ^{3}J = 4.4 Hz, syn-C$\underline{H}$OH), 5.35 (d, 1H, ^{3}J = 4.2 Hz, anti-C$\underline{H}$OH), 7.28-7.46 (m, 4H, H-aromat.). Umsatzbestimmung mittels Derivatisierung: ^{1}H-NMR (400 MHz, Aceton-d$_6$) δ (ppm) = 4.15 (d, 2H, ^{3}J = 5.8 Hz, C$\underline{H}_2$-**84**), 4.99-5.03 (m, 2H, C$\underline{H}$NH), 5.27 (d, 1H, ^{3}J = 6.0 Hz, anti-C$\underline{H}$OH), 5.50 (d, 1H, ^{3}J = 2.9 Hz, syn-C$\underline{H}$OH), 7.20-8.06 (m, 10H, H-aromat.). Der ee-Wert des derivatisierten Produkts betrug >99% (OJ-H-Säule, Hexan/i-PrOH/FA 95:5:0.1, v/v, flow 0.8 ml/min, 230 nm, t$_r$ ((2S,3R)-**12e**) = 43.94 min, t$_r$ ((2S,3S)-**12e**) = 49.78 min). Die spektroskopischen Daten stimmen mit den in der Literatur angegebenen Daten überein.[116,141,143,144] Die Ergebnisse der unterschiedlichen Umsatzbestimmung sind in Tabelle 8.21 gezeigt.

Tabelle 8.21 Umsatz bei Substratkonzentration von 0.25 M

Eintrag	Methode	Umsatz [%]	d.r. (syn/anti)
1	AAV 7.1	91	61:39
2	AAV 7.2	84	65:35

8.2.2.7.6 Einfluss verschiedener Additive

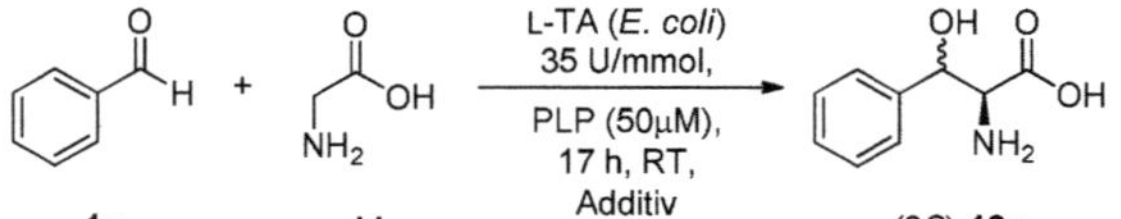

Abbildung 8.20. Einfluss verschiedener Additive

Zur Untersuchung des Einflusses verschiedener Additive auf den Umsatz wurde die Reaktion analog AAV 7.1 mit einer Substratkonzentration von 0.25 M durchgeführt. Es wurde zum Rohextrakt 50 Vol% der entsprechenden Substanz zugefügt. Die Zugabe von *tert*-Leucin zur Umsatzbestimmung war nur bei Verwendung von Glycerin als Additiv notwendig. ^{1}H-NMR (400 MHz, D$_2$O): δ (ppm) = 1.08 (s, 9 H, C$\underline{H}_3$-**83**), 3.80 (s, 2H, C$\underline{H}_2$NH$_3^+$-**11**) 3.91 (d, 1H, ^3J = 4.4 Hz, *syn*-C$\underline{H}$NH$_3^+$), 4.08 (d, 1H, ^3J = 4.2 Hz, *anti*-C$\underline{H}$NH$_3^+$), 5.30 (d, 1H, ^3J = 4.4 Hz, *syn*-C$\underline{H}$OH), 5.35 (d, 1H, ^3J = 4.2 Hz, *anti*-C$\underline{H}$OH), 7.28-7.46 (m, 4H, H-aromat.). Die spektroskopischen Daten stimmen mit den in der Literatur angegeben Daten überein.[116,141,143] Die Ergebnisse sind in Tabelle 8.19 dargestellt.

Tabelle 8.22. Einfluss verschiedener Additive

Eintrag	Additiv (50 Vol%)	Umsatz [%]	d.r. (*syn/anti*)
1	Puffer	68	65:35
2	Glycerin	71	65:35
3	DMSO	11	58:42
4	*i*-PrOH	19	60:40
5	Aceton	16	60:40

8.2.2.7.7 Substratspektrum

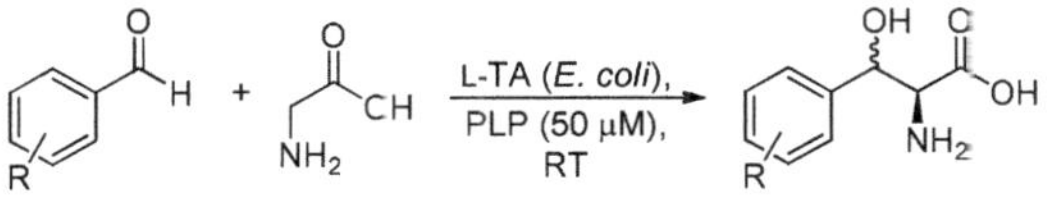

1 11 (2*S*)-12

Abbildung 8.21. Erweiterung des Substratspektrums

Zur Erweiterung des Substratspektrums wurden verschieden substituierte Benzaldehyde als Akzeptor eingesetzt. Die enzymatische Reaktion wurde bei einer Substratkonzentration von 0.1 M und 0.25 M durchgeführt und der Umsatz mit Hilfe der beiden möglichen Methoden bestimmt (vgl. AAV 6.1, 6.2, 7.1 und 7.2).

8.2.2.7.7.1 Enzymatische Synthese von *p*-Nitrophenylserin (2*S*)-12b

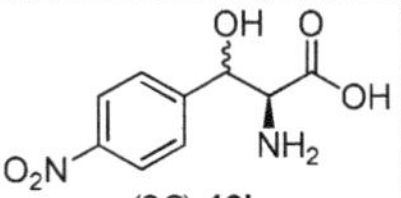

(2*S*)-**12b**
$C_9H_{10}N_2O_5$
M = 226.19 g/mol

Die Synthese erfolgte analog AAV 6.2 und 7.1. Es wurde die entsprechende Menge *p*-Nitrobenzaldehyd (**1b**, 0.1 M: 0.025 mmol, 0.25 M: 0.0313 mmol) eingesetzt. Umsatzbestimmung mittels NMR-Standard: ^{1}H-NMR (400 MHz, D_2O) δ (ppm) = 4.36 (d, 1H, ^3J = 3.2 Hz, *syn*-C<u>H</u>NH_3^+), 4.45 (d, 1H, ^3J = 3.0 Hz, *anti*-C<u>H</u>NH_3^+), 5.44 (d, 1H, ^3J = 2.6 Hz, *anti*-C<u>H</u>OH), 5.51 (d, 1H, ^3J = 3.1 Hz, *syn*-C<u>H</u>OH), 7.57-7.67 (m, 2H, H-aromat.), 8.19-8.25 (m, 2H, H-aromat.). Umsatzbestimmung mittels Derivatisierung: ^{1}H-NMR (400 MHz, Aceton-d_6) δ (ppm) = 5.04-5.06 (m, 1H, *anti*-C<u>H</u>NH), 5.11-5.14 (m, 1H, *syn*-C<u>H</u>NH), 5.43 (d, 1H, ^3J = 5,6 Hz, *anti*-C<u>H</u>OH), 5.67 (d, 1H, ^3J = 2,3 Hz, *syn*-C<u>H</u>OH), 7.44-8.27 (m, 9H, H-aromat.). Die spektroskopischen Daten stimmen mit den in der Literatur angegebenen Daten überein.[109] Die Ergebnisse der enzymatischen Umsetzungen sind in Tabelle 8.23 angegeben.

Tabelle 8.23. Enzymatische Synthese von (2*S*)-**12b**

Eintrag	AAV	Aldehydkonzentration [M]	Umsatz [%]	d.r. (*syn*/*anti*)
1	6.2	0.1	55	62:38
2	7.1	0.25	35	68:32

8.2.2.7.7.2 Enzymatische Synthese von p-Methylthiophenylserin (2S)-12d

(2S)-**12d**
$C_{10}H_{13}NO_3S$
M = 227.28 g/mol

Die Synthese erfolgte analog AAV 6.1. Es wurde die entsprechende Menge p-Methylthiobenzaldehyd (**1d**, 0.025 mmol) eingesetzt. Es wurden ein Umsatz von 10% und ein Diastereomerenverhältnis von d.r. 57:43 (syn/anti) erzielt. Umsatzbestimmung mittels NMR-Standard: ^{1}H-NMR (400 MHz, D$_2$O) δ (ppm) = 2.41 (s, 3H, anti-SCH$_3$), 2.42 (s, 3H, syn-SCH$_3$), 3.85-3.88 (m, 2H, CHNH$_3^+$), 5.25 (d, 1H, ^3J = 4.3 Hz, anti-CHOH), 5.29 (d, 1H, ^3J = 4.0 Hz, syn-CHOH), 7.34-7.39 (m, 4H, H-aromat.). Die spektroskopischen Daten stimmen mit den in der Literatur angegebenen Daten überein.[140]

8.2.2.7.7.3 Enzymatische Synthese von p-Chlorphenylserin (2S)-12f

(2S)-**12f**
$C_9H_{10}ClNO_3$
M = 215.63 g/mol

Die Synthese erfolgte analog AAV 6.1, 6.2 und 7.2. Es wurde die entsprechende Menge p-Chlorbenzaldehyd (**1f**, 0.1 M: 0.025 mmol, 0.25 M: 0.0313 mmol) eingesetzt. Umsatzbestimmung mittels NMR-Standard: ^{1}H-NMR (400 MHz, D$_2$O) δ (ppm) = 4.07 (d, 1H, ^3J = 4.0 Hz, syn-CHNH$_3^+$), 4.21 (d, 1H, ^3J = 4.3 Hz, anti-CHNH$_3^+$), 5.35 (d, 1H, ^3J = 4.6 Hz, syn-CHOH), 5.38 (d, 1H, ^3J = 4.6 Hz anti-CHOH), 7.38-7.50 (m, 4H, H-aromat.). Umsatzbestimmung mittels Derivatisierung: ^{1}H-NMR (400 MHz, Aceton-d$_6$) δ (ppm) = 4.99 (dd, 1H, ^3J = 8.2 Hz, 2.5 Hz, syn-CHNH), 5.04 (dd, 1H, ^3J = 9.1 Hz, 6.1 Hz, anti-CHNH), 5.28 (d, 1H, ^3J = 5.8 Hz, syn-CHOH), 5.52 (d, 1H, ^3J = 2.8 Hz, anti-CHOH), 7.22-7.83 (m, 9H, H-aromat.). Die spektroskopischen Daten stimmen mit den in der Literatur angegebenen Daten[109] bzw. mit den Daten des vollständig charakterisierten Racemats überein (Abschnitt 8.2.2.2.3). Die Ergebnisse der enzymatischen Umsetzungen sind in Tabelle 8.24 angegeben.

Tabelle 8.24. Enzymatische Synthese von (2S)-**12f**

Eintrag	AAV	Aldehydkonzentration [M]	Umsatz [%]	d.r. (syn/anti)
1	6.1	0.1	32	62:38
2	6.2	0.1	26	66:34
3	7.2	0.25	20	66:34

8.2.2.7.7.4 Enzymatische Synthese von o-Chlorphenylserin (2S)-12i

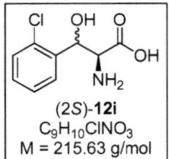

(2S)-12i
$C_9H_{10}ClNO_3$
M = 215.63 g/mol

Die Synthese erfolgte analog AAV 6.2 und 7.2. Es wurde die entsprechende Menge o-Cl-Benzaldehyd (1i, 0.1 M: 0.025 mmol, 0.25 M: 0.0313 mmol) eingesetzt. Umsatzbestimmung mittels Derivatisierung: ^{1}H-NMR (400 MHz, Aceton-d$_6$) δ (ppm) = 5.12-5.24 (m, 2H, C$\underline{H}$NH), 5,56 (d, 1H, ^{3}J = 5.2 Hz, anti-C$\underline{H}$OH), 5.86 (d, 1H, ^{3}J = 2.1 Hz, syn-C$\underline{H}$OH), 7.25-7.80 (m, 9H, H-aromat.). Der ee-Wert des Produkts beträgt für beide Umsetzungen >99% (OJ-H-Säule, Hexan/i-PrOH/FA 95:5:0.1, v/v, flow 0,8 ml/min, 230nm, t$_r$ ((2S,3R)-12i) = 63.05 min, t$_r$ ((2S,3S)-12i) = 63.07 min). Die spektroskopischen Daten stimmen mit den Daten des vollständig charakterisierten Racemats überein (vgl. Abschnitt 8.2.2.2.4 und 8.2.2.2.5). Die Ergebnisse der enzymatischen Umsetzungen sind in Tabelle 8.25 angegeben.

Tabelle 8.25. Enzymatische Synthese von (2S)-12i

Eintrag	AAV	Aldehydkonzentration [M]	Umsatz [%]	d.r. (syn/anti)
1	6.2	0.1	91	81:19
2	7.2	0.25	85	80:20

8.2.2.7.7.5 Enzymatische Synthese von m-Bromphenylserin (2S)-12j

(2S)-12j
$C_9H_{10}BrNO_3$
M = 260.08 g/mol

Die Synthese erfolgte analog AAV 6.1 und 7.2. Es wurde die entsprechende Menge m-Brombenzaldehyd (1j, 0.1 M: 0.025 mmol, 0.25 M: 0.0313 mmol) eingesetzt. Umsatzbestimmung mittels NMR-Standard: ^{1}H-NMR (400 MHz, D$_2$O) δ (ppm) = 3.87 (d, 1H, ^{3}J = 4.1 Hz, syn-C$\underline{H}$NH$_3^+$), 4.05 (d, 1H, ^{3}J = 3.8 Hz, anti-C$\underline{H}$NH$_3^+$), 5.25 (d, 2H, ^{3}J = 4.2 Hz, syn-C$\underline{H}$OH), 5.31 (d, 1H, ^{3}J = 4.0 Hz, anti-C$\underline{H}$OH) 7.31-7.65 (m, 4H, H-aromat.). Umsatzbestimmung mittels Derivatisierung: ^{1}H-NMR (400 MHz, Aceton-d$_6$) δ (ppm) = 4.96-5.03 (m, 2H, C$\underline{H}$NH), 5.26 (d, 1H, ^{3}J = 5.7 Hz, anti-C$\underline{H}$OH), 5.50 (d, 1H, ^{3}J = 2.9 Hz, syn-C$\underline{H}$OH) 7.4-7.93 (m, 9H, H-aromat.). Die spektroskopischen Daten stimmen mit den in der Literatur angegebenen Daten[109] bzw. mit den Daten des vollständig charakterisierten Racemats überein (Abschnitt 8.2.2.2.6). Die Ergebnisse der enzymatischen Umsetzungen sind in Tabelle 8.26 angegeben.

EXPERIMENTELLER TEIL

Tabelle 8.26. Enzymatische Synthese von (2S)-**12j**

Eintrag	AAV	Aldehydkonzentration [M]	Umsatz [%]	d.r. (syn/anti)
1	6.1	0.1	56	62:38
2	7.2	0.25	47	63:37

8.2.2.7.7.6 Enzymatische Synthese von *p*-Methylsulphonylphenylserin (2S)-**12k**

(2S)-**12k**
$C_{10}H_{13}NO_5S$
M = 259.28 g/mol

Die Synthese erfolgte analog AAV 6.2 und 7.1. Es wurde die entsprechende Menge *p*-Methylsulphonylbenzaldehyd (**1k**, 0.1 M: 0.025 mmol, 0.25 M: 0.0313 mmol) eingesetzt. Umsatzbestimmung mittels NMR-Standard: ^{1}H-NMR (400 MHz, D$_2$O) δ (ppm) = 4.26 (m, 1H, *syn*-C$\underline{H}$NH$_3^+$), 4.30 (m, 1H, *anti*-C$\underline{H}$NH$_3^+$), 5.45 (d, 1H, ^{3}J = 3.1 Hz, *anti*-C$\underline{H}$OH), 5.52 (d, 1H, ^{3}J = 3.4 Hz, *syn*-C$\underline{H}$OH), 7.63-7.97 (m, 4H, H-aromat.). Umsatzbestimmung mittels Derivatisierung: ^{1}H-NMR (400 MHz, Aceton-d$_6$) δ (ppm) = 5.07-5.12 (m, 2H, C$\underline{H}$NH), 5.41 (d, 1H, ^{3}J = 6.5 Hz, *anti*-C$\underline{H}$OH), 5.63 (d, 1H, ^{3}J = 3.3 Hz, *syn*-C$\underline{H}$OH), 7.44-8.05 (m, 9H, H-aromat.). Die spektroskopischen Daten stimmen mit den in der Literatur angegebenen Daten überein.[109,145] Die Ergebnisse der enzymatischen Umsetzungen sind in Tabelle 8.27 angegeben.

Tabelle 8.27. Enzymatische Synthese von (2S)-**12k**

Eintrag	AAV	Aldehydkonzentration [M]	Umsatz [%]	d.r. (syn/anti)
1	6.2	0.1	42	61:39
3	7.1	0.25	24	65:35

8.2.2.7.7.7 Enzymatische Synthese von *m*-Chlorphenylserin (2S)-**12l**

(2S)-**12l**
$C_9H_{10}ClNO_3$
M = 215.63 g/mol

Die Synthese erfolgte analog AAV 6.1, 6.2, und 7.2. Es wurde die entsprechende Menge *m*-Chlorbenzaldehyd (**1l**, 0.1 M: 0.025 mmol, 0.25 M: 0.0313 mmol) eingesetzt. Umsatzbestimmung mittels NMR-Standard: ^{1}H-NMR (400 MHz, D$_2$O) δ (ppm) = 3.67 (d, 1H, ^{3}J = 4.8 Hz, *syn*-C$\underline{H}$NH$_3^+$), 3.79 (d, 1H, ^{3}J = 4.1 Hz, *anti*-C$\underline{H}$NH$_3^+$), 5.10 (d, 2H, ^{3}J = 4.8 Hz, C$\underline{H}$OH), 7.30-7.47 (m, 4H, H-aromat.). Umsatzbestimmung mittels Derivatisierung:

^{1}H-NMR (400 MHz, Aceton-d$_6$) δ (ppm) = 4.99 (dd, 1H, ^{3}J = 8.2 Hz, 2.5 Hz, *syn*-C*H*NH), 5.04 (dd, 1H, ^{3}J = 9.1 Hz, 6.1 Hz, *anti*-C*H*NH), 5.28 (d, 1H, ^{3}J = 5.8 Hz, *syn*-C*H*OH), 5.52 (d, 1H, ^{3}J = 2.8 Hz, *anti*-C*H*OH), 7.22-7.83 (m, 9H, H-aromat.). Die spektroskopischen Daten stimmen mit den in der Literatur angegebenen Daten[109] bzw. mit den Daten des vollständig charakterisierten Racemats überein (Abschnitt 8.2.2.2.7). Die Ergebnisse der enzymatischen Umsetzungen sind in Tabelle 8.28 angegeben.

Tabelle 8.28. Enzymatische Synthese von (2S)-**12l**

Eintrag	AAV	Aldehydkonzentration [M]	Umsatz [%]	d.r. (*syn/anti*)
1	6.1	0.1	69	64:36
2	6.2	0.1	64	67:33
3	7.2	0.25	67	68:32

8.2.2.7.7.8 Enzymatische Synthese von *m*-Hydroxyphenylserin (2S)-12m

(2S)-**12m**
C$_9$H$_{11}$NO$_4$
M = 197.19 g/mol

Die Synthese erfolgte analog AAV 6.1 und 7.2. Es wurde die entsprechende Menge *m*-Hydroxybenzaldehyd (**1m**, 0.1 M: 0.025 mmol, 0.25 M: 0.0313 mmol) eingesetzt. Umsatzbestimmung mittels NMR-Standard: ^{1}H-NMR (400 MHz, D$_2$O) δ (ppm) = 4.13-4.19 (m, 2H, C*H*NH$_3$$^+$), 5.26 (d, 2H, ^{3}J = 4.1 Hz, *syn*-C*H*OH), 5.32 (d, 1H, ^{3}J = 3.8 Hz, *anti*-C*H*OH) 6.78-7.41 (m, 4H, H-aromat.). Umsatzbestimmung mittels Derivatisierung: ^{1}H-NMR (400 MHz, Aceton-d$_6$) δ (ppm) = 4.94 (d, 1H, ^{3}J = 2.8 Hz, C*H*NH), 4.97 (d, 1H, ^{3}J = 3.0 Hz, C*H*NH), 5.41 (d, 1H, ^{3}J = 2.8 Hz, C*H*OH), 5.20 (d, 1H, ^{3}J = 5.5 Hz, C*H*OH), 7.40-8.08 (m, 9H, H-aromat.). Die spektroskopischen Daten stimmen mit den in der Literatur angegebenen Daten überein.[109] Die Ergebnisse der enzymatischen Umsetzungen sind in Tabelle 8.29 angegeben.

Tabelle 8.29. Enzymatische Synthese von (2S)-**12m**

Eintrag	AAV	Aldehydkonzentration [M]	Umsatz [%]	d.r. (*syn/anti*)
1	6.1	0.1	83	59:41
2	7.2	0.25	28	63:37

Experimenteller Teil

8.2.2.7.7.9 Enzymatische Synthese von o-Methoxyphenylserin (2S)-12n

(2S)-12n
$C_{10}H_{13}NO_4$
M = 211.21 g/mol

Die Synthese erfolgte analog AAV 6.1, 6.2 und 7.2. Es wurde die entsprechende Menge o-Methoxybenzaldehyd (1n, 0.1 M: 0.025 mmol, 0.25 M: 0.0313 mmol) eingesetzt. Umsatzbestimmung mittels NMR-Standard: ^{1}H-NMR (400 MHz, D$_2$O) δ (ppm) = 3.85 (s, 3H, syn-OCH$_3$), 3.89 (s, 3H, anti-OCH$_3$), 4.03 (d, 1H, ^3J = 4.6 Hz, syn-CHNH$_3^+$), 4.07 (d, 1H, ^3J = 3.5 Hz, anti-CHNH$_3^+$), 5.42 (d, 1H, ^3J = 4.6 Hz, syn-CHOH), 5.53 (d, 1H, ^3J = 3.5 Hz, anti-CHOH), 7.05-7.50 (m, 4H, H-aromat.). Umsatzbestimmung mittels Derivatisierung: ^{1}H-NMR (400 MHz, Aceton-d$_6$) δ (ppm) = 3.85, (s, 3H, syn-OCH$_3$) 3.90 (s, 3H, anti-OCH$_3$), 4.99 (dd, 1H, ^3J = 11.0 Hz, 5.8 Hz, syn-CHNH), 5.18 (dd, 1H, ^3J = 9.3 Hz, 2.5 Hz, anti-CHNH), 5.50 (d, 1H, ^3J = 5.5 Hz, anti-CHOH), 5.79 (d, 1H, ^3J = 5.8 Hz, syn-CHOH), 6.85-8.06 (m, 9H, H-aromat.). Die spektroskopischen Daten stimmen mit den in der Literatur angegebenen Daten[142,109] bzw. mit den Daten des vollständig charakterisierten Racemats überein (Abschnitt 8.2.2.2.8). Die Ergebnisse der enzymatischen Umsetzungen sind in Tabelle 8.30 angegeben.

Tabelle 8.30. Enzymatische Synthese von (2S)-12n

Eintrag	AAV	Aldehydkonzentration [M]	Umsatz [%]	d.r. (syn/anti)
1	6.1	0.1	80	79:21
2	6.2	0.25	59	78:22
32	7.2	0.25	69	75:25

8.2.2.7.7.10 Enzymatische Synthese von o-Bromphenylserin (2S)-12o

(2S)-12o
$C_9H_{10}BrNO_3$
M = 260.08 g/mol

Die Synthese erfolgte analog AAV 6.2 und 7.2. Es wurde die entsprechende Menge o-Brombenzaldehyd (1o, 0.1 M: 0.025 mmol, 0.25 M: 0.0313 mmol) eingesetzt. Umsatzbestimmung mittels Derivatisierung: ^{1}H-NMR (400 MHz, Aceton-d$_6$) δ (ppm) = 5.12-5.15 (m, 1H, anti-CHNH), 5.25-5.29 (m, 1H, syn-CHNH), 5.50 (d, 1H, ^3J = 5.1 Hz, anti-CHOH), 5.82 (d, 1H, ^3J = 2.1 Hz, syn-CHOH), 7.13-8.08 (m, 9H, H-aromat.). Der ee-Wert wurde für die Umsetzung mit einer Substratkonzentration von 0.25 M bestimmt und betrug >99% (OJ-H-Säule, Hexan/i-PrOH/FA 95:5:0.1, v/v, flow 0.8 ml/min, 230 nm, t$_r$ ((2R,3S)-12o)

= 67.13 min, t$_r$ ((2R,3R)-**12o**)= 73.72 min). Die spektroskopischen Daten stimmen mit den in der Literatur angegebenen Daten überein.[109,145] Die Ergebnisse der enzymatischen Umsetzungen sind in Tabelle 8.31 angegeben.

Tabelle 8.31. Enzymatische Synthese von (2S)-**12o**

Eintrag	AAV	Aldehydkonzentration [M]	Umsatz [%]	d.r. (syn/anti)
1	6.2	0.1	70	72:28
2	7.2	0.25	51	73:27

8.2.2.7.7.11 Enzymatische Synthese von o-Fluorphenylserin (2S)-12p

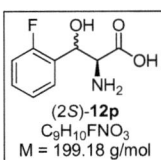
(2S)-**12p**
C$_9$H$_{10}$FNO$_3$
M = 199.18 g/mol

Die Synthese erfolgte analog AAV 6.2 und 7.2. Es wurde die entsprechende Menge o-Fluorbenzaldehyd (**1p**, 0.1 M: 0.025 mmol, 0.25 M: 0.0313 mmol) eingesetzt. Umsatzbestimmung mittels Derivatisierung: ^{1}H-NMR (400 MHz, Aceton-d$_6$) δ (ppm) = 5.09-5.13 (m, 2H, C*H*NH), 5.53 (d, 1H, ^{3}J = 5.8 Hz, anti-C*H*OH), 5.30 (d, 1H, ^{3}J = 2.5 Hz, syn-C*H*OH, 7.04-8.04 (m, 9H, H-aromat.). Die spektroskopischen Daten stimmen mit den in der Literatur angegebenen Daten überein.[109,145] Die Ergebnisse der enzymatischen Umsetzungen sind in Tabelle 8.32 angegeben.

Tabelle 8.32. Enzymatische Synthese von (2S)-**12p**

Eintrag	AAV	Aldehydkonzentration [M]	Umsatz [%]	d.r. (syn/anti)
1	6.2	0.1	42	72:28
2	7.2	0.25	47	71:29

8.2.2.7.7.12 Enzymatische Synthese von o-Nitrophenylserin (2S)-12q

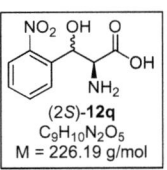
(2S)-**12q**
C$_9$H$_{10}$N$_2$O$_5$
M = 226.19 g/mol

Die Synthese erfolgte analog AAV 6.1, 6.2 und 7.2. Es wurde die entsprechende Menge o-Nitrobenzaldehyd (**1q**, 0.1 M: 0.025 mmol, 0.25 M: 0.0313 mmol) eingesetzt. Umsatzbestimmung mittels NMR-Standard: ^{1}H-NMR (400 MHz, D$_2$O) δ (ppm) = 4.49-4.51 (m, 2H, C*H*NH$_3$$^+$),

EXPERIMENTELLER TEIL

5.77 (d, 1H, ^3J = 3.8 Hz, *anti*-C<u>H</u>OH), 5.92 (d, 1H, ^3J = 3.3 Hz, *syn*-C<u>H</u>OH), 7.48-8.11 (m, 4H, H-aromat.). ^{1}H-NMR-Daten für die Umsatzbestimmung mittels Derivatisierung ^{1}H-NMR (400 MHz, Aceton-d$_6$) δ (ppm) = 5.41-5.45 (m, 1H, *syn*-C<u>H</u>NH), 5.48-5.53 (m, 1H, *anti*-C<u>H</u>NH), 5.78 (d, 1H, ^3J = 6.4 Hz, *anti*-C<u>H</u>OH), 6.16 (d, 1H, ^3J = 2.1 Hz, *syn*-C<u>H</u>OH), 7.38-8.10 (m, 9H, H-aromat.). Die spektroskopischen Daten stimmen mit den in der Literatur angegebenen Daten überein.[109,145] Die Ergebnisse der enzymatischen Umsetzungen sind in Tabelle 8.33 angegeben.

Tabelle 8.33. Enzymatische Synthese von (2S)-**12q**

Eintrag	AAV	Aldehydkonzentration [M]	Umsatz [%]	d.r. (*syn/anti*)
1	6.1	0.1	90	68:32
2	6.2	0.25	60	71:29
32	7.2	0.25	58	70:30

8.2.2.7.7.13 Enzymatische Synthese von *o*-Methylphenylserin (2S)-12r

(2S)-**12r**
C$_{10}$H$_{13}$NO$_3$
M = 195.22 g/mol

Die Synthese erfolgte analog AAV 6.1, 6.2 und 7.2. Es wurde die entsprechende Menge *o*-Methylbenzaldehyd (**1r**, 0.1 M: 0.025 mmol, 0.25 M: 0.0313 mmol) eingesetzt. Umsatzbestimmung mittels NMR-Standard: ^{1}H-NMR (400 MHz, D$_2$O) δ (ppm) = 2.24 (s, 3H, C<u>H</u>$_3$), 4.13-4.16 (m, 2H, C<u>H</u>NH$_3^+$), 5.39 (d, 1H, ^3J = 4.0 Hz, *anti*-C<u>H</u>OH), 5.53 (d, 1H, ^3J = 3.6 Hz, *syn*-C<u>H</u>OH), 7.17-7.46 (m, 2H, H-aromat.), 7.71-7.42 (m, 2H, H-aromat.). Umsatzbestimmung mittels Derivatisierung: ^{1}H-NMR (400 MHz, Aceton-d$_6$) δ (ppm) = 2.45 (s, 6H, C<u>H</u>$_3$), 4.97 (d, 1H, ^3J = 2.5 Hz, *syn*-C<u>H</u>NH), 5.05 (d, 1H, ^3J = 5.3 Hz, *anti*-C<u>H</u>NH), 5.43 (d, 1H, ^3J = 6.1 Hz, *anti*-C<u>H</u>OH), 5.69 (d, 1H, ^3J = 2.5 Hz, *syn*-C<u>H</u>OH), 7.09-8.07 (m, 9H, H-aromat.). Die spektroskopischen Daten stimmen mit den in der Literatur angegebenen Daten überein.[109,145] Die Ergebnisse der enzymatischen Umsetzungen sind in Tabelle 8.34 angegeben.

Tabelle 8.34. Enzymatische Synthese von (2S)-12⁻

Eintrag	AAV	Aldehydkonzentration [M]	Umsatz [%]	d.r. (syn/anti)
1	6.1	0.1	27	78:22
2	6.2	0.25	25	76:24
3	7.2	0.25	24	79:21

8.2.2.7.7.14 Enzymatische Synthese von o-Hydroxyphenylserin (2S)-12s

(2S)-12s
$C_9H_{11}NO_4$
M = 197.19 g/mol

Die Synthese erfolgte analog AAV 6.2 und 7.2. Es wurde die entsprechende Menge o-Hydroxybenzaldehyd (1s, 0.1 M: 0.025 mmol, 0.25 M: 0.0313 mmol) eingesetzt. Umsatzbestimmung mittels Derivatisierung: ^{1}H-NMR (400 MHz, D$_2$O) δ (ppm) = 5.22-4.26 (m, 2H, C$\underline{H}$NH), 5.81 (d, 1H, ^{3}J = 4.0 Hz, syn-C$\underline{H}$OH), 7.43-8.07 (m, 4H, H-aromat.). Das Signal des Protons von anti-C$\underline{H}$OH wurde im Spektrum durch Verunreinigungen überdeckt. Das Diastereomerenverhältnis wurde aus dem Verhältnis des Peaks syn/anti-C$\underline{H}$NH und syn-C$\underline{H}$OH berechnet. Die spektroskopischen Daten stimmen mit den in der Literatur angegebenen Daten überein.[145] Die Ergebnisse der enzymatischen Umsetzungen sind in Tabelle 8.35 angegeben.

Tabelle 8.35. Enzymatische Synthese von (2S)-12s

Eintrag	AAV	Aldehydkonzentration [M]	Umsatz [%]	d.r. (syn/anti)
1	6.2	0.1	7	74:26
2	7.2	0.25	10	78:22

8.2.2.7.7.15 Enzymatische Synthese von 3,4-Dihydroxyphenylserin (2S)-12t

(2S)-12t
$C_9H_{11}NO_5$
M = 213.19 g/mol

Die Synthese erfolgte analog AAV 6.1. Es wurde 0.025 mmol 3,4-Dihydroxybenzaldehyd eingesetzt. Umsatzbestimmung mittels NMR-Standard: ^{1}H-NMR (400 MHz, D$_2$O) δ (ppm) = 5.15 (d, 1H, ^{3}J = 4.0 Hz, anti-C$\underline{H}$OH), 5.22 (d, 1H, ^{3}J = 3.6 Hz, syn-C$\underline{H}$OH), 6.72-6.82 (m, 3H, H-aromat.). Das Signal der Protonen von syn/anti-C$\underline{H}$NH$_2$ wurde im Spektrum durch Verunreinigungen überdeckt. Der Umsatz betrug 16% und das Diastereomerenverhältnis d.r. 53:47.[146]

8.2.2.8 Allgemeine Arbeitsvorschrift 8 (AAV 8): Optimierte Reaktion mit o-Chlorbenzaldehyd (1i) als Substrat

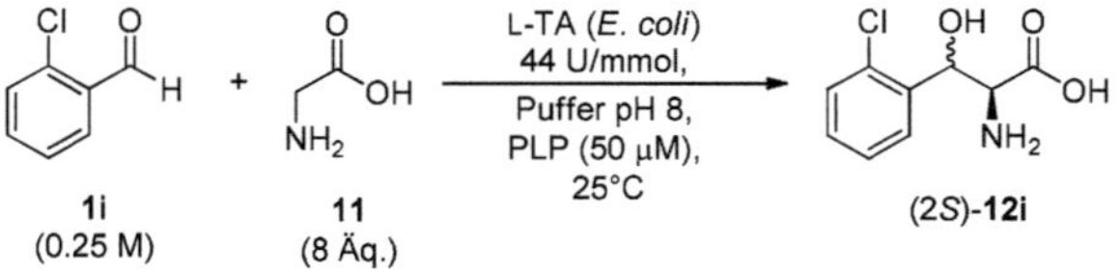

Abbildung 8.22. Optimierte Reaktion mit o-Chlorbenzaldehyd (1i) als Substrat

Glycin (**11**, 2 M) und PLP (50 µM) wurden in Puffer (pH 8, Tris-HCl-Puffer, 0.1 M) gelöst. Nach Zugabe von o-Chlorbenzaldehyd (**1i**, 0.25 M) und L-TA aus *E. coli* (44 U/mmol) wurde das Reaktionsgemisch 7 h bei 25°C gerührt. Anschließend wurde der Umsatz mittels NMR-Standard oder Derivatisierung bestimmt (vgl. AAV 7.1 und 7.2).

8.2.2.8.1 Reaktionsverfolgung

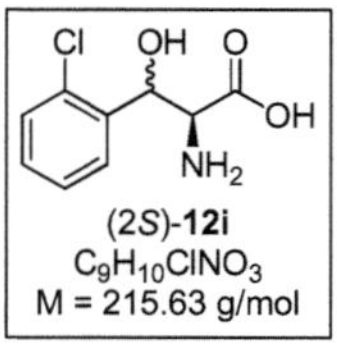

(2S)-**12i**
$C_9H_{10}ClNO_3$
M = 215.63 g/mol

Die Durchführung der Reaktion erfolgte analog AAV 8. Es wurden 2.5 mmol o-Chlorbenzaldehyd (**1i**, 281 µL) und 10 mL L-TA aus *E. coli* (11 U/mL, 44 U/mmol) eingesetzt. Es wurden nach verschiedenen Reaktionszeiten 250 µL-Proben entnommen und der Umsatz analog AAV 7.1 und 7.2 bestimmt. Umsatzbestimmung mittels NMR-Standard: ^{1}H-NMR (400 MHz, D$_2$O) δ (ppm) = 4.36-4.40 (m, 2H, CHNH$_3^+$), 5.56 (d, 1H, ^3J = 3.0 Hz, *anti*-CHOH), 5.75 (d, 1H, ^3J = 4.2 Hz, *syn*-CHOH), 7.41-7.68 (m, 4H, H-aromat.). Umsatzbestimmung mittels Derivatisierung: ^{1}H-NMR (400 MHz, Aceton-d$_6$) δ (ppm) = 5.12-5.16 (m, 1H, *anti*-CHNH), 5.22-5.24 (m, 1H, *syn*-CHNH), 5.56 (d, 1H, ^3J = 5.2 Hz, *anti*-CHOH), 5.86 (d, 1H, ^3J = 2.1 Hz, *syn*-CHOH), 7.20-7.80 (m, 9H, H-aromat.). Die spektroskopischen Daten stimmen mit den in der Literatur angegebenen Daten[109] bzw. mit den Daten des vollständig charakterisierten Racemats überein (Abschnitt 8.2.2.2.4 und 8.2.2.2.5) Die Ergebnisse sind in Tabelle 8.36 dargestellt.

Tabelle 8.36. Reaktionsverfolgung

Eintrag	t [h]	Umsatz[1] [%]	d.r. (syn/anti) [1]	Umsatz[2] [%]	d.r. (syn/anti) [2]
1	0.25	11	74:26	n.b.	n.b.
2	0.5	30	80:20	n.b.	n.b.
3	1	51	79:21	n.b.	n.b.
4	2	76	81:19	n.b.	n.b.
5	3	97	80:20	86	78:22
6	5	96	80:20	92	77:23
7	7	98	78:22	91	78:22
8	22	92	80:20	92	78:22
9	144	99	79:21	95	75:25

[1] analog AAV 7.2 [2] analog AAV 7.1 n.b. nicht bestimmt

8.2.2.8.2 Vergleich mit Reaktion im kleineren Maßstab

(2S)-12i
$C_9H_{10}ClNO_3$
M = 215.63 g/mol

Die Durchführung der Reaktion erfolgte analog AAV 8. Es wurden 0.1 mmol o-Chlorbenzaldehyd (**1i**, 125 µL) und 500 µL L-TA aus *E. coli* (11 U/mL, 44 U/mmol) eingesetzt. Nach 6 h Reaktionszeit wurde die Reaktion abgebrochen und der Umsatz mittels Derivatisierung analog AAV 7.2 bestimmt. ^{1}H-NMR (400 MHz, Aceton-d_6) δ (ppm) = 5.12-5.24 (m, 2H, C$\underline{H}$NH), 5,56 (d, 1H, ^3J = 5.2 Hz, *anti*-C$\underline{H}$OH), 5.86 (d, 1H, ^3J = 2.1 Hz, *syn*-C$\underline{H}$OH), 7.25-7.80 (m, 9H, H-aromat.). Der *ee*-Wert betrug >99% (OJ-H-Säule, Hexan/*i*-PrOH/FA 95:5:0.1, v/v, flow 0,8 ml/min, 230nm, t_r ((2S,3R)-**12i**) = 63.05 min, t_r ((2S,3S)-**12i**) = 68.07 min). Die spektroskopischen Daten stimmen mit den Daten des vollständig charakterisierten Racemats überein (vgl. Abschnitt 8.2.2.2.4 und 8.2.2.2.5).

8.2.2.8.3 Synthese von (2S)-12i ohne Zugabe von Cofaktor

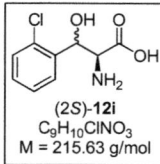

(2S)-12i
C₉H₁₀ClNO₃
M = 215.63 g/mol

Die enzymatische Reaktion wurde analog AAV 8 einmal mit Zugabe von PLP (50 µM) und einmal ohne Zugabe von PLP (50 µM) durchgeführt. Es wurden 3.125 mmol Aldehyd (**1i**, 351 µL), 5 mL L-TA aus *E. coli* (27 U/mL, 44 U/mmol) und 7.5 mL Puffer (pH 8, Tris-HCl-Puffer, 0.1 M) eingesetzt.

Die Reaktion wurde nach 7 h durch Ansäuern auf pH 1 durch Zugabe von HCl gestoppt. Da im Rohextrakt kein Glycerol enthalten war konnte der Umsatz direkt aus dem Verhältnis von Glycin zu entstandenem Produkt aus dem ^{1}H-NMR-Spektrum bestimmt werden. ^{1}H-NMR (400 MHz, D$_2$O) δ (ppm) = 4.36-4.40 (m, 2H, C$\underline{H}$NH$_3^+$), 5.56 (d, 1H, ^{3}J = 3.0 Hz, *anti*-C$\underline{H}$OH), 5.75 (d, 1H, ^{3}J = 4.2 Hz, *syn*-C$\underline{H}$OH), 7.41-7.68 (m, 4H, H-aromat.). Die spektroskopischen Daten stimmen mit den in der Literatur angegebenen Daten überein.[109,147] Die Ergebnisse der beiden Versuche sind in Tabelle 8.37 dargestellt.

Tabelle 8.37. Enzymatische Umsetzung mit und ohne Zugabe von PLP

Eintrag	Cofaktor	Umsatz [%]	d.r. (*syn/anti*)
1	mit PLP	96	80:20
2	ohne PLP	91	78:22

8.2.2.8.4 Vergleich mit Benzaldehyd als Substrat

(2S)-12e
C₉H₁₁NO₃
M = 181.19 g/mol

Die Durchführung der Reaktion erfolgte analog AAV 8. Es wurden 3.125 mmol Benzaldehyd (**1e**, 316 µL), 5 mL L-TA aus *E. coli* (27 U/mL, 44 U/mmol) und 7.5 mL Puffer (pH 8, Tris-HCl-Puffer, 0.1 M) eingesetzt. Es wurde ein Versuch mit und ein Versuch ohne Zugabe von PLP (50 µM) durchgeführt. Der Umsatz der Reaktion wurde nach verschiedenen Reaktionszeiten durch Entnahme einer 200 µL-Probe bestimmt. Der pH-Wert der Probe wurde auf 1 eingestellt und der Umsatz direkt aus dem Verhältnis von Glycin (**11**) zu entstandenem Produkt **12e** bestimmt. ^{1}H-NMR (400 MHz, D$_2$O) δ (ppm) = 4.30 (d, 1H, ^{3}J = 3.8 Hz, *syn*-C$\underline{H}$NH$_3^+$), 4.39 (d, 1H, ^{3}J = 4.3 Hz, *anti*-C$\underline{H}$NH$_3^+$), 5.38 (d, 1H, ^{3}J = 4.0 Hz, *anti*-C$\underline{H}$OH), 5.43 (d, 1H, ^{3}J = 3.8 Hz, *syn*-C$\underline{H}$OH), 7.39-7.47 (m, 5H, H-aromat.). Die spektroskopischen Daten stimmen mit den in der

Literatur angegebenen Daten überein.[116,141,147] Die Ergebnisse sind in Tabelle 8.38 dargestellt.

Tabelle 8.38. Vergleichsversuchsreihe mit Benzaldehyd (**1e**) als Substrat

Eintrag	t [h]	Umsatz[1] [%]	d.r. (syn/anti)[1]	Umsatz[2] [%]	d.r. (syn/anti)[2]
1	1	62	64:36	57	63:37
2	5	68	69:31	69	64:36
3	9	71	63:37	73	63:37
4	24	72	64:36	72	61:39

[1] mit Zugabe von PLP [2] ohne Zugabe von PLP. n.d. nicht detektierbar.

8.2.2.8.5 Isolierung von (2S)-12i aus Enzymumsetzung

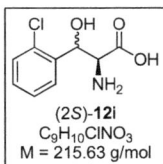

(2S)-**12i**
$C_9H_{10}ClNO_3$
M = 215.63 g/mol

Die Durchführung der Reaktion erfolgte analog AAV 8. Es wurde Aldehyd **1i** (25 mmol, 2.8 mL), 40 mL L-TA aus *E. coli* (27 U/mL, 44 U/mmol) und 60 mL Puffer (pH 8, Tris-HCl-Puffer, 0.1 M) eingesetzt. Nach 7 h Reaktionszeit wurde durch Entnahme einer 200 µL-Probe (pH-Wert der Probe mit HCl auf 1 eingestellt) der Umsatz direkt aus dem Verhältnis von Glycin zu entstandenem Produkt im ^{1}H-NMR bestimmt. Zur restlichen Reaktionsmischung wurde so lange HCl (5 M) zugegeben bis pH 1 erreicht war und 5 min gerührt, um die Enzymreaktion zu stoppen. Anschließend wurde wieder neutralisiert und Ethanol zugegeben (ca. das neunfache Volumen), um überschüssiges Glycin auszufällen. Das Gemisch wurde über Nacht im Kühlschrank aufbewahrt, um die Kristallisation zu vervollständigen. Der Niederschlag, bestehend aus Glycin und ausgefälltem Protein, wurde abfiltriert und die Lösung am Rotationsverdampfer so lange eingeengt, bis das Produkt ausfiel. Die Mischung wurde wieder über Nacht kaltgestellt, anschließend filtriert und der Niederschlag mit EtOH/H$_2$O 80:20 (v/v) gewaschen. Für weitere Fällungen wurde das Filtrat eingeengt. Bei Fällungen mit geringer Reinheit wurde der Rückstand in EtOH/H$_2$O 1:1 (v/v) umkristallisiert. Es wurde ein Umsatz von 90% bei einem Diastereomerenverhältnis von d.r. 79:21 (*syn/anti*) erhalten. Insgesamt wurde eine Ausbeute von 62% (Auswaage 3.3 g) bei einem Diastereomerenverhältnis von d.r. 78:22 (*syn/anti*) erzielt. ^{1}H-NMR (400 MHz, D$_2$O) δ (ppm) = 4.10-4.12 (m, 2H, *syn*-C$\underline{H}$NH$_2$, *anti*-C$\underline{H}$NH$_2$), 5.52 (d, 1H, ^{3}J = 3.5 Hz, *anti*-C$\underline{H}$OH), 5.69

(d, 1H, ^3J = 3.5 Hz, *syn*-C<u>H</u>OH), 7.35-7.67 (m, 4H, H-aromat.). Die spektroskopischen Daten stimmen mit den in der Literatur angegebenen Daten überein.[109,147]

8.2.2.8.6 Abtrennung von Glycerin mittels Ionenaustauscher

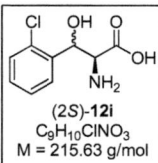

(2S)-12i
$C_9H_{10}ClNO_3$
M = 215.63 g/mol

Die Durchführung der Reaktion erfolgte analog AAV 8. Es wurde Aldehyd **1i** (2.5 mmol, 2.8 mL) und 10 mL L-TA aus *E. coli* (11 U/mL, 44 U/mmol) eingesetzt. Nach 7 h wurde das Reaktionsgemisch für 10 min auf 100°C erhitzt, um die Enzymreaktion zu stoppen. Nach Abkühlen auf RT wurde Ethanol zugegeben (ca. das neunfache Volumen), um überschüssiges Glycin auszufällen. Das Gemisch wurde über Nacht im Kühlschrank aufbewahrt, um die Kristallisation zu vervollständigen. Der Niederschlag wurde abfiltriert, die Lösung mit HCl angesäuert (pH 1) und das Lösungsmittel und überschüssige HCl am Rotationsverdampfer entfernt. Der Feststoff wurde in wenig Wasser aufgenommen und auf 3 g des Ionenaustauschers Dowex 50W X8 aufgebracht. Durch Eluierung mit 1 M NH_3-Lösung wurde das Produkt nach Entfernen des Lösungsmittels erhalten. Das Diastereomerenverhältnis betrug d.r. 79:21 (*syn/anti*) und es war noch 41% Glycin (**11**) enthalten, sowie Protein. ^{1}H-NMR (400 MHz, D_2O) δ (ppm) = 3.56 (s, 2H, C<u>H</u>$_2$-**11**), 3.66 (s, Verunreinigung durch Protein), 4.10-4.12 (m, 2H, *syn*-C<u>H</u>NH$_2$, *anti*-C<u>H</u>NH$_2$), 5.52 (d, 1H, ^3J = 3.5 Hz, *anti*-C<u>H</u>OH), 5.69 (d, 1H, ^3J = 3.5 Hz, *syn*-C<u>H</u>OH), 7.35-7.67 (m, 4H, H-aromat.). Die spektroskopischen Daten stimmen mit den in der Literatur angegebenen Daten überein.[109]

8.2.2.8.7 Trennung der Diastereomere

Die Trennung der racemischen Diastereomere wurde mittels Ionenaustauscher und Kristallisation untersucht.

8.2.2.8.7.1 Trennung von *rac*-12i mittels Ionenaustauscher

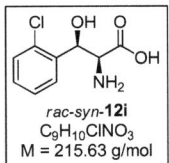

rac-syn-12i
C₉H₁₀ClNO₃
M = 215.63 g/mol

Auf eine Ionenaustauschersäule (∅ = 4 cm, Dowex 50W X8 15 g) wurde 12i (0.48 mmol, 103 mg, d.r. 82:18 *syn/anti*) als Hydrochlorid aufgebracht und mit 0.1 M NH₃-Lösung eluiert. Die aufgefangen Fraktionen (Fraktionsvolumen ca. 10 mL) wurden mittels Dünnschichtchromatographie auf Produkt untersucht. Dazu wurden SiO₂-Platten mit Fluoreszenzindikator verwendet und das Laufmittel CH₂Cl₂/MeOH/NH₃ 75:20:5 benutzt. Allerdings konnte nur bei 8 Fraktionen schwache Spots (R_F = 0.27) erhalten werden, die nicht unterschieden werden konnten. Nach Entfernen des Lösungsmittels wurde 87 mg 12i mit einem schlechteren Diastereomerenverhältnis von d.r. 74:26 (*syn/anti*) erhalten. Frühere Fraktionen enthielten 6 mg 12i mit einem Diastereomerenverhältins von d.r. 71:29 (*syn/anti*). Spätere Fraktionen enthielten 16 mg Produkt mit einem Diastereomerenverhältnis von d.r. 86:14 (*syn/anti*). ¹H-NMR (400 MHz, D₂O) δ (ppm) = 4.10-4.12 (m, 2H, *syn*-C$\underline{H}$NH₂, *anti*-C$\underline{H}$NH₂), 5.52 (d, 1H, ³J = 3.5 Hz, *anti*-C$\underline{H}$OH), 5.69 (d, 1H, ³J = 3.5 Hz, *syn*-C$\underline{H}$OH), 7.35-7.67 (m, 4H, H-aromat.). Die spektroskopischen Daten stimmen mit den in der Literatur angegebenen Daten überein.[109]

8.2.2.8.7.2 Trennung von *rac*-12i mittels Umkristallisation

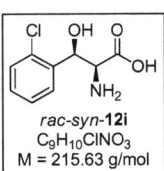

rac-syn-12i
C₉H₁₀ClNO₃
M = 215.63 g/mol

12i (0.7 mmol, 150 mg, d.r. 82:18 *syn/anti*) wurde unter Sieden in Wasser (6.5 mL) fast vollständig gelöst. Nach Abkühlen auf RT wurde die Mischung über Nacht in den Kühlschrank gestellt und anschließend filtriert. Das gewünschte Produkt *rac-syn*-12i wurde nach Trocknen mit einer Ausbeute von 43% (Auswaage 65 mg) und einem Diastereomerenverhältnis von d.r. >25:1 (*syn/anti*) erhalten. ¹H-NMR (400 MHz, D₂O) δ (ppm) = 4.09 (d, 1H, ³J = 3.6 Hz, *syn*-C$\underline{H}$NH₂), 5.67 (d, 1H, ³J = 5.6 Hz, *syn*-C$\underline{H}$OH), 7.35-7.65 (m, 4H, H-aromat.). ¹³C-NMR (100 MHz, D₂O) δ (ppm) = 58.46 (*syn*-$\underline{C}$HNH₂), 68.51 (*syn*-$\underline{C}$HOH), 127.73, 127.88, 130.17, 130.23, 131.85, 136.66, (C-aromat.), 172.21 (*syn*-$\underline{C}$OOH). MS (MALDI, Matrix: sin) m/z = 216 (M-H)⁺. Die spektroskopischen Daten stimmen mit den in der Literatur angegebenen Daten überein.[109]

EXPERIMENTELLER TEIL

8.2.2.8.7.3 Trennung von (2S)-12i mittels Fällung aus Wasser mit Aceton

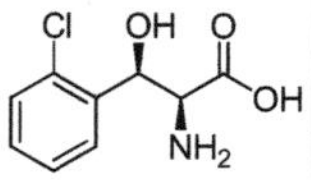

(2S,3R)-12i
$C_9H_{10}ClNO_3$
M = 215.63 g/mol

(2S)-12i (1.5 mmol, 325 mg, d.r. 78:22 syn/anti) wurde in Wasser (20 mL) gelöst und anschließend so lange Aceton (25 mL) zugegeben bis sich ein Niederschlag bildete. Die Mischung wurde über Nacht in den Kühlschrank gestellt und anschließend abfiltriert. Es wurden 134 mg (41%, d.r. 68:32 syn/anti) Feststoff erhalten. Das Filtrat enthielt 144 mg L-12i (44%, d.r. 87:13 syn/anti). ^{1}H-NMR (400 MHz, D$_2$O) δ (ppm) = 4.10-4.12 (m, 2H, syn-CHNH$_2$, anti-CHNH$_2$), 5.52 (d, 1H, ^{3}J = 3.5 Hz, anti-CHOH), 5.69 (d, 1H, ^{3}J = 3.5 Hz, syn-CHOH), 7.35-7.67 (m, 4H, H-aromat.). Die spektroskopischen Daten stimmen mit den in der Literatur angegebenen Daten überein.[109]

8.2.2.1 Allgemeine Arbeitsvorschrift 9 (AAV 9): Racematspaltung

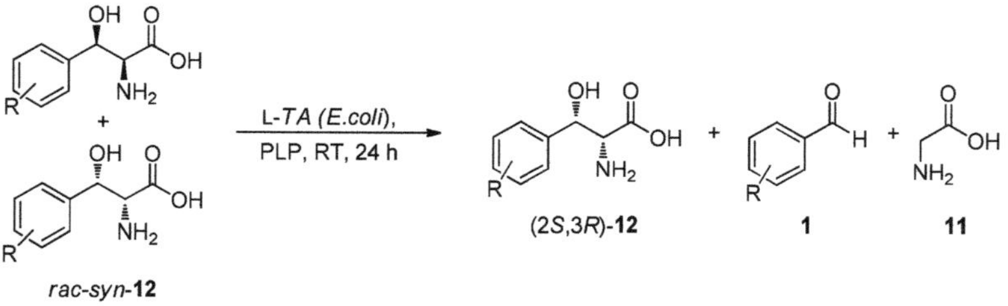

Abbildung 8.23. Racematspaltung

Zu rac-syn-Phenylserin rac-syn-12e oder rac-syn-o-Chlorphenylserin rac-syn-12i (0.05-0.5 M) wurde Puffer (pH 8, Tris-HCl-Puffer, 0.1 M), L-TA aus E.coli (27 U/mL, 27-540 U/mmol) und PLP (50 µM) gegeben und 24 h geschüttelt. Nach Zugabe von HCl wurde das Lösungsmittel abgezogen und der Umsatz mittels ^{1}H-NMR aus dem Verhältnis von Glycin und Phenylserin bestimmt.

8.2.2.1.1 Spaltung von rac-syn-Phenylserin (rac-syn-12e)

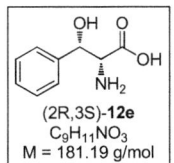

(2R,3S)-**12e**
$C_9H_{11}NO_3$
M = 181.19 g/mol

Die Reaktion erfolgte analog AAV 9. Es wurden verschiedene Konzentrationen an rac-syn-**12e** (0.1 M-0.2 M) eingesetzt und die Enzymmenge variiert. ^{1}H-NMR (400 MHz, D$_2$O) δ (ppm) = 3.85 (s, 2H, C$\underline{H}_2$-**11**), 4.28 (d, 1H, ^{3}J = 4.0 Hz, syn-C$\underline{H}$NH$_3^+$), 5.44 (d, 1H, ^{3}J = 4.0 Hz, syn-C$\underline{H}$OH), 7.43-7.50 (m, 5H, H-aromat.). Die spektroskopischen Daten stimmen mit den in der Literatur angegebenen Daten überein.[116,147] Die Bedingungen und Ergebnisse der einzelnen Versuche sind in Tabelle 8.39 dargestellt.

Tabelle 8.39. Racematspaltung von rac-syn-**12e**

Eintrag	Edukt [M]	Enzym [U/mmol]	Enzym [mL]	Puffer [mL]	Glycin [%]	anti-Isomer [%]
1	0.2	68	0.125	0.125	47	4
2	0.1	135	0.25	0.25	51	3
3	0.2	27	0.05	0.2	46	5
4	0.1	54	0.1	0.4	50	5

8.2.2.1.2 Spaltung von rac-syn-o-Chlorphenylserin (rac-syn-12i)

(2R,3S)-**12i**
$C_9H_{10}ClNO_3$
M = 215.63 g/mol

Die Reaktion erfolgte analog AAV 9. Es wurden verschiedene Konzentrationen von rac-syn-**12i** (0.05-0.5 M) eingesetzt und die Enzymmenge variiert. ^{1}H-NMR (400 MHz, D$_2$O) δ (ppm) = 3.85 (s, 2H, C$\underline{H}_2$-**11**), 4.47 (m, 1H, ^{3}J = 3.2 Hz, syn-C$\underline{H}$NH$_3^+$), 5.75 (d, 1H, ^{3}J = 3.2 Hz, syn-C$\underline{H}$OH), 7.37-7.66 (m, 4H, H-aromat.). Die spektroskopischen Daten stimmen mit den in der Literatur angegebenen Daten überein.[109,147] Die Bedingungen und Ergebnisse der einzelnen Versuche sind in Tabelle 8.40 dargestellt.

EXPERIMENTELLER TEIL

Tabelle 8.40. Racematspaltung von *rac-syn*-**12i**

Eintrag	Edukt [M]	Enzym [U/mmol]	Enzym [mL]	Puffer [mL]	Glycin [%]	*anti*-Isomer[1] [%]
1	0.5	54	0.1	0	9	n.b.
2	0.2	135	0.25	0	20	n.b
3	0.1	270	0.5	0	36	n.b
4	0.067	270	0.5	0.25	44	5
5	0.05	270	0.5	0.5	48	5
6	0.05	540	1.0	0	50	5
7	0.05	54	0.1	0.9	46	5

[1] n.b. nicht bestimmt

8.2.2.1.3 Spaltung von *rac-syn*-Phenylserin (*rac-syn*-12e) im 25 mL-Maßstab

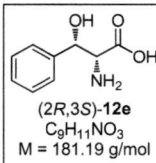

(2R,3S)-**12e**
C$_9$H$_{11}$NO$_3$
M = 181.19 g/mol

Die Reaktion erfolgte analog AAV 9. Zu *rac-syn*-Phenylserin (*rac-syn*-**12e**, 2.5 mmol, 0.1 M) wurde 20 mL Puffer (pH 8, Tris-HCl-Puffer, 0.1 M), L-TA aus *E.coli* (5 mL, 27 U/mL, 54 U/mmol) und PLP (50 µM) gegeben und 20 h gerührt. Nach Zugabe von HCl, um den pH-Wert auf 1 zu bringen, wurde das Lösungsmittel im Vakuum entfernt und der Umsatz mittels ^{1}H-NMR-Spektroskopie aus dem Verhältnis von Glycin (**11**) zu Phenylserin (**12e**) bestimmt. ^{1}H-NMR (400 MHz, D$_2$O) δ (ppm) = 3.85 (s, 2H, CH$_2$-**11**), 4.28 (d, 1H, ^{3}J = 4.0 Hz, *syn*-CHNH$_3^+$), 5.44 (d, 1H, ^{3}J = 4.0 Hz, *syn*-CHOH), 7.43-7.50 (m, 5H, H-aromat.). Die spektroskopischen Daten stimmen mit den in der Literatur angegebenen Daten überein.[116,147] Es wurde ein Umsatz von 50% erhalten und 4% *anti*-Isomer nachgewiesen. Zur Isolierung des Produkts wurde der Rückstand in Wasser aufgenommen und neutralisiert. Das ausgefallen Protein wurde abfiltriert und die Mutterlauge eingeengt. Es entstand kein Niederschlag und somit konnte das gewünschte Produkt nicht isoliert werden.

8.2.2.1.4 Spaltung von rac-syn-o-Chlorphenylserin (rac-syn-12i) im 50 mL-Maßstab

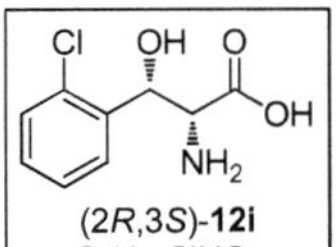

(2R,3S)-12i
$C_9H_{10}ClNO_3$
M = 215.63.19 g/mol

Die Reaktion erfolgte analog AAV 9. Zu rac-syn-o-Chlorphenylserin (rac-syn-12i, 2.5 mmol, 0.05 M) wurde 45 mL Puffer (pH 8, Tris-HCl-Puffer, 0.1 M), L-TA aus E.coli (5 mL, 27 U/mL, 54 U/mmol) und PLP (50 µM) gegeben und 20 h gerührt. Nach Zugabe von HCl wurde das Lösungsmittel im Vakuum entfernt und der Umsatz mittels ^{1}H-NMR-Spektroskopie aus dem Verhältnis vor Glycin (11) und o-Chlorphenylserin (12i) bestimmt. ^{1}H-NMR (400 MHz, D$_2$O) δ (ppm) = 3.85 (s, 2H, CH$_2$-11), 4.47 (m, 1H, ^{3}J = 3.2 Hz, syn-CHNH$_3^+$), 5.75 (d, 1H, ^{3}J = 3.2 Hz, syn-CHOH), 7.37-7.66 (m, 4H, H-aromat.). Die spektroskopischen Daten stimmen mit den in der Literatur angegebenen Daten überein.[109,147] Es wurde ein Umsatz von 50% erhalten und 4% anti-Isomer nachgewiesen. Zur Isolierung des Produkts wurde der Rückstand in Wasser aufgenommen und neutralisiert. Das ausgefallene Protein wurde durch Filtration entfernt und die Mutterlauge eingeengt. Der gebildete Niederschlag wurde abfiltriert und das gewünschte Produkt in einer Ausbeute von 15% und einer Reinheit von 70% erhalten. ^{1}H-NMR (400 MHz, D$_2$O) δ (ppm) = 4.10-4.12 (m, 2H, syn-CHNH$_2$, anti-CHNH$_2$), 5.52 (d, 1H, ^{3}J = 3.5 Hz, anti-CHOH), 5.69 (d, 1H, ^{3}J = 3.5 Hz, syn-CHOH), 7.35-7.67 (m, 4H, H-aromat.). Die spektroskopischen Daten stimmen mit den in der Literatur angegebenen Daten überein.[109]

8.2.3 Epoxidsynthese ausgehend von β-Hydroxy-α-aminosäuren 12

8.2.3.1 Allgemeine Arbeitsvorschrift 11 (AAV 11): Halohydrinsynthese[125]

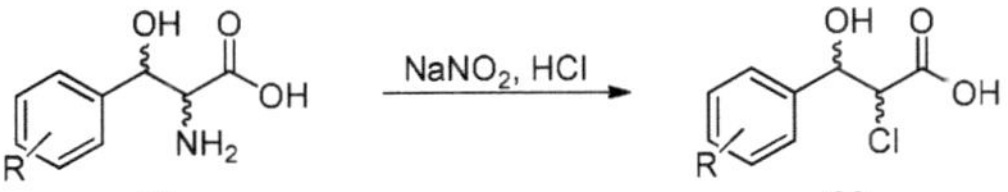

Abbildung 8.24. Halohydrinsynthese

Das entsprechende Phenylserinderivat 12 (1.0-5.6 mmol) wurde in 6 M HCl (3.2-12 mL) gelöst. Die Mischung wurde auf ca. -10°C gekühlt und es wurde langsam NaNO$_2$ (2.5 Äq.)

zugegeben. Anschließend wurde 16 h bei -10°C gerührt und mit MTBE extrahiert (4 x 10 mL). Die vereinigten organischen Phasen wurden über MgSO₄ getrocknet und das Lösungsmittel im Vakuum entfernt. Das erhaltene Rohprodukt wurde umkristallisiert.

8.2.3.1.1 Synthese von *rac-syn*-3-Hydroxy-3-phenylpropansäure (*rac-syn*-20e)

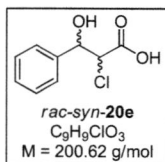

rac-syn-20e
C₉H₉ClO₃
M = 200.62 g/mol

Die Synthese erfolgte analog AAV 11. Es wurde 5.6 mmol *rac-syn*-Phenylserin (*rac-syn*-12e, 1.0 g) eingesetzt. Das Rohprodukt wurde als gelbes Öl erhalten und in CH₂Cl₂/Hexan umkristallisiert. Das gewünschte Produkt *rac-syn*-20e wurde mit einer Ausbeute von 29% (Auswaage 326 mg) isoliert. ^{1}H-NMR (300 MHz, CDCl₃) δ (ppm) = 4.53 (1H, d, ^3J = 5.5 Hz, *syn*-C$\underline{H}$Cl), 5.23 (1H, d, ^3J = 5.5 Hz, *syn*-C$\underline{H}$OH) 7.33-7.40 (m, 5H, H-aromat.). ^{13}C-NMR (100 MHz, CDCN₃) δ (ppm) = 64.36 ($\underline{C}$HCl), 74.52 ($\underline{C}$HOH), 127.64, 129.10, 129.20, 140.99 (C-aromat.), 169.21 ($\underline{C}$OOH). Die spektroskopischen Daten stimmen mit den in der Literatur angegebenen Daten überein.[148]

8.2.3.1.2 Synthese von (2*S*)-2-Chlor-3-(2-chlorphenyl)-3-hydroxypropansäure ((2*S*)-20i)

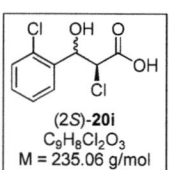

(2*S*)-20i
C₉H₈Cl₂O₃
M = 235.06 g/mol

Die Synthese erfolgte analog AAV 11. Es wurde 1.5 mmol *o*-Chlorphenylserin ((2*S*)-12i, d.r. 76:24 *syn/anti*, 323 mg) aus der enzymatischen Umsetzung in 5 mL HCl (5 M) gelöst und 2.5 Äq. NaNO₂ zugegeben. Das Rohprodukt wurde als gelbes Öl erhalten. Der Rückstand wurde in MTBE aufgenommen und durch Zugabe von 1 M ethanolischer NaOH-Lösung ausgefällt. Der erhaltene Niederschlag wurde in Wasser aufgenommen und mit HCl auf pH 1 angesäuert. Die wässrige Phase wurde dreimal mit CH₂Cl₂ (4 x 10 mL) extrahiert und über MgSO₄ getrocknet. Der nach Entfernen des Lösungsmittels erhaltene Rückstand wurde nochmals in Aceton/Petrolether umkristallisiert. Das gewünschte Produkt (2*S*)-20i wurde als gelblicher Feststoff mit einer Ausbeute von 23% (Auswaage 81 mg) und mit einem Diastereomerenverhältnis d.r. >90:10 (*syn/anti*) erhalten. ^{1}H-NMR (400 MHz, Aceton-d₆) δ (ppm) = 4.90 (d, 1H, ^3J = 3.4 Hz, *syn*-C$\underline{H}$Cl), 5.81 (d, 1H, ^3J = 3.4 Hz, *syn*-C$\underline{H}$OH) 7.26-7.41 (m, 3H, H-aromat.), 7.73-7.76 (m, 1H, H-aromat.); ^{13}C-NMR (100 MHz, Aceton-d₆) δ (ppm) = 62.80 (CHCl), 70.95 (CHOH), 127.64, 129.89, 130.14, 131.93, 139.10 (C-aromat.), 168.75 (COOH); Elementaranalyse ($C_9H_8Cl_2O_3$): Berechnet: C: 45.95, H: 3.43. Gefunden: C: 46.16, H: 3.86. Die vollständige Charakterisierung erfolgte über das Epoxid.

8.2.3.2 Allgemeine Arbeitsvorschrift 12 (AAV 12): Epoxidsynthese[149]

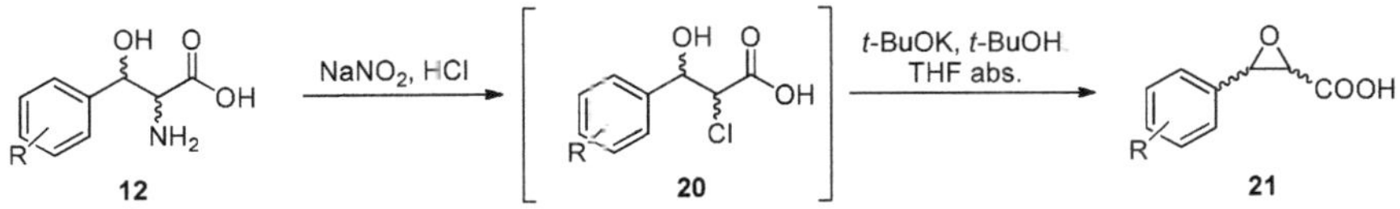

Abbildung 8.25. Epoxidsynthese über zwei Stufen

Chlorphenylserin **12i** (1.0-1.4 mmol) wurde in 6 M HCl (3.2-4.5 mL) gelöst. Die Mischung wurde auf ca. -10°C gekühlt und es wurde langsam NaNO$_2$ (2.5 Äq.) zugegeben. Anschließend wurde 16 h bei -10°C gerührt und mit MTBE extrahiert (4 x 10 mL). Die vereinigten organischen Phasen wurden über MgSO$_4$ getrocknet und das Lösungsmittel im Vakuum entfernt. Der Umsatz und das Diastereomerenverhältnis wurden mittels 1H-NMR-Spektroskopie bestimmt. Anschließend wurde das Halohydrin **20i** als Rohprodukt eingesetzt. **20i** (0.7-1.0 mmol) wurde in 12 mL THF (abs.) gelöst und langsam t-BuOK (2 Äq.) in t-BuOH (7 mL) zugegeben. Nach 16 h rühren wurde das Lösungsmittel im Vakuum entfernt. Anschließend wurde Wasser zugegeben, auf pH 3 angesäuert (1 M HCl) und mit CH$_2$Cl$_2$ (4 x 10 mL) extrahiert. Die vereinigten organischen Phasen wurden über MgSO$_4$ getrocknet und das Lösungsmittel im Vakuum entfernt. Anschließend wurde der Umsatz und das Diastereomerenverhältnis mittels ^{1}H-NMR-Spektroskopie bestimmt. Zur Aufarbeitung wurde das Rohprodukt in MTBE aufgenommen und durch Zugabe von ethanolischer NaOH-Lösung (1 M) ausgefällt. Der Niederschlag wurde abfiltriert und mit MTBE gewaschen. Nach Neutralisation wurde das gewünschte Produkt erhalten.

8.2.3.2.1 Synthese von rac-syn-3-(2-Chlorphenyl)oxiran-2-carbonsäure (rac-syn-21i)

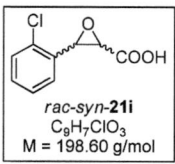

rac-syn-21i
$C_9H_7ClO_3$
M = 198.60 g/mol

Die Synthese erfolgte analog AAV 12. Es wurde rac-syn-o-Chlorphenylserin (rac-syn-12i, 1 mmol, 214 mg) in 3.2 mL HCl (5 M) gelöst und 2.5 Äq. NaNO$_2$ zugegeben. Aus dem Rohprodukt wurde mittels ^{1}H-NMR-Spektroskopie und der Auswaage ein Umsatz von 74% bestimmt. ^{1}H-NMR (400 MHz, Aceton-d$_6$) δ (ppm) = 4.90 (d, 1H, ^{3}J = 3.4 Hz, syn-CHCl), 5.81 (d, 1H, ^{3}J = 3.4 Hz, syn-CHOH), 7.26-7.41 (m, 3H, H-aromat.), 7.73-7.76 (m, 1H, H-aromat.). Die spektroskopischen Daten stimmen mit den Daten aus Abschnitt 8.2.3.1.2 überein. Das Rohprodukt wurde direkt zum Ringschluss umgesetzt. Das Halohydrin rac-syn-21i (0.7 mmol) wurde in THF (12 mL) gelöst und t-BuOK (2 Äq.) in t-BuOH (7 mL) zugegeben. Es wurde ein vollständiger Umsatz erhalten. Das saubere Produkt konnte ohne weitere Umkristallisation nach ethanolischer Fällung als gelblicher Festoff in einer Ausbeute von 34% (Auswaage 68 mg) isoliert werden. ^{1}H-NMR (400 MHz, Aceton-d$_6$) δ (ppm) = 4.02 (d, 1H, ^{3}J = 4.6 Hz, CHCOOH), 4.45 (d, 1H, ^{3}J = 4.6 Hz, CHAr), 7.29-7.50 (m, 4H, H-aromat.); ^{13}C-NMR (100 MHz, Aceton-d$_6$) δ (ppm) = 55.5, 56.03 (CH), 127.25, 129.52, 129.63, 130.42, 132.60, 133.52 (C-aromat.), 167.53 (COOH); MS (EI) m/z = 198 (M)$^+$; IR ṽ (cm^{-1}): 2979, 1711, 1480, 1249, 1061, 935, 757; Elementaranalyse (C$_9$H$_7$ClO$_3$) Berechnet: C: 54.43, H: 3.55. Gefunden: C: 53.76, H: 3.48; Schmelzpunkt: 112°C.

8.2.3.2.2 Synthese von (2R)-3-(2-Chlorphenyl)oxiran-2-carbonsäure ((2R)-21i)

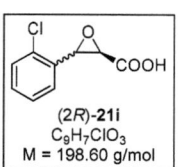

(2R)-21i
$C_9H_7ClO_3$
M = 198.60 g/mol

Die Synthese erfolgte analog AAV 12. Es wurde 1.4 mmol (2S)-o-Chlorphenylserin ((2S)-12i, d.r. 78:22 syn/anti, 285 mg) aus der enzymatischen Umsetzung in 4.5 mL HCl (5 M) gelöst und 2.5 Äq. NaNO$_2$ zugegeben. Aus dem Rohprodukt wurden mittels ^{1}H-NMR-Spektroskopie und der Auswaage ein Umsatz von 70% und ein Diastereomerenverhältnis von d.r. 80:20 (syn/anti) bestimmt. ^{1}H-NMR (400 MHz, Aceton-d$_6$) δ (ppm) = 4.53 (d, 1H, ^{3}J = 8.5 Hz, anti-CHCl), 4.90 (d, 1H, ^{3}J = 3.4 Hz, syn-CHCl), 5.58 (d, 1H, ^{3}J = 8.7 Hz, anti-CHOH), 5.81 (d, 1H, ^{3}J = 3.4 Hz, syn-CHOH), 7.27-7.76 (m, 4H, H-aromat.). Die spektroskopischen Daten stimmen mit den Daten aus Abschnitt 8.2.3.1.2 überein. Das Rohprodukt wurde direkt zum Ringschluss umgesetzt. Das Halohydrin (2S)-21i (1 mmol) wurde in THF (12 mL) gelöst und *t*-BuOK (2 Äq.) in *t*-BuOH (7 mL) zugegeben. Es wurde ein vollständiger Umsatz erzielt. Bei der Fällung aus MTBE mit NaOH wurde in einer 1. Fällung sauberes Produkt in einer Ausbeute von 30% (Auswaage 83 mg) und einem Diastereomerenverhältnis von d.r. 82:18 (*syn/anti*) erhalten. Zum Filtrat wurde anschließend nochmal ethanolische NaOH (1 M, 0.5 mL) und MTBE (5 mL) gegeben. Die erhaltene 2. Fällung enthielt das gewünschte Produkt (2*R*)-**21i** in einer Ausbeute von 22% (Auswaage 61 mg) und einem Diastereomerenverhältnis von d.r. 95:5 (*syn/anti*). Es wurde eine Gesamtausbeute von 52% erzielt. Der *ee*-Wert des *syn*-Isomers betrug >99% (OJ-H-Säule, Hexan/*i*-PrOH/FA 98:2:0.1, v/v, flow 0.5 mL/min, 230 nm, t_r (2*R*,3*R*) = 53.18 min). ^{1}H-NMR (400 MHz, Aceton-d_6) δ (ppm) = 3.50 (d, 1H, ^3J = 1.8 Hz, *anti*-C$\underline{H}$COOH), 4.02 (d, 1H, ^3J = 4.8 Hz, *syn*-C$\underline{H}$COOH), 4.37 (d, 1H, ^3J = 1.8 Hz, *anti*-C$\underline{H}$Ar), 4.46 (d, 1H, ^3J = 4.6 Hz, C$\underline{H}$Ar), 7.29-7.50 (m, 4H, H-aromat.). Die spektroskopischen Daten stimmen mit denen des Racemats überein (vgl. Abschnitt 8.2.3.2.1).

9. Literaturverzeichnis

[1] T. Laue, A. Plagens, *Namen- und Schlagwortreaktionen der organischen Chemie*, 5. Auflage, B. G. Teubner Verlag, Wiesbaden, **2006**.

[2] J. Clayden, N. Greeves, S. Warren, P. Wothers, *Organic Chemistry*, Oxford University Press, New York, **2001**.

[3] R. Mahrwald, *Modern Aldolreaction Vol. 1 and 2*, Wiley-VHC, Weinheim, **2004**.

[4] T. D. Machajewski, C.-H. Wong, *Angew. Chem.* **2000**, *112*, 1406-1430; *Angew. Chem. Int. Ed.* **2000**, *39*, 1352-1375.

[5] T. Mukaiyama, K. Banno, K. Narasaka, *J. Am. Chem. Soc.* **1974**, *96*, 7503-7509.

[6] S. E. Denmark, G. L. Beutner, T. Wynn, M. D. Eastgate, *J. Am. Chem. Soc.* **2005**, *127*, 3774-3789.

[7] Y. M. A. Yamada, N. Yoshikawa, H. Sasai, M. Shibasaki, *Angew. Chem.* **1997**, *109*, 1942-1945; *Angew. Chem. Int. Ed.* **1997**, *36*, 1871-1873.

[8] B. M. Trost, H. Ito, *J. Am. Chem. Soc.* **2000**, *122*, 12003-12004.

[9] A. Berkessel, H. Gröger, *Asymmetric Organocatalysis: From Biomimetic Concepts to Applications in Asymmetric Synthesis*, Wiley-VCH, Weinheim, **2005**.

[10] U. Eder, G. Sauer, R. Wiechert, *Angew. Chem.* **1971**, *13*, 492-493; *Angew. Chem. Int. Ed.* **1971**, *10*, 496-497.

[11] N. List, R. A. Lerner, C. F. Barbas III, *J. Am. Chem. Soc.* **2000**, *122*, 2395-2396.

[12] G. Guillena, C. Nájera, D. J. Ramón, *Tetrahedron: Asymmetry* **2007**, *18*, 2249-2293.

[13] H. Gröger, J. Wilken, *Angew. Chem.* **2001**, *113*, 545-548; *Angew. Chem. Int. Ed.* **2000**, *40*, 529-532.

[14] S. Bahmanyar, K. N. Houk, *J. Am. Chem. Soc.* **2001**, *123*, 11273-11283.

[15] M. B. Schmid, K. Zeitler, R. M. Gschwind, *Angew. Chem.* **2010**, *122*, 5117-5123; *Angew. Chem. Int. Ed.* **2010**, *49*, 4997-5003.

[16] S. M. Dean, W. A. Greenberg, C.-H. Wong, *Adv. Synth. Catal.* **2007**, *349*, 1308-1320.

[17] A. K. Samland, G. A. Sprenger, *Appl. Microbiol. Biotechnol.* **2006**, *71*, 253-264.

[18] K. Faber, *Biotransformations in Organic Chemistry*, 5. Auflage, Springer-Verlag, Berlin, **2004**, 273-288.

[19] K. Fesko, M. Uhl, J. Steinreiber, K. Gruber, H. Griengl, *Angew. Chem.* **2010**, *122*, 125-128; *Angew. Chem. Int. Ed.* **2010**, *49*, 121-124.

[20] K. Fesko, L. Giger, D. Hilvert, *Bioorg. Med. Chem. Lett.* **2008**, *18*, 5987-5990.

[21] a) S. Kuroda, H. Nozaki, K. Watanabe, K. Yokozeki, Y. Imabayashi, Pat. Appl. EP1882737A1, **2008**; b) H. Nozaki, S. Kuroda, K. Watanabe, K. Yokozeki, *J. Mol. Catal. B: Enzym.* **2009**, *59*, 237-242.

[22] R. Mahrwald, *Modern Aldolreaction Vol. 1*, Wiley-VHC, Weinheim, **2004**, 209-210.

[23] C. Jiménez-González, P. Poechlauer, Q. B. Broxterman, B.-S. Yarg, D. a. Ende, J. Baird, C. Bertsch, R. E. Hannah, P. Dell'Orco, H. Noorman, S. Yee, R. Reintjens, A. Wells, V. Massonneau, J. Manley, *Org. Process Res. Dev* **2011**, *15*, 900-911.

[24] H.-P. Meyer, Org. Proc. Res. Develop. **2011**, *15*, 180-188.

[25] M. Braun, O. Teichert, A. Zweck, *Übersichtsstudie: Biokatalyse in der industriellen Produktion* (Hersg: Zukünftige Technologien Consulting der VDI Technologiezentrum GmbH), Düsseldorf, **2006**. http://www.vdi.de/fileadmin/vdi_de/redakteur_dateien/kfbt_dateien/Biokatalyse-UEbersichtsstudie.pdf (04.10.2011)

[26] K. Sanderson, *Nature* **2011**, *469*, 18-20.

[27] P. Anastas, N. Eghbali, *Chem. Soc. Rev.* **2010**, *39*, 301-312.

[28] S. D. Rychnovsky, *Chem. Rev.* **1995**, *95*, 2021-2040.

[29] N. Dückers, K. Baer, S. Simon, H. Gröger, W. Hummel, *Appl. Microbiol. Biotechnol.* **2010**, *88*, 2751-2758.

[30] S. E. Bode, M. Wohlberg, M. Müller, *Synthesis* **2006**, *4*, 557-588.

[31] K. Baer, Diplomarbeit, Friedrich-Alexander-Universität Erlangen-Nürnberg, **2008**.

[32] a) Y. Belkon, A. G. Buychev, S. V. Vitt, Y. T. Struchkov, A. S. Batsanov, T. V. Timofeeva, V. A. Tsyryapkin, M. G. Ryzhov, L. A. Lysova, V. I. Bakhmutov, V. M. Belikov, *J. Am. Chem. Soc.* **1985**, *107*, 4252-4259; b) D. A. Evans, A. E. Weber, *J. Am. Chem. Soc.* **1986**, *108*, 6757-6761; c) C. M. Gasparski, M. J. Miller, *Tetrahedron* **1991**, *47*, 5367-5378; d) M. Horikawa, J. Busch-Petersen, E. J. Corey, *Tetrahedron Lett.* **1999**, *40*, 3843-3846; e) T. Ooi, M. Taniguchi, M. Kameda, K. Maruoka, *Angew. Chem.* **2002**, *114*, 4724-4726; *Angew. Chem. Int. Ed.* **2002**, *41*, 4542-4544; f) R. Thayumanavan, F. Tanaka, C. F. Barbas III, *Org. Lett.* **2004**, *6*, 3541-3544; g) J. Kobayashi, M Nakamura, Y. Mori, Y.

Yamashita, S. J. Kobayashi, *J. Am. Chem. Soc.* **2004**, *126*, 9192-9193; h) M. C. Willis, G. A. Cutting, V. J. D. Piccio, M. J. Durbin, M. P. John, *Angew. Chem.* **2005**, *117*, 1567-1569; *Angew. Chem. Int. Ed.* **2005**, *44*, 1543-1545.

[33] L. Coppi, C. Giordano, A. Longoni, S. Panossian, *Chirality in Industry Vol. 2*, 2. Auflage, Wiley, Chichester, **1997**, 353-362.

[34] A. A. Volmer, E. M. Carreira, *ChemBioChem* **2010**, *11*, 778-781.

[35] V. Paquet, A. A. Volmer, E. M. Carreira, *Chem. Eur. J.* **2008**, *14*, 2465-2481.

[36] A. Kleemann, J. Engels, B. Kutscher, D. Reichert, *Pharmaceutical Substances: Syntheses, Patents, Applications*, 4. Auflage, Thieme, Stuttgart, **2001**.

[37] D. A. Evans, K. T. Chapman, E. M. Carreira, *J. Am. Chem. Soc.* **1988**, *110*, 3560-3578.

[38] M. Kitamura, T. Ohkuma, S. Inoue, N. Sayo, H. Kumobayashi, S. Akutagawa, T. Ohta, H. Takaya, R. Noyori, *J. Am. Chem. Soc.* **1988**, *110*, 629-631.

[39] R. Noyori, T. Ohkuma, *Angew. Chem.* **2001**, *113*, 40-75; *Angew. Chem. Int. Ed.* **2001**, *40*, 40-73.

[40] K. Ahmed, S. Koul, S. C. Tanejy, A. P. Singh, M. Kapoor, Riyaz-ul-Hassan, V. Verma, G. N. Qazi, *Tetrahedron: Asymmetry* **2004**, *15*, 1685-1692.

[41] L. M. Geary, P. G. Hultin, *Tetrahedron: Asymmetry* **2009**, *20*, 131-173.

[42] B. M. Trost, C. S. Brindle, *Chem. Soc. Rev.* **2010**, *39*, 1600-1632.

[43] M. Raj, V. K. Singh, *Chem. Commun.* **2009**, 6687-6703.

[44] a) T. J. Dickerson, K. D. Janda, *J. Am. Chem. Soc.* **2002**, *124*, 3220-3221; b) T. J. Dickerson, T. Lovell, M. M. Meijler, L. Noodleman, K. D. Janda, *J. Org. Chem.* **2004**, *69*, 6603-6609; c) C. J. Rogers, T. J. Dickerson, K. D. Janda, *Tetrahedron* **2006**, *62*, 352-356.

[45] C. Wu, X. Fu, S. Li, *Eur. J. Org. Chem.* **2011**, 1291-1299.

[46] F.-Z. Peng, Z.-H. Shao, X.-W. Pu, H.-B. Zhang, *Adv. Synth. Catal.* **2008**, *350*, 2199-2204.

[47] S. S. V. Ramasastry, K. Albertshofer, N. Utsumi, C. F. Barbas III, *Org. Lett.* **2008**, *10*, 1621-1624.

[48] M. Raj, G. S. Parashari, V. K. Singh, *Adv. Synth. Catal.* **2009**, *351*, 1284-1288.

[49] M. Raj, V. Maya, S. K. Ginotra, V. K. Singh, *Org. Lett.* **2006**, *8*, 4097-4099.

[50] M.-K. Zhu, X.-Y. Xu, L. Z. Gong, *Adv. Synth. Catal.* **2008**, *350*, 1390-1396.

[51] V. Maya, M. Raj, V. K. Singh, *Org. Lett.* **2007**, *9*, 2593-2595.

[52] G. Antranikian, S. Heiden, *Nachr. a. d. Chem.* **2006**, *54*, 1202-1206.

LITERATURVERZEICHNIS

53 R. Wohlgemuth, *Curr. Opin. Biotechnol.* **2010**, *21*, 1-12.

54 M. Breuer, K. Ditrich, T. Habicher, B. Hauer, M. Keßeler, R. Stürmer, T. Zelinski, *Angew. Chem.* **2004**, *116*, 806-843; *Angew. Chem. Int. Ed.* **2004**, *43*, 788-824.

55 R. N. Patel, *Coord. Chem. Rev.* **2008**, *252*, 659-701.

56 H. Gröger, S. Borchert, M. Krausser, W. Hummel, *Encyclopedia of Industrial Biotechnology: Bioprocess, Bioseparation and Cell Technology*, 7. Auflage, John Wiley & Sons, Hoboken, New Jersey, **2010**, Volume 3, 2094-2110.

57 a) Y. Yasohara, N. Kizaki, J. Hasegawa, M. Wada, M. Kataoka, S. Shimizu, *Tetrahedron: Asymmetry* **2001**, *12*, 1713-1718; b) N. Kizaki, Y. Yasohara, J. Hasegawa, M. Wada, M. Kataoka, S. Shimizu, *Appl. Microbiol. Biotechnol.* **2001**, *55*, 590-595; c) M. Kataoka, L. P. S. Rohani, K. Yamamoto, M. Wada, H. Kawabata, K. Kita, H. Yanase, S. Shimizu, *Appl. Microbiol. Biotechnol.* **1997**, *48*, 699-703.

58 M. Müller, *Angew. Chem.* **2005**, *117*, 366-369; *Angew. Chem. Int. Ed.* **2005**, *44*, 362-365.

59 M. Wolber, W. Hummel, M. Müller, *Chem. Eur. J.* **2001**, *7*, 4562-4571.

60 M. Wolberg, M. V. Filho, S. Bode, P. Geilenkirchen, R. Feldmann, A. Liese, W. Hummel, M. Müller, *Bioprocess Biosyst. Eng.* **2008**, *31*, 183-191.

61 W. Kroutil, H. Mang, K. Edegger, K. Faber, *Curr. Opin. Chem. Biol.* **2004**, *8*, 120-126.

62 H. Maid, P. Böhm, S. M. Huber, W. Bauer, W. Hummel, N. Jux, H. Gröger, *Angew. Chem.* **2011**, *123*, 2445-2448; *Angew. Chem. Int. Ed.* **2011**, *50*, 2397-2400.

63 H. Gröger, F. Chamouleau, N. Orologas, C. Rollmann, K. Drauz, W. Hummel, A. Weckbecker, O. May, *Angew. Chem.* **2006**, *118*, 5806-5809; *Angew. Chem. Int. Ed.* **2006**, *45*, 5677-5681.

64 J. Parkot, H. Gröger, W. Hummel, *Appl. Microbiol. Biotechnol.* **2010**, *86*, 1813-1820.

65 I. Lavandera, A. Kern, B. Ferreira-Silva, A. Glieder, S. de Wildeman, W. Kroutil, *J. Org. Chem.* **2008**, *73*, 6003-6005.

66 H. Zhu, L. Hua, E. Biehl, *Adv. Synth. Catal.* **2009**, *351*, 583-588.

67 M. T. Reetz, *Angew. Chem.* **2011**, *123*, 144-182; *Angew. Chem. Int. Ed.* **2011**, *50*, 138-174.

68 A. Bruggink, R. Schoevaart, T. Kieboom, *Org. Proc. Res. Dev.* **2003**, *7*, 622-640.

69 O. Pàmies, J.-E. Bäckvall, *Chem. Rev.* **2003**, *103*, 3247-3261.

Literaturverzeichnis

[70] H. Pellissier, *Tetrahedron* **2008**, *64*, 1563-1601.

[71] M. Edin, J. Steinreiber, J.-E. Bäckvall, *PNAS* **2004**, *101*, 5761-5766.

[72] C. Paizs, A. Katona, J. Retey, *Eur. J. Org. Chem.* **2006**, 1113-1116.

[73] C. Simons, U. Hanefeld, I. W. C. E. Arends, T. Maschmeyer, R. A. Sheldon, *Top. Catal.* **2006**, *40*, 35-44.

[74] A.Prastaro, P. Ceci, E. Chiancone, A. Boffi, R. Cirilli, M. Colone, G. Fabrizi, A. Stringaro, S. Cacchi, *Green Chem.* **2009**, *11*, 1929-1932.

[75] M. Kraußer, T. Winkler, N. Richter, S. Dommer, A. Fingerhut, W. Hummel, H. Gröger, *ChemCatChem* **2011**, *3*, 293-296.

[76] M. Krausser, W. Hummel, H. Gröger, *Eur. J. Org. Chem.* **2007**, 5175-5179.

[77] E. Burda, W. Hummel, H. Gröger, *Angew. Chem.* **2008**, *120*, 9693-9696; *Angew. Chem. Int. Ed.* **2008**, *47*, 9551-9554.

[78] M. Sugiyama, Z. Hong, P.-H. Liang, S. M. Dean, L. J. Whalen, W. A. Greenberg, C.-H. Wong, *J. Am. Chem. Soc.* **2007**, *129*, 14811-14817.

[79] a) (*S*)-Alkoholdehydrogenase aus *Rhodococcus* sp.: kommerzielles Produkt (Produktnummer 1.1.030) der evocatal GmbH, Merowinger Platz 1a, 40225 Düsseldorf (Internet: http://www.evocatal.com); b) (*R*)-Alkoholdehydrogenase aus *Lactobacillus kefir*: A. Weckbecker, W. Hummel, *Biocatal. Biotransform.* **2006**, *24*, 380-389.

[80] Die in diesem Abschnitt beschriebenen und von mir erstellten Arbeiten entstanden im Rahmen einer arbeitskreisinternen Zusammenarbeit mit Marina Kraußer und Giuseppe Rulli.

[81] G. Rulli, Diplomarbeit, Friedrich-Alexander-Universität Erlangen-Nürnberg, **2009**; b) G. Rulli, geplante Dissertation, Friedrich-Alexander-Universität Erlangen-Nürnberg.

[82] G. Rulli, N. Duangdee, K. Baer, W. Hummel, A. Berkessel, H. Gröger, *Angew. Chem.* **2011**, *123*, 8092-8095; *Angew. Chem. Int. Ed.* **2011**, *50*, 7944-7947.

[83] K. Baer, M. Kraußer, E. Burda, W. Hummel, A. Berkessel, H. Gröger, *Angew. Chem.* **2009**, *121*, 9519-9522; *Angew. Chem. Int. Ed.* **2009**, *48*, 9355-9358.

[84] M. T. Madigan, J. M. Martinko, *Brock Mikrobiologie*, 11. Auflage, Pearson Studium, München, **2006**, 130-132.

[85] M. C. Willis, G. A. Cutting, V. J.-D. Piccio, M. J. Durbin, M. P. John, *Angew. Chem.* **2005**, *117*, 1567-1569; *Angew. Chem. Int. Ed.* **2005**, *44*, 1543-1545.

86　a) T. Miura, M. Fujii, K. Shingu, I. Koshimizu, J. Naganoma, T. Kajimoto, Y. Ida, *Tetrahedron Lett.* **1998**, *39*, 7313-7316; b) M. Fujii, T. Miura, T. Kajimoto, Y. Ida, *Synlett* **2000**, 1046-1048; c) T. Tanaka, M. Ozawa, T. Miura, T. Inazu, S. Tsuji, T. Kajimoto, *Synlett* **2002**, *9*, 1487-1490; d) T. Nishiyama, S. S. Mohile, T. Kajimoto, M. Node, *Heterocycles* **2007**, *71*, 1397-1405.

87　T. Nishiyama, T. Kajimoto, S. S. Mohile, N. Hayama, T. Otsuda, M. Ozeki, M. Node, *Tetrahedron: Asymmetry* **2009**, *30*, 230-234.

88　T. Tanaka, C. Tsuda, T. Miura, T. Inazu, S. Tsuji, S. Nishihara, M. Hisamatsu, T. Kajimoto, *Synlett* **2004**, *2*, 243-246.

89　C. Nájera, J. M. Sansano, *Chem. Rev.* **2007**, *107*, 4584-4671.

90　a) K. Makino, T. Goto, Y. Hiroki, Y. Hamada, *Angew. Chem.* **2004**, *116*, 900-902; *Angew. Chem. Int. Ed.* **2004**, *43*, 882-884; b) K. Makino, Y. Hiroki, Y. Hamada, *J. Am. Chem. Soc.* **2005**, *127*, 5784-5785; c) K. Makino, T. Fujii, Y. Hamada, *Tetrahedron Asymmetry* **2006**, *17*, 481–485; d) T. Maeda, K. Makino, M. Iwasaki, Y. Hamada, *Chem. Eur. J.* **2010**, *16*, 11954-11962.

91　D. J. Aldous, M. G. B. Drew, W. N. Draffin, E. M.-N. Hamelin, L. M. Harwood, S. Thurairatnama, *Synthesis* **2005**, *19*, 3271–3278.

92　M. Alonso, A. Riera, *Tetrahedron Asymmetry* **2005**, *16*, 3908-3912.

93　D. Crich, A. Banerjee, *J. Org. Chem.* **2006**, *71*, 7106-7109.

94　a) D. A. Evans, A. E. Weber, *J. Am. Chem. Soc.* **1986**, *108*, 6757-6761; b) D. A. Evans, E. B. Sjogren, A. E. Weber, R. E. Conn, *Tetrahedron Lett.* **1987**, *28*, 39-42.

95　N. Yoshikawa, M. Shibasaki, *Tetrahedron* **2002**, 58, 8289-8298.

96　J. Kobayashi, M. Nakamura, Y. Mori, Y. Yamashita, S. Kobayashi, *J. Am. Chem. Soc.* **2004**, *126*, 9192-9193.

97　X. Chen, Y. Zhu, Z. Qiao, M. Xie, L. Lin, X. Liu, X. Feng, *Chem. Eur. J.* **2010**, *16*, 10124-10129.

98　C. M. Gasparski, M. J. Miller, *Tetrahedron* **1991**, *41*, 5367-5318.

99　M. Horikawa, J. Busch-Petersen, E. J. Corey, *Tetrahedron Lett.* **1999**, *40*, 3843-3846.

100　R. Thayumanavan, F. Tanaka, C. F. Barbas III, *Org. Lett.* **2004**, *6*, 3541-3544.

101　S. Mettath, G. S. C. Srikanth, B. S. Dangerfield, S. L. Castle, *J. Org. Chem.* **2004**, *69*, 6489-6492.

LITERATURVERZEICHNIS

[102] a) T. Ooi, M. Taniguchi, M. Kameda, K. Maruoka, *Angew. Chem.* **2002**, *114*, 4724-4726; *Angew. Chem. Int. Ed.* **2002**, *41*, 4542-4544; b) T. Ooi, M. Taniguchi, K. Doda, K. Maruoka, *Adv. Synth. Catal.* **2004**, *346*, 1073-1076.

[103] J.-Q. Liu, T. Dairi, N. Itoh, M. Kataoka, S. Shimizu, H. Yamada, *J. Mol. Catal. B: Enzym.* **2000**, *10*, 107-115.

[104] P. Clapés, W.-D. Fessner, G. A. Sprenger, A. K. Samland, *Curr. Opin. Chem. Biol.* **2009**, *14*, 1-14.

[105] T. Kimura, V. P. Vassilev, G.-J. Shen, C.-H. Wong, *J. Am. Chem. Soc.* **1997**, *119*, 11734-11742.

[106] K. Fesko, C. Reisinger, J. Steinreiber, H. Weber, M. Schürmann, H. Griengl, *J. Mol. Catal. B: Enzym.* **2006**, *52-53*, 19-26.

[107] J. Q. Liu, M. Odani, T. Dairi, N. Itoh, S. Shimizu, H. Yamada, *Appl. Microbiol. Biotechnol.* **1999**, *51*, 586-591.

[108] J. Q. Liu, S. Ito, T. Dairi, N. Itoh, S. Shimizu, H. Yamada, *Appl. Microbiol. Biotechnol.* **1998**, *49*, 702-708.

[109] J. Steinreiber, K. Fesko, C. Reisinger, M. Schürmann, F. v. Assema, F. Wolberg, D. Mink, H. Griengl, *Tetrahedron* **2007**, *63*, 918-926.

[110] V. P. Vassilev, T. Uchiyama, T. Kajimoto, C.-H. Wong, *Tetrahedron Lett.* **1995**, *36*, 4081-4084.

[111] J. Steinreiber, K. Fesko, C. Mayer, C. Reisinger, M. Schürmann, H. Griengl, *Tetrahedron* **2007**, *63*, 8088-8093.

[112] F. Sagui, P. Conti, G. Roda, R. Contestabile, S. Riva, *Tetrahedron* **2008**, *64*, 5079-5084.

[113] M. L. Gutierrez, X. Garrabou, E. Agosta, S. Servi, T. Parella, J. Joglar, P. Clapés, *Chem. Eur. J.* **2008**, *14*, 4647-4656.

[114] L-Threoninaldolase aus *E. coli*: T. Kimura, V. P. Vassilev, G.-J. Shen, C.-H. Wong, *J. Am. Chem. Soc.* **1997**, *119*, 11734-11742; R. Contestabile, A. Paiardini, S. Pascarella, M. L. di Salvo, S. D'Aguanno, F. Bossa, *Eur. J. Biochem.* **2001**, *268*, 6508-6525.

[115] Die in diesem Abschnitt beschriebenen und von mir angefertigten Arbeiten wurden im Rahmen eines von der DBU geförderten Kooperationsprojekts (AZ 13217) angefertigt, an dem verschiedene Partner aus Industrie und Universität beteiligt waren und im

Rahmen einer arbeitskreisinternen Zusammenarbeit mit Sabine Simon, Giuseppe Rulli, und Marina Kraußer.

[116] T. Shiraiwa, R. Saijoh, M. Suzuki, K. Yoshida, S. Nishimura, H. Nagasawa, *Chem. Pharm. Bull.* **2003**, *51*, 1363-1367.

[117] S. S. Miyazaki, S.-I. Toki, Y. Izumi, H. Yamada, *Eur. J. Biochem.* **1987**, *162*, 533-540.

[118] Z.-Y. Zuo, Z.-L. Zheng, Z.-G. Liu, Q.-M. Yi, G.-L. Zou, *Enzyme Microb. Technol.* **2007**, *40*, 569-577.

[119] P. W. Atkins, *Physikalische Chemie*, 3. Auflage, Wiley-VHC, Weinheim, **2001**.

[120] B. Geueke, W. Hummel *Enzyme and Microb. Technol.* **2002**, *31*, 77-87.

[121] Q.-H. Xia, H.-Q. Ge, C.-P. Ye, Z.-M. Liu, K.-X. Su, *Chem. Rev.* **2005**, *105*, 1603-1662.

[122] K. B. Sharpless, *Angew. Chem.* **2002**, *114*, 2126-2135; *Angew. Chem. Int. Ed.* **2002**, *41*, 2024-2032.

[123] T. Katsuki, K. B. Sharpless, *J. Am. Chem. Soc.* **1980**, *102*, 5974-5976.

[124] G. Beck, *Synlett* **2002**, 837-850.

[125] H. K. Chenault, M.-J. Kim, A. Akiyama, T. Miyazawa, E. S. Simon, G. M. Whitesides, *J. Org. Chem.* **1987**, *52*, 2608-2611.

[126] J. G. Hill, B. E. Rossiter, K. B. Sharpless, *J. Org. Chem.* **1983**, *48*, 3607-3608.

[127] T. Linker, *Angew. Chem.* **1997**, *109*, 2150-2152; *Angew. Chem. Int. Ed.* **1997**, *36*, 2060-2062.

[128] E. N. Jacobsen, W. Zhang, A. R. Muci, J. R. Ecker, L. Deng, *J. Am. Chem. Soc.* **1991**, *113*, 7063-7064.

[129] O. A. Wong, Y. Shi, *Chem. Rev.* **2008**, *108*, 3958–3987.

[130] R. Imashiro, T. Kuroda, *Tetrahedron Lett.* **2001**, *42*, 1313-1315.

[131] M. B. Johansen, A. B. Leduc, M. A. Kerr, *Synlett* **2007**, 2593-2595.

[132] C. Mordant, C. Caño de Andrade, R. Touati, V. Ratovelomanana-Vidal, B. B. Hassine, J.-P. Genêt, *Synthesis* **2003**, 2405-2409.

[133] S. Chang, J. M. Galvin, E. N. Jacobsen, *J. Am. Chem. Soc.* **1994**, *116*, 6937-6938.

[134] P. Besse, M. F. Renard, H. Veschambre, *Tetrahedron: Asymmetry* **1994**, *5*, 1249-1268.

[135] O. Cabon, D. Buisson, M. Larcheveque, R. Azerad, *Tetrahedron: Asymmetry* **1995**, *6*, 2211-2218.

LITERATURVERZEICHNIS

[136] M. Hesse, H. Meier, B. Zeeh, *Spektroskopische Mehtoden in der organischen Chemie*, 6. Auflage, Thieme, Suttgart, **2002**.

[137] The results, which I obtained and are described in this chapter, were achieved within a cooperation with Marina Kraußer and Giuseppe Rulli.

[138] The results, which I obtained and are described in this chapter, were achieved within a project cooperation, which was supported by the DBU (AZ 13217). The participants were different partners from industry and university, in particular Sabine Simon, Giuseppe Rulli, Marina Kraußer and Nina Dückers.

[139] Y. Zhou, Z. Shan, *Tetrahedron: Asymmetry* **2006**, *17*, 1671-1677.

[140] B. Kaptein, T. J. G. van Dooren, W. H. J. Boesten, T. Sonke, A. L. L. Duchateau, Q. B. Broxterma, J. Kamphuis, *Org. Process Res. Dev.* **1998**, *2*, 10-17.

[141] Phenylserin: CAS: 207605-47-8

[142] Y. X. Ping, W. S. Wei, G. W. Sheng, W. J. Tao, *Heteroatom Chemistry* **1999**, *10*, 183-186.

[143] C. J. Pouchert, J. Behnke, *The Aldrich Library of ^{13}C and ^{1}H FT NMR Spectra*, Aldrich Chemical Company, **1993**, Vol. 1, 873; CAS: 20859-02-3.

[144] C. J. Pouchert, J. Behnke, *The Aldrich Library of ^{13}C and ^{1}H FT NMR Spectra*, Aldrich Chemical Company, **1993**, Vol. 2, 1405; CAS: 495-69-2

[145] S. Simon, geplante Dissertation, Friedrich-Alexander-Universität Erlangen-Nürnberg.

[146] DL-*threo*-β-(3,4-Dihydroxyphenyl)serin: CAS 3916-18-5

[147] C. J. Pouchert, J. Behnke, *The Aldrich Library of ^{13}C and ^{1}H FT NMR Spectra*, Aldrich Chemical Company, **1993**, Vol. 1, 867; CAS: 56-40-6

[148] P. G. M. Wuts, R. L. Gu, J. M. Northuis, *Tetrahedron: Asymmetry* **2000**, *11*, 2117-2123.

[149] J.-Q. Wang, E. H. Weyand, R. G. Harvey, *J. Org. Chem.* **2002**, *67*, 6216-6219.

Die VDM Verlagsservicegesellschaft sucht für wissenschaftliche Verlage abgeschlossene und herausragende

Dissertationen, Habilitationen, Diplomarbeiten, Master Theses, Magisterarbeiten usw.

für die kostenlose Publikation als Fachbuch.

Sie verfügen über eine Arbeit, die hohen inhaltlichen und formalen Ansprüchen genügt, und haben Interesse an einer honorarvergüteten Publikation?

Dann senden Sie bitte erste Informationen über sich und Ihre Arbeit per Email an *info@vdm-vsg.de*.

Sie erhalten kurzfristig unser Feedback!

VDM Verlagsservicegesellschaft mbH
Dudweiler Landstr. 99   Telefon +49 681 3720 174
D - 66123 Saarbrücken   Fax   +49 681 3720 1749
www.vdm-vsg.de

Die VDM Verlagsservicegesellschaft mbH vertritt

Printed by Books on Demand GmbH, Norderstedt / Germany